データサイエンス入門 | Introduction to Data Science

寒野善博 著
Yoshihiro Kanno
駒木文保 編
Fumiyasu Komaki

最適化手法入門

Introduction to Optimization Methods

講談社

「データサイエンス入門シリーズ」編集委員会

竹村彰通　（滋賀大学，編集委員長）
狩野　裕　（大阪大学）
駒木文保　（東京大学）
清水昌平　（滋賀大学）
下平英寿　（京都大学）
西井龍映　（長崎大学，九州大学名誉教授）
水田正弘　（北海道大学）

- 本書の執筆にあたって，以下の計算機環境を利用しています：

  Windows 10, Python ver. 3.7.4, CVXPY ver. 1.1.5, NetworkX ver. 2.5, NumPy ver. 1.19.2.

  本書に掲載されているサンプルプログラムやスクリプト，およびそれらの実行結果や出力などは，上記の環境で再現された一例です．本書の内容に関して適用した結果生じたこと，また，適用できなかった結果について，著者および出版社は一切の責任を負えませんので，あらかじめご了承ください．
- 本書に記載されているウェブサイトなどは，予告なく変更されていることがあります．本書に記載されている情報は，2018 年 10 月時点のものです．
- 本書に記載されている会社名，製品名，サービス名などは，一般に各社の商標または登録商標です．なお，本書では，™, ®, ©マークを省略しています．

刊行によせて

人類発展の歴史は一様ではない．長い人類の営みの中で，あるとき急激な変化が始まり，やがてそれまでは想像できなかったような新しい世界が拓ける．我々は今まさにそのような歴史の転換期に直面している．言うまでもなく，この転換の原動力は情報通信技術および計測技術の飛躍的発展と高機能センサーのコモディティ化によって出現したビッグデータである．自動運転，画像認識，医療診断，コンピュータゲームなどデータの活用が社会常識を大きく変えつつある例は枚挙に暇がない．

データから知識を獲得する方法としての統計学，データサイエンスやAIは，生命が長い進化の過程で獲得した情報処理の方式をサイバー世界において実現しつつあるとも考えられる．AIがすぐに人間の知能を超えるとはいえないにしても，生命や人類が個々に学習した知識を他者に移転する方法が極めて限定されているのに対して，サイバー世界の知識や情報処理方式は容易く移転・共有できる点に大きな可能性が見いだされる．

これからの新しい世界において経済発展を支えるのは，土地，資本，労働に替わってビッグデータからの知識創出と考えられている．そのため，理論科学，実験科学，計算科学に加えデータサイエンスが第4の科学的方法論として重要になっている．今後は文系の社会人にとってもデータサイエンスの素養は不可欠となる．また，今後すべての研究者はデータサイエンティストにならなければならないと言われるように，学術研究に携わるすべての研究者にとってもデータサイエンスは必要なツールになると思われる．

このような変化を逸早く認識した欧米では2005年ごろから統計教育の強化が始まり，さらに2013年ごろからはデータサイエンスの教育プログラムが急速に立ち上がり，その動きは近年では近隣アジア諸国にまで及んでいる．このような世界的潮流の中で，遅ればせながら我が国においても，データ駆動型の社会実現の鍵として数理・データサイエンス教育強化の取り組みが急速に進められている．その一環として2017年度には国立大学6校が数理・データサイエンス教育強化拠点として採択され，各大学における全学データサイエンス教育の実施に向けた取組みを開始するとともに，コンソーシアムを形成して全国普及に向けた活動を行ってきた．コンソーシアムでは標準カリキュラム，教材，教育用データベースに関する3分科会を設置し全国普及に向けた活動を行ってきたが，2019年度にはさらに20大学が協力校として採択され，全国全大学への普及の加速が図られている．

本シリーズはこのコンソーシアム活動の成果の一つといえるもので，データサイエンスの基本的スキルを考慮しながら6拠点校の協力の下で企画・編集されたものである．

第 1 期として出版される 3 冊は，データサイエンスの基盤ともいえる数学，統計，最適化に関するものであるが，データサイエンスの基礎としての教科書は従来の各分野における教科書と同じでよいわけではない．このため，今回出版される 3 冊はデータサイエンスの教育の場や実践の場で利用されることを強く意識して，動機付け，題材選び，説明の仕方，例題選びが工夫されており，従来の教科書とは異なりデータサイエンス向けの入門書となっている．

今後，来年春までに全 10 冊のシリーズが刊行される予定であるが，これらがよき入門書となって，我が国のデータサイエンス力が飛躍的に向上することを願っている．

2019 年 7 月

北川源四郎
（東京大学特任教授，元統計数理研究所所長）

昨今，人工知能 (AI) の技術がビジネスや科学研究など，社会のさまざまな場面で用いられるようになってきました．インターネット，センサーなどを通して収集されるデータ量は増加の一途をたどっており，データから有用な知見を引き出すデータサイエンスに関する知見は，今後，ますます重要になっていくと考えられます．本シリーズは，そのようなデータサイエンスの基礎を学べる教科書シリーズです．

第 1 期には，3 つの書籍が刊行されます．『データサイエンスのための数学』は，データサイエンスの理解・活用に必要となる線形代数・微分積分・確率の要点がコンパクトにまとめられています．『データサイエンスの基礎』は，「リテラシーとしてのデータサイエンス」と題した導入から始まり，確率の基礎と統計的な話題が紹介されています．『最適化手法入門』は，Python のコードが多く記載されるなど，使う側の立場を重視した最適化の教科書です．

2019 年 3 月に発表された経済産業省の IT 人材需給に関する調査では，AI やビッグデータ，IoT 等，第 4 次産業革命に対応した新しいビジネスの担い手として，付加価値の創出や革新的な効率化等などにより生産性向上等に寄与できる先端 IT 人材が，2030 年には 55 万人不足すると報告されています．この不足を埋めるためには，国を挙げて先端 IT 人材の育成を迅速に進める必要があり，本シリーズはまさにこの目的に合致しています．

本シリーズが，初学者にとって信頼できる案内人となることを期待します．

2019 年 7 月

杉山　将
（理化学研究所革新知能統合研究センターセンター長，東京大学教授）

巻 頭 言

情報通信技術や計測技術の急激な発展により，データが溢れるように遍在するビッグデータの時代となりました．人々はスマートフォンにより常時ネットワークに接続し，地図情報や交通機関の情報などの必要な情報を瞬時に受け取ることができるようになりました．同時に人々の行動の履歴がネットワーク上に記録されています．このように人々の行動のデータが直接得られるようになったことから，さまざまな新しいサービスが生まれています．携帯電話の通信方式も現状の 4G からその 100 倍以上高速とされる 5G へと数年内に進化することが確実視されており，データの時代は更に進んでいきます．このような中で，データを処理・分析し，データから有益な情報をとりだす方法論であるデータサイエンスの重要性が広く認識されるようになりました．

しかしながら，アメリカや中国と比較して，日本ではデータサイエンスを担う人材であるデータサイエンティストの育成が非常に遅れています．アマゾンやグーグルなどのアメリカのインターネット企業の存在感は非常に大きく，またアリババやテンセントなどの中国の企業も急速に成長をとげています．これらの企業はデータ分析を事業の核としており，多くのデータサイエンティストを採用しています．これらの巨大企業に限らず，社会のあらゆる場面でデータが得られるようになったことから，データサイエンスの知識はほとんどの分野で必要とされています．データサイエンス分野の遅れを取り戻すべく，日本でも文系・理系を問わず多くの学生がデータサイエンスを学ぶことが望まれます．文部科学省も「数理及びデータサイエンスに係る教育強化拠点」6 大学（北海道大学，東京大学，滋賀大学，京都大学，大阪大学，九州大学）を選定し，拠点校は「数理・データサイエンス教育強化拠点コンソーシアム」を設立して，全国の大学に向けたデータサイエンス教育の指針や教育コンテンツの作成をおこなっています．本シリーズは，コンソーシアムのカリキュラム分科会が作成したデータサイエンスに関するスキルセットに準拠した標準的な教科書シリーズを目指して編集されました．またコンソーシアムの教材分科会委員の先生方には各巻の原稿を読んでいただき，貴重なコメントをいただきました．

データサイエンスは，従来からの統計学とデータサイエンスに必要な情報学の二つの分野を基礎としますが，データサイエンスの教育のためには，データという共通点からこれらの二つの分野を融合的に扱うことが必要です．この点で本シリーズは，これまでの統計学やコンピュータ科学の個々の教科書とは性格を異にしており，ビッグデータの時代にふさわしい内容を提供します．本シリーズが全国の大学で活用されることを期待いたします．

2019 年 4 月

編集委員長　竹村彰通
（滋賀大学データサイエンス学部学部長，教授）

まえがき

本書では，最適化を使ってデータの解析や種々の意思決定を行いたい人に向けて，さまざまな最適化モデルと解法とを解説する．

データサイエンスへの入門書の一つとしての観点から，その分野で頻繁に使われていたり注目を集めたりしている最適化手法のうち，日本語で読める最適化の教科書ではあまり扱われていないものについて，本書ではいくつかを取り上げて丁寧に解説している．たとえば，加速付き勾配法 (3.1.3 節)，座標降下法 (3.2.2 節)，近接勾配法 (4.3.1 節)，交互方向乗数法 (4.3.2 節) などがこれにあたる．これらの手法や，劣モジュラ最大化問題 (6.4 節)，整数計画の応用としての情報量規準最小化や変化点検出 (7.4 節) などの話題は，初学者にとってやや発展的ではあるが，データを扱う分野における重要性から本書ではあえて取り上げている．

一方で，最適化を「使う」ための解説書という位置付けと紙幅とのバランスから，通常の最適化の教科書ではそれなりのページ数を割いて扱われる話題のいくつかについて，本書では概要のみのごく簡単な記述に絞っている．たとえば，最適化のユーザーが線形計画の解法を自分で実装するということは，現在では特別な事情がない限りないといってよい．このため，線形計画の解法については要点のみの記述としている．また，最適化の理論についても必要最低限の記述にとどめている．本書で解説を割愛した項目については，既刊の教科書の中で詳しく扱われている．本文内の脚注や巻末の参考文献のリストを手がかりに，他書を参照していただきたい．

本書のいくつかの章では，簡単な例に続いて，その例を解く Python のコードを掲載している．これらのサンプルコードは，講談社サイエンティフィクのウェブサイト [*1] からダウンロードできる．また，同様の動作をする MATLAB のコードも同じウェブサイトに用意している．このため，各章の内容の深い理解へと進む前に，読者は手元で例題を解いてみることができる．本書を読み進めるためにこれらのコードを実行する必要はない (実際，コードが掲載されている箇所はとばして読んでも何ら差し支えない) が，具体的な問題を解く手間がどの程度かを知ることは有意義である．すなわち，最適化を道具として「使ってみる」だけであれば，現在ではその敷居は非常に低いことを体感していただきたい．一方で，どんな道具についてもいえることであるが，最適化を「うまく使う」には，最適化モデリングの技法や適

[*1] https://www.kspub.co.jp/book/detail/5170083.html

切な解法の選択などが必須となる．すなわち，さまざまな最適化手法の長所や短所を理解しそれらの適用法に習熟すれば，ブラックボックス的な最適化の使い方よりもはるかに有用な結果を得ることができる．

最適化モデリングに関連して，データ解析にまつわる最適化問題の例を多く取り入れていることも，本書の特色の一つである．これにより，最適化がデータサイエンスを支えている様子が浮き彫りになれば幸いである．一方で，データ解析に馴染みのない読者も読み進められるように，それぞれの問題例の文脈も簡潔に解説している．その意味で，これらの例は，最適化の視点からのデータサイエンスへの入門的な解説とみることもできる．

Python のサンプルコードの実行には，モジュールとして NumPy*2, CVXPY*3, NetworkX*4 が必要である．また，MATLAB のサンプルコードの実行には，ツールボックス CVX*5 のインストールが必要である．なお，Python の文法や MATLAB の使い方などについては，本書では解説していない．適宜，他書を参照されたい．

本書に関連の深い教材として，著者による東京大学における講義「数理手法 III」の講義映像の視聴が可能である．この映像は，東京大学数理・情報教育研究センターの関連教材 *6 として，また，東京大学のオープン教育コンテンツ UTokyo OCWx*7 として，整備され公開されているものである．

本書が，最適化手法をさまざまな現場で実践的に活用される方の一助となれば，あるいは，さらに深く最適化を学習される方の道標となれば，著者にとってこの上ない喜びである．

最後に，本書の原稿に関して種々の有益な助言をくださった岩田覚先生，駒木文保先生，小林景先生，松田孟留氏，奥野貴之氏に，そして，本書の編集を担当してくださり常に真摯にご対応いただいた瀬戸晶子氏と横山真吾氏 (講談社サイエンティフィク) に，深く感謝いたします．

2019 年 2 月

寒　野　善　博

*2 http://www.numpy.org/
*3 http://www.cvxpy.org/
*4 https://networkx.github.io/
*5 インストールガイドが http://cvxr.com/cvx/ にある．
*6 http://www.mi.u-tokyo.ac.jp/teaching_material.html
*7 http://ocwx.ocw.u-tokyo.ac.jp/course_11412/

本書で用いる記号

$\forall$	全称記号
$\mathbb{R}$	実数の集合
$\mathbb{R}^n$	n 次元の実ベクトルの集合 ($n \times 1$ 型の実行列の集合)
$\mathbb{R}^{m \times n}$	$m \times n$ 型の実行列の集合
$\emptyset$	空集合
$A - B$	集合 A から集合 B を引いた差集合 (つまり，A に属し B に属さない元の集合)
$\mathbf{0}$	零ベクトル
$\mathbf{1}$	すべての成分が 1 である列ベクトル
$\boldsymbol{x}^\top$	ベクトル $\boldsymbol{x}$ の転置ベクトル
$\boldsymbol{x} \geqq \boldsymbol{y}$	ベクトル $\boldsymbol{x}$ と $\boldsymbol{y}$ のすべての成分について $x_i \geqq y_i$ が成立
$\|\boldsymbol{x}\|_1$	ベクトル $\boldsymbol{x}$ の ℓ_1 ノルム
$\|\boldsymbol{x}\|_2$	ベクトル $\boldsymbol{x}$ の ℓ_2 ノルム (ユークリッドノルム)
$\|\boldsymbol{x}\|_\infty$	ベクトル $\boldsymbol{x}$ の ℓ_∞ ノルム
$\mathrm{card}(\boldsymbol{x})$	ベクトル $\boldsymbol{x}$ の非ゼロ成分の個数 (ℓ_0 ノルム)
$\langle \boldsymbol{x}, \boldsymbol{y} \rangle$	ベクトル $\boldsymbol{x}$ と $\boldsymbol{y}$ の内積 ($\boldsymbol{x}$ と $\boldsymbol{y}$ がともに列ベクトルであれば，$\langle \boldsymbol{x}, \boldsymbol{y} \rangle = \boldsymbol{x}^\top \boldsymbol{y}$)
O	零行列
I	単位行列
$X^\top$	行列 X の転置行列
$X \succeq O$	実対称行列 X が半正定値
$\mathrm{rank}\, X$	行列 X の階数 (ランク)
$f : A \to B$	f は A を定義域とし B を値域とする関数
∇f	関数 f の勾配
$\nabla^2 f$	関数 f のヘッセ行列
e^x, $\exp x$	指数関数
$\log x$	自然対数
$\arg\min\{f(\boldsymbol{x}) \mid \boldsymbol{x} \in S\}$	f を目的関数とし S を実行可能領域とする最小化問題の最適解

目 次

第 6 章 近似解法と発見的解法 141

第 7 章 整数計画 177

第 1 章 最適化の概要

最適化は，現在，社会の実に多くの場面において用いられている．また，理工学の基礎やその応用には，最適化が多様な形でかかわっている．特に，データから有意義な情報を取り出す分析手法は，その多くが最適化に立脚している．これは，データをよりよく表現できるモデルを見出すというデータサイエンスの目標と，ある関数を最小化 (または最大化) するという最適化手法とが，自然に結びつくからである．本章では，最適化で扱う問題やその解の概念を説明し，最適化問題の分類について述べる．

1.1 最適化問題とは：目的関数と制約

最適化とは，与えられた条件を満たす解のうち，ある関数の値を最小にするもの (あるいは，最大にするもの) を求めることである．本節では，具体的な例を用いて，最適化問題とはどのような問題かを説明する．

例 1.1 ある会社では，倉庫 S_1 と S_2 に商品を保管している (図 1.1)．これらの倉庫から，顧客 C_1, C_2, C_3 に商品を届ける必要がある．この輸送にかかる費用ができるだけ小さくなるように輸送計画を立てたい．この問題は，**輸送問題**とよばれている．

図 1.1 に示すように，倉庫 S_1, S_2 に保管してある商品の量 (供給量) はそれぞれ 20, 15 とする．また，顧客 C_1, C_2, C_3 に納品すべき商品の量 (需要量) はそれぞれ 8.5, 12.5, 14 とする．さらに，倉

庫 S_1 から顧客 C_1, C_2, C_3 に商品を輸送するとき，商品の単位量あたりに必要な輸送費用をそれぞれ 1, 2, 3 とする．倉庫 S_2 からの単位量あたりの輸送費用も，同様に，4, 8, 7 とする．このとき，輸送費用の総和を最小とするには，それぞれの倉庫からそれぞれの顧客へどれだけ商品を輸送すればよいであろうか．

図 1.1 の輸送問題に対する具体的な計画案の例を，図 1.2(a) に示す．この図に記された数字は，倉庫 S_1 から顧客 C_1, C_2, C_3 に商品をそれぞれ 5, 10, 5 だけ届けるという意味である．倉庫 S_2 についても，同様である．この案では，総輸送費用は 137 となる．

総輸送費用がより小さい輸送計画は，あるのだろうか．たとえば図 1.2(b) のようにすると，総輸送費用は 122 となり図 1.2(a) の場合よりも小さい．しかし，これは輸送計画として許容できない．というのも，倉庫 S_1 からの出荷量をみると，その総和が $5 + 12.5 + 5 = 22.5$ となり在庫量 20 を超えているからである．

輸送計画では，倉庫からの出荷量は在庫量を超えてはならない．このように，最適化で探索する解が満たすべき条件のことを，**制約** (または**制約条件**) とよぶ．また，この例での総輸送費用のように，良くしたい評価尺度のことを**目的関数**とよぶ．そして，各倉庫から各顧客への出荷量のように，決定したい量のことを**決定変数**や**設計変数**とよぶ (単に，**変数**とよぶこともある)．例 1.1 は，制約が明示的に述べられていないので，最適化問題として不完全な記述である．そこで，これを次のように改訂しよう．

例 1.2 例 1.1 の設定において，総輸送費用を最小化する輸送計画を求めたい．ただし，それぞれの倉庫について，出荷量は在庫量を超えてはならない．また，それぞれの顧客について，入荷量は需要量に等しくなければならない．さらに，それぞれの倉庫からそれぞれの顧客への輸送量は非負の値でなければならない [*1]．

図 1.2(a) のように，最適化問題の制約を満たす解を**実行可能解** (または**許容解**) とよぶ．図 1.2(b) は，実行可能解ではない．実行可能解の集合を，**実行可能領域** (または**許容領域**) とよぶ．なお，制約をもたない最適化問題 (これを**無制約最適化**

[*1] **非負**とは，0 以上であることである．また，負の輸送量は，顧客から倉庫へと商品が逆に運ばれることを意味するので，許容できない．

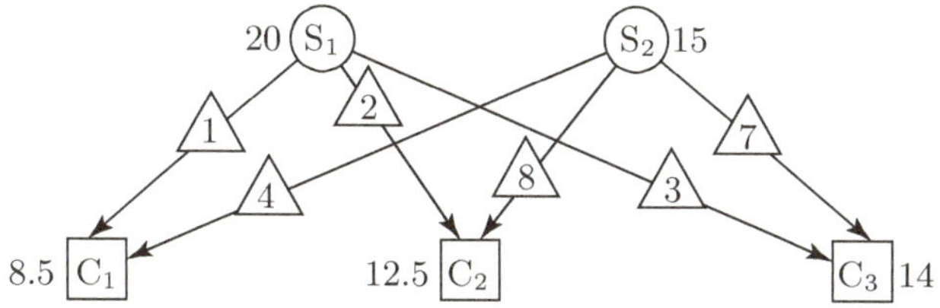

図 1.1　輸送問題の例

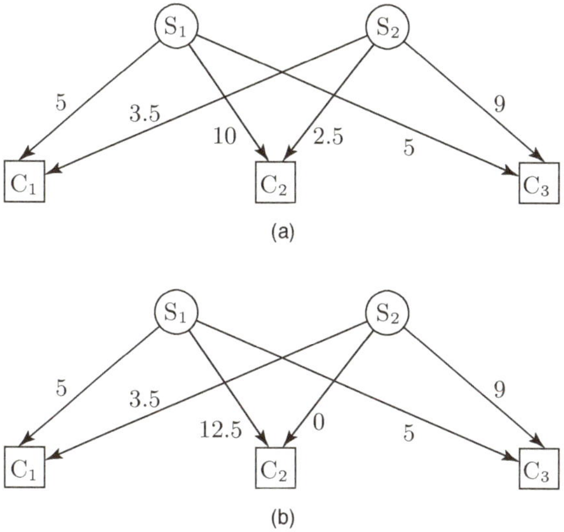

図 1.2　輸送問題の (a) 実行可能解の例と (b) 制約を満たさない解の例

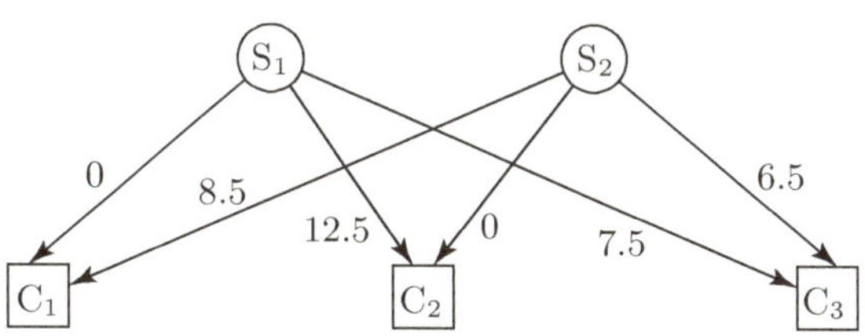

図 1.3　輸送問題の最適解

問題とよぶ) を考えることもある．実行可能解のうち目的関数の値が最小であるものを**最適解**とよび，最適解における目的関数の値を**最適値**とよぶ．**最適化問題**とは，この最適解を求める問題のことである．問題設定によっては，目的関数を大きくし

たいこともある (たとえば，利益が大きくなるような生産計画を立てる場合などである)．このような問題は，**最大化問題**とよび，その最適解は実行可能解のうち目的関数の値が最大であるものとして定義される．これに対して，輸送問題のように目的関数を小さくする問題は，**最小化問題**とよぶ．

図 1.1 の輸送問題は，実は第 2 章で述べる線形計画を用いて解くことができ，最適解は図 1.3 のようになる [*2]．最適値は 127 である．

最適化問題は，次のような形式で記述されることが多い：

$$\begin{array}{ll} \text{Minimize} & \text{(目的関数を表す式)} \\ \text{subject to} & \text{(制約を表す式)}. \end{array}$$

また，“Minimize” のかわりに “Min.” と書いたり，“subject to” のかわりに “s. t.” と書くこともある．最大化問題の場合は，“Minimize” のかわりに “Maximize” や “Max.” と書く．

例 1.3 次の問題は，2 変数の最適化問題の例である：

$$\begin{array}{ll} \text{Minimize} & (x_1 - 10)^2 + (x_2 - 8)^2 \\ \text{subject to} & 2x_1 + 3x_2 \leqq 18, \\ & x_1 \geqq 0, \quad x_2 \geqq 0. \end{array}$$

この問題は，実行可能領域が図 1.4 の塗りつぶした部分であり，この中の点のうち点 $(10, 8)$ からの距離が最小のものを求める問題である．

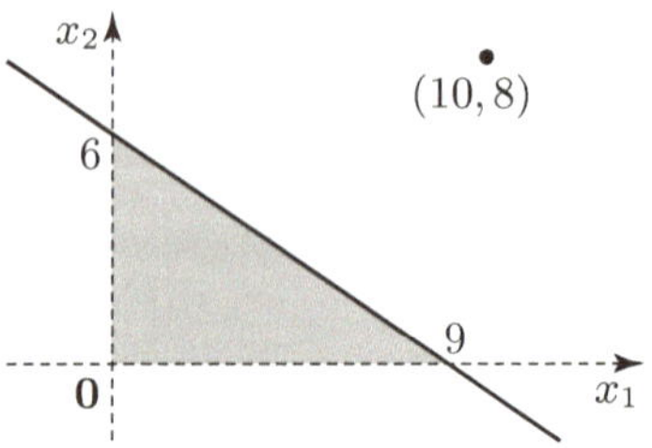

図 1.4 例 1.3 の最適化問題

*2 図 1.3 の解が例 1.2 で述べた制約を満たしていることを確認されたい．

例 1.3 の最適化問題は，変数の数が二つだけであるので，図で表現することができ，最適解を手計算で求めることもできる．しかし，実際の応用で解くべき最適化問題は，変数の数が数百や数千を超えることも普通である．したがって，最適化問題を解くには，コンピュータとソフトウェアの使用が前提となる．とはいえ，最適化の理論や解法を理解するうえでは，図 1.4 のような 2 変数の場合の図が有用であることが多い．

➤ 1.2　連続最適化と離散最適化

1.1 節では，具体例を参照しながら，最適化問題とはどのような問題かを説明した．次に，1.1 節の例とは少し異なる特徴をもつ最適化問題の例をあげる．

例 1.4　図 1.5(a) のように，都市 (または，点) $c_1, \ldots, c_5$ がある．それぞれの都市の間の移動距離は，図中の数字のように与えられている．このとき，c_1 から出発して，すべての都市をちょうど一度ずつ訪問した後に，元の c_1 に戻る経路を考える (このような経路を，**巡回路**とよぶ)．巡回路のうち，総移動距離が最小のものを求めたい．この最適化問題は，**巡回セールスマン問題**とよばれている．

巡回セールスマン問題も，目的関数と制約という二つの要素から構成されている．図 1.5(b) は，この問題の実行可能解の例である (実は，最適解でもある)．また，

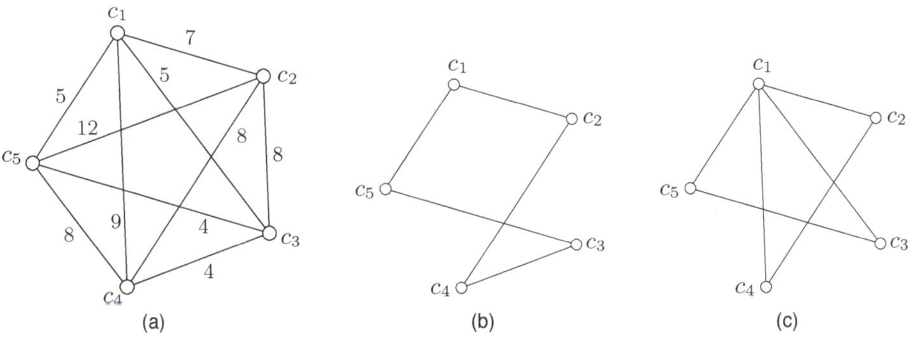

図 1.5　巡回セールスマン問題 (例 1.4) の (a) 問題設定，(b) 最適解と (c) 制約を満たさない解の例

図 1.5(c) は，すべての点を訪れる前にいったん c_1 に戻ってしまうので，制約を満たさない例である．この問題では，c_2, c_3, c_4, c_5 の順番をいろいろ並べ替えてその順に点を訪れる経路を考えればそれが実行可能解となるし，また，それ以外に実行可能解はない．そして，このような並べ替えは全部で $4! = 24$ 個ある．このように，実行可能解の数が有限個である最適化問題を，**組合せ最適化問題**とよぶ．

図 1.5(a) で，二つの都市 (点) を結んでいる線分を，**辺**とよぶ[*3]．巡回セールスマン問題は，それぞれの辺を経路として採用するかしないかを (巡回路ができるように) 選ぶ問題とみることもできる．採用するかしないかは離散的な選択であるので，このような最適化問題を**離散最適化問題**とよぶ[*4]．これに対して，例 1.2 や例 1.3 の変数は連続的に変化できる．このような性質をもつ最適化問題を，**連続最適化問題**とよぶ．

本書の第 2 章から第 4 章では，連続最適化を扱う．また，第 5 章から第 7 章では，主に離散最適化を扱う．

組合せ最適化問題は，解の候補が有限個であるとはいっても，簡単に解けるわけではない．たとえば，巡回セールスマン問題で都市の数を n とおくと，実行可能解の数は $(n-1)!$ 個である．前述のように $n = 5$ の場合は $4! = 24$ 個であるので，これらをすべて調べることで最適解を見つけることができる．しかし，都市の数が増えてくると，たとえば $n = 20$ ですでに実行可能解の個数は 10^{17} 以上であり，単純な列挙で最適解をみつけることはコンピュータを用いても事実上不可能になる．

離散最適化問題のもう一つの例として，**教師なし学習**の一つである**クラスタリン**

図 1.6 クラスタリング．(a) データの例と (b) 2-クラスタリングの例

*3 「点」と「辺」は，図 1.5(a) をグラフとみたときの用語である．グラフについては，5.1 節で説明する．

*4 離散最適化問題の多くは組合せ的な性質をもつので，離散最適化問題と組合せ最適化問題の二つは厳密に区別しないことが多い．

グを取り上げる．

例 1.5　図 1.6(a) の "△" で示すように，平面上の 20 個の点としてデータが与えられている．このデータを，近いものどうしのいくつかのグループに分類する．このようなグループを**クラスター**とよび，データを k 個のクラスターにわける問題を k-クラスタリングとよぶ．例として 2-クラスタリングを考えると，これは "△" の点それぞれに "○" か "×" のラベルをつけ，"○" どうしは近くにあり，"×" どうしも近くにあり，"○" と "×" とは遠くにあるようにする問題である．このときの「近い」や「遠い」の評価尺度はいろいろ考えられるが，たとえば，"○" の点と "×" の点との組のうち最も近いものの距離を二つのクラスター間の距離としよう．図 1.6(b) の例では，点線で示す線分の長さがクラスター間の距離である．二つのクラスターは遠く離したいので，この距離が最大になるように "○" か "×" のラベルをつけたい．

2-クラスタリングでは各データ点について "○" か "×" かの二つの選択肢があるので，データ点の数が n 個であれば実行可能解の数は 2^n である [*5]．この場合も，たとえば 2^{50} はおよそ 10^{15} であるので，解を単純に列挙することは n が大きくなるとすぐに不可能になることがわかる．

1.3　大域的最適解と局所最適解

最適化問題において，真の最適解を求めることは，しばしば非常に難しい．そのような場合には，最適性の概念を少し緩めた解を求めることが，実用の観点では重要になる．本節では，そのような解の概念を説明する．

簡単な例として，図 1.7 に示す 1 変数の関数 f に関する最適化問題

$$\begin{aligned} &\text{Minimize} && f(x) \\ &\text{subject to} && a \leqq x \leqq b \end{aligned}$$

を考える (a および b は定数である)．実行可能領域は，図 1.7 の x 軸上の太い線分

*5 細かいことをいうと，"○" と "×" のラベルをすべて交換すれば本質的に同じクラスタリングが得られるので，解の種類数としては 2^{n-1} 個ということになる．

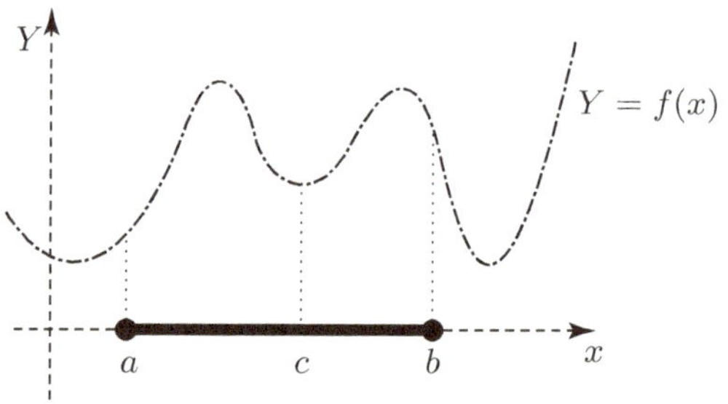

図 1.7　1 変数の連続最適化問題の大域的最適解と局所最適解

のようになる．この問題の最適解は，$x = a$ である．これに対して，$x = b$ や $x = c$ のように，その点の「まわり」(近傍) に目的関数値がより小さい実行可能解が存在しないような点を，**局所最適解**とよぶ[*6]．また，最適解 $x = a$ を他の局所最適解と区別する際には，**大域的最適解**というよび方が用いられる．定義より，大域的最適解は局所最適解でもある．

例 1.6　図 1.8 に示す 2 変数関数 f の無制約最小化問題を考える．この図の x_1x_2 平面には，f の**等高線** (関数が一定の値をとる点を結んだ線) を描いている．図 1.8 の “∗” で示す点は，大域的最適解である．また，“×” で示す点 (二つある) は，局所最適解である．

次に，巡回セールスマン問題 (例 1.4) を例として，離散最適化問題における局所最適解の概念をみる．図 1.9(a) は，12 都市の問題例である．ここで，都市はすべて同一平面上にあるとして，二つの都市の間の距離はそれらを結ぶ線分 (辺) の長さであるとする．図 1.9(b) は，この問題の実行可能解の一つである．この解の「まわり」(近傍) にある解として，この解を少しだけ変更したものを考える．たとえば，この解で使われている辺のうち 2 本を取り除き，別の 2 本の辺を加えることで，新たな解が得られる．図 1.9(c) は，その例である (点線は取り除かれた辺を表す)．このようにして得られる解のうち実行可能なもの全体の集合は，**2-opt 近傍**とよばれ

[*6] より正確に述べると次のようになる．最小化問題の目的関数を $f : \mathbb{R}^n \to \mathbb{R}$ で表し，実行可能領域を $S \subseteq \mathbb{R}^n$ で表す．点 $\bar{\boldsymbol{x}} \in S$ がこの問題の局所最適解であるとは，$\bar{\boldsymbol{x}}$ のある近傍 $N(\bar{\boldsymbol{x}}) \subseteq \mathbb{R}^n$ が存在して，任意の $\boldsymbol{x} \in N(\bar{\boldsymbol{x}}) \cap S$ に対して条件 $f(\boldsymbol{x}) \geqq f(\bar{\boldsymbol{x}})$ が成り立つことである．なお，同様の形で述べると，点 $\bar{\boldsymbol{x}} \in S$ が大域的最適解であるとは，任意の $\boldsymbol{x} \in S$ に対して条件 $f(\boldsymbol{x}) \geqq f(\bar{\boldsymbol{x}})$ が成り立つことである．なお，連続最適化では，近傍の定義は，ϵ を十分小さい正の数として $N(\bar{\boldsymbol{x}}) = \{\boldsymbol{x} \in \mathbb{R}^n \mid \|\boldsymbol{x} - \bar{\boldsymbol{x}}\|_2 < \varepsilon\}$ とすることが多い．

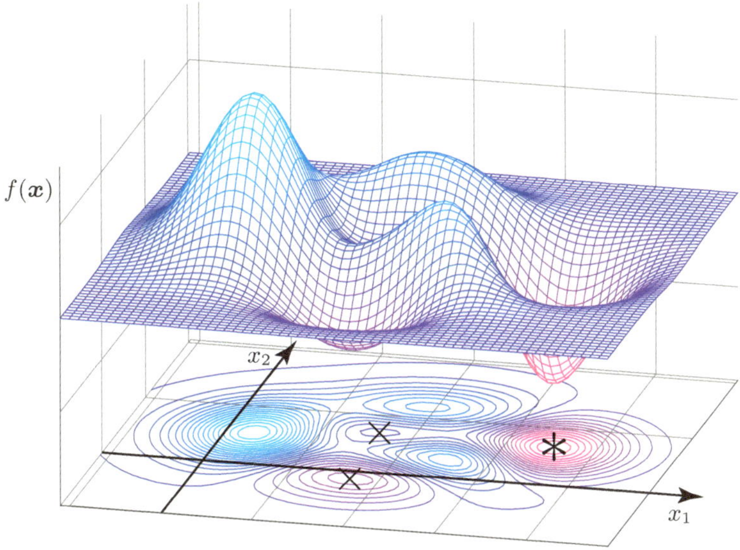

図 1.8　2 変数の連続最適化問題の大域的最適解と局所最適解

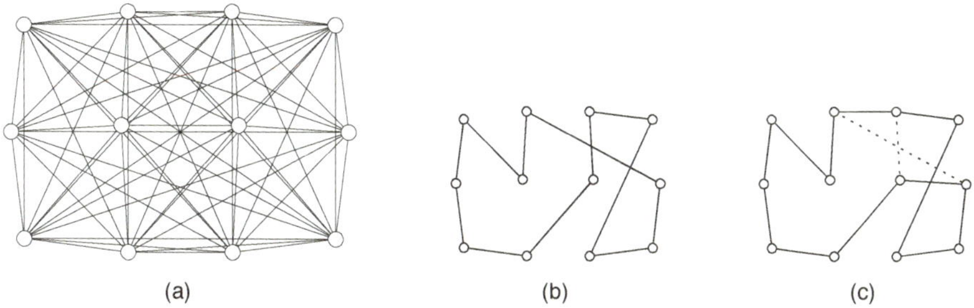

図 1.9　巡回セールスマン問題の近傍の例．(a) 問題設定，(b) 実行可能解の例と (c) その 2-opt 近傍に含まれる解の例

ている [*7]．

次に，図 1.10(a) に示す実行可能解を考える．これは，2-opt 近傍に関して局所最適解ではない．というのも，この解の 2-opt 近傍に含まれる解の一つに図 1.10(b) があって，この解の方が移動距離がより小さいからである．一方で，図 1.10(b) は，2-opt 近傍に関する局所最適解である．実際，この解を変更してより小さい目的関

[*7] より正確には，ある実行可能解の 2-opt 近傍は，その解自身も含むとする．

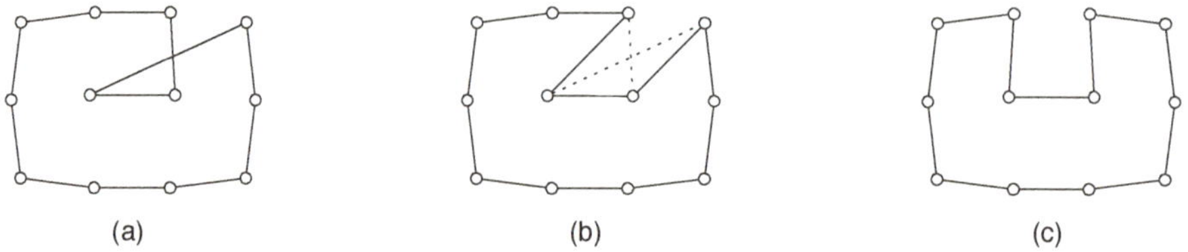

図 1.10　図 1.9(a) の巡回セールスマン問題の局所最適解と大域的最適解．(a) 2-opt 近傍に関する局所最適解ではない実行可能解の例，(b) 2-opt 近傍に関する局所最適解の例，(c) 大域的最適解

数値をもつ実行可能解 (図 1.10(c)) を得るには，3 本の辺を入れ替える必要がある．なお，図 1.10(c) は大域的最適解である．

第 2 章 線形計画と凸2次計画

線形計画問題は，ある意味で最も基本的な最適化問題であり，非常に大規模な問題であっても高速に最適解を得る方法が確立されている．このため，線形計画問題は，社会のさまざまな場面における意思決定を支援するモデルとして活用されている．また，より難しい最適化問題を解く際の道具としても頻繁に利用される．本章では，まず線形計画問題の具体例をいくつかあげ，続いて双対性とよばれる理論の考え方を述べる．次に，線形計画問題の解法として，単体法と内点法の概要を説明する．さらに，線形計画問題と関連の深い最適化問題として，凸２次計画問題を紹介する．最後に，応用例として，回帰分析とサポートベクターマシンを取り上げる．

2.1 線形計画問題

目的関数が 1 次関数であり，制約がいくつかの 1 次方程式や (等号付きの) 1 次不等式 [*1] だけからなる最適化問題を，**線形計画問題**とよぶ．そして，実際に解きたい問題を線形計画問題としてモデル化し，その最適解を求める方法論を，**線形計画** (または，**線形計画法**) とよぶ．

まず，線形計画問題の簡単な例をみることから始めよう．

[*1] 最適化では，ごく特別な場合を除いて，等号を含まない不等号 (つまり，$>$ や $<$) を用いて記述された制約は扱わない．本書でも，制約に現れる不等式は，すべて等号付きの不等号 (つまり，$\geqq$ や $\leqq$) を用いたものであるとする．

例 2.1 ある工場では，3 種類の原材料 M_1, M_2, M_3 を用いて，2 種類の製品 P_1, P_2 を生産している．製品 P_1, P_2 の生産量をそれぞれ x_1, x_2 kg とおき，できるだけ多くの利益が得られるように x_1 と x_2 を決めたい (x_1 と x_2 は生産量なので，負の値はとれない)．

製品 P_1 および P_2 を 1 kg 生産することで得られる利益がそれぞれ 20 万円 および 60 万円 であるとすると，総利益は $20x_1 + 60x_2$ 万円である．一方，各製品を 1 kg 生産するために必要な原材料の使用量は，表 2.1 に示すとおりとする．また，原材料の在庫はそれぞれ，M_1 は 80 kg, M_2 は 40 kg, M_3 は 64 kg である．在庫を超える量を使うことはできないので，たとえば原材料 M_1 の使用量について，不等式

$$5x_1 + 4x_2 \leqq 80$$

が満たされなければならない．原材料 M_2 および M_3 に関しても，同様である．以上より，総利益を最大化する生産計画は，最適化問題

$$\begin{aligned} \text{Maximize} \quad & 20x_1 + 60x_2 && \text{(2.1a)} \\ \text{subject to} \quad & 5x_1 + 4x_2 \leqq 80, && \text{(2.1b)} \\ & 2x_1 + 4x_2 \leqq 40, && \text{(2.1c)} \\ & 2x_1 + 8x_2 \leqq 64, && \text{(2.1d)} \\ & x_1 \geqq 0, \quad x_2 \geqq 0 && \text{(2.1e)} \end{aligned}$$

として定式化できる．この問題は，目的関数も制約もすべて 1 次式であるので，線形計画問題である．

表 2.1 製品 1 kg あたりの原材料の使用量

	P_1	P_2
M_1	5 kg	4 kg
M_2	2 kg	4 kg
M_3	2 kg	8 kg

問題 (2.1)[*2] は，決定変数が二つだけであるので，次の例 2.2 のように図を用い

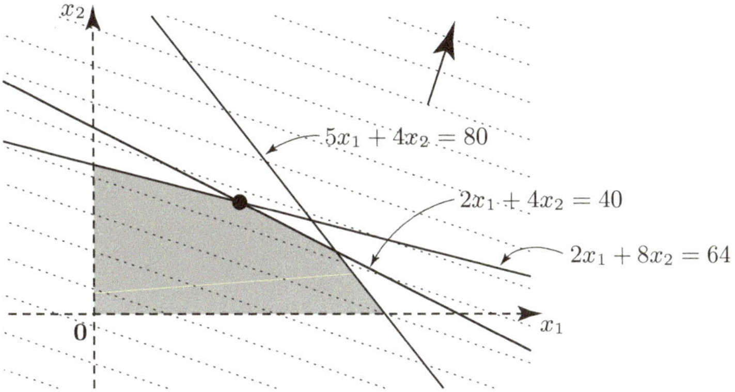

図 2.1　例 2.1 の線形計画問題

て最適解を求めることができる.

例 2.2　図 2.1 は，問題 (2.1) を図示したものである．ここで，薄く塗りつぶした五角形は実行可能領域を表している．また，点線は目的関数の等高線であり，右上の矢印は目的関数の係数を並べたベクトル $\begin{bmatrix} 20 \\ 60 \end{bmatrix}$ の方向 [*3] を表している．この矢印の方向は目的関数が大きくなる方向であるので，最適解は図の "●" で示す点である．この点を通る二つの直線の方程式を連立させて解くことで，最適解は $(x_1, x_2) = (8, 6)$ であることがわかる．また，最適値は 520 万円 である．

線形計画問題の制約はすべて 1 次式であるので，図 2.1 のように，2 変数の問題の場合の実行可能領域は凹んだところのない多角形 (いわゆる凸多角形) である．また，目的関数も 1 次式であるので，等高線は一定の間隔で平行に並ぶ直線である．このため，最適解が実行可能領域の内部にあることはなく，最適解は多角形の頂点のどれかである [*4]．これと同様の性質は，変数の数が増えても成り立つ．つまり，一般に n 個の変数をもつ線形計画問題では，実行可能領域は (超) 平面で区切られる凹んだ部分のない領域 (これを**多面体**という) であり，その多面体の頂点のいずれかが最適解である [*5].

[*2] 式 (2.1a) から式 (2.1e) までで構成される最適化問題のことを，本書では，「問題 (2.1)」と表記する.
[*3] 3.1.1 節で説明するが，このベクトルは目的関数 $20x_1 + 60x_2$ の勾配である．ただし，図の都合上，勾配の大きさを縮小して描いている.

最適化したい変数がたくさんあるときは，図示により最適化問題を解くことはできない．現実に解きたい最適化問題は多くの変数を含むことが普通であるので，コンピュータを用いて最適解を求める．現在では，さまざまな形式の最適化問題に対するソルバー[*6]が利用可能であり，ソルバーの使用を容易にするモデリングツールも開発されている．次の例 2.3 では，そのようなモデリングツールのうち Python 上で動作するものの一つを使って，線形計画問題を解く方法を説明する[*7].

[*4] 複数個の最適解が存在する場合もあるので，より正確にいうと，「最適解のうちで実行可能領域の頂点であるものが存在する」となる．たとえば，線形計画問題

$$\begin{aligned}&\text{Maximize} && 30x_1 + 60x_2\\ &\text{subject to} && 5x_1 + 4x_2 \leqq 80, \quad 2x_1 + 4x_2 \leqq 40, \quad 2x_1 + 8x_2 \leqq 64\end{aligned}$$

は複数の最適解をもつ (練習問題として確認されたい).

[*5] 線形計画問題は必ずしも最適解をもつとは限らないため，より正確に述べると「もし線形計画問題に最適解が存在するならば，実行可能領域である多面体の頂点のいずれかは最適解である」となる．たとえば，問題

$$\begin{aligned}&\text{Minimize} && x_1 + 5x_2\\ &\text{subject to} && -2x_1 + x_2 \leqq 4, \quad 3x_1 + 4x_2 \leqq 12\end{aligned}$$

は，目的関数値をいくらでも小さくできる．このように，最小化問題で目的関数値をいくらでも小さくできるとき，その問題は**非有界**であるという (最大化問題では，目的関数値をいくらでも大きくできるときに非有界であるという)．また，問題

$$\begin{aligned}&\text{Minimize} && x_1 + 5x_2\\ &\text{subject to} && -2x_1 + x_2 \leqq 4, \quad 3x_1 + 4x_2 \leqq 12, \quad x_1 + 2x_2 \geqq 10\end{aligned}$$

は，実行可能解をもたない．このように，最適化問題が実行可能解をもたないとき，その問題は**実行不可能** (または，**実行不能**) であるという．非有界な最適化問題や実行不可能な最適化問題は，最適解をもたない．線形計画問題が最適解をもつための条件は，双対定理 (2.2 節) で与えられる.

[*6] **ソルバー**とは，ユーザーが入力した問題に対して計算を行い結果を出力するソフトウェアのことである.

[*7] 本書では，Python の言語そのものについては解説していない．たとえば，次の文献を参照されたい.

- J. V. グッターグ (著)，久保幹雄 (監訳)，麻生敏正，木村泰紀，小林和博，関口良行，並木誠，藤原洋志 (訳) (2017),『Python 言語によるプログラミングイントロダクション 第 2 版—データサイエンスとアプリケーション』，近代科学社 [Guttag, J. V. (2016), *Introduction to Computation and Programming Using Python: With Application to Understanding Data (2nd ed.)*, MIT Press].
- 並木誠 (2018),『Python による数理最適化入門』，朝倉書店.

例 2.3 線形計画問題を解く際には，凸計画[8] のモデリングツール CVXPY[9] を利用するのが便利である．CVXPY では，最適化問題をほぼ数式の通りに記述すれば，それがソルバーの入力形式に自動的に変換されて最適解が得られる．例として，例 2.1 の問題 (2.1) の場合には，次のように入力すればよい．

```
import cvxpy as cp              #まずはモジュールの読み込み
x1, x2 = cp.Variable(), cp.Variable()  #決定変数を定義
obj = cp.Maximize( 20*x1 + 60*x2 )     #目的関数を記述
cons = [5*x1 + 4*x2 <= 80,
        2*x1 + 4*x2 <= 40,
        2*x1 + 8*x2 <= 64,
        x1 >= 0,
        x2 >= 0]                  #ここまでが制約の記述
P = cp.Problem(obj, cons)         #最適化問題を定義
P.solve(verbose=True)             #求解
print(x1.value, x2.value)         #最適解の出力
```

以上を実行すれば，最適解における x_1 と x_2 の値が `x1.value` と `x2.value` に格納される．また，最適値は `P.value` に格納される．

線形計画問題の定義は目的関数と制約とがすべて 1 次式である最適化問題であったので，その最も一般的な形式は次のものである：

$$
\begin{aligned}
\text{Minimize} \quad & c_1x_1 + c_2x_2 + \cdots + c_nx_n && \text{(2.2a)}\\
\text{subject to} \quad & A_{11}x_1 + A_{12}x_2 + \cdots + A_{1n}x_n = b_1, && \text{(2.2b)}\\
& \vdots \\
& A_{m1}x_1 + A_{m2}x_2 + \cdots + A_{mn}x_n = b_m, && \text{(2.2c)}\\
& G_{11}x_1 + G_{12}x_2 + \cdots + G_{1n}x_n \leqq h_1, && \text{(2.2d)}\\
& \vdots \\
& G_{k1}x_1 + G_{k2}x_2 + \cdots + G_{kn}x_n \leqq h_k. && \text{(2.2e)}
\end{aligned}
$$

[8] 凸計画は第 4 章で扱うが，線形計画を含んだより広い最適化の枠組みである．

[9] CVXPY は Python 上で動作するツールであるが，その開発の元となったのは CVX という MATLAB のツールボックスである．CVX も，CVXPY とほぼ同様の使い方ができる．本書に掲載している Python のサンプルコードに対応させて，CVX を用いた同様の MATLAB のコードも本書のサポートページ (URL は「まえがき」を参照) に用意されている．

ただし，$x_1, \ldots, x_n$ が最適化したい決定変数であり，$m < n$ とする．式 (2.2b) や式 (2.2c) のように方程式の形の制約を**等式制約**とよび，式 (2.2d) や式 (2.2e) のように不等式の形の制約を**不等式制約**とよぶ．つまり，この問題は m 本の等式制約と k 本の不等式制約とをもつ．

ベクトルや行列を用いると，問題 (2.2) を次のように簡潔に記述することができる：

$$\begin{aligned} &\text{Minimize} && \boldsymbol{c}^\top \boldsymbol{x} && (2.3\text{a}) \\ &\text{subject to} && A\boldsymbol{x} = \boldsymbol{b}, && (2.3\text{b}) \\ & && G\boldsymbol{x} \leqq \boldsymbol{h}. && (2.3\text{c}) \end{aligned}$$

ここで，A は $m \times n$ 型行列，G は $k \times n$ 型行列であり，$\boldsymbol{x}$ および $\boldsymbol{c}$ は n 次元の列ベクトルであり [*10]，$\boldsymbol{b}, \boldsymbol{h}$ はそれぞれ m 次元と k 次元の列ベクトルである．式 (2.3c) ではベクトルどうしの不等式が用いられているが，一般に $\boldsymbol{y} \leqq \boldsymbol{z}$ はすべての成分について不等式 $y_j \leqq z_j$ が成り立つことを意味する．

例 2.4 例 2.1 の問題 (2.1) は，等式制約をもたない線形計画問題である．最大化問題を最小化問題に変換するには目的関数に -1 を乗じればよいことに注意すると，この問題を問題 (2.3) の形式で表すには，$\boldsymbol{c}$, $G, \boldsymbol{h}$ を

$$\boldsymbol{c} = \begin{bmatrix} -20 \\ -60 \end{bmatrix}, \quad G = \begin{bmatrix} 5 & 4 \\ 2 & 4 \\ 2 & 8 \\ -1 & 0 \\ 0 & -1 \end{bmatrix}, \quad \boldsymbol{h} = \begin{bmatrix} 80 \\ 40 \\ 64 \\ 0 \\ 0 \end{bmatrix}$$

と定めればよいことがわかる．ソルバーを用いて実際に問題を解く際にも，この形式を用いることができる．たとえば，CVXPY では次のように記述できる：

```python
import cvxpy as cp
import numpy as np
```

*10 式 (2.3a) の $\boldsymbol{c}^\top$ は，ベクトル $\boldsymbol{c}$ を転置したものを表す．転置行列も同様に記号 $^\top$ を用いて表す．

```
 3  x = cp.Variable(2)
 4  c = np.array([ 20.0, 60.0 ])
 5  G = np.array([
 6      [5.0, 4.0],
 7      [2.0, 4.0],
 8      [2.0, 8.0],
 9      [-1.0, 0],
10      [0, -1.0]])
11  h = [80.0, 40.0, 64.0, 0.0, 0.0]
12  obj = cp.Maximize( c.T @ x )
13  cons = [G @ x <= h]
14  P = cp.Problem(obj, cons)
15  P.solve(verbose=True)
16  print(x.value)
```

例 2.3 の書き方と比べると，この形式のほうが変数や制約の数が多いときには便利である．

次の例 2.5 で線形計画の別の応用例をあげるが，その前に，本書で用いるベクトルのノルムを整理しておく．$p \geqq 1$ に対して，実数 $x_1, x_2, \ldots, x_n$ を成分とするベクトル $\boldsymbol{x} \in \mathbb{R}^n$ の ℓ_p **ノルム**を

$$\|\boldsymbol{x}\|_p = \Big(\sum_{j=1}^n |x_j|^p\Big)^{1/p}$$

で定義する．特に，ℓ_1 **ノルム**と ℓ_2 **ノルム**は

$$\|\boldsymbol{x}\|_1 = |x_1| + |x_2| + \cdots + |x_n|,$$
$$\|\boldsymbol{x}\|_2 = \sqrt{x_1{}^2 + x_2{}^2 + \cdots + x_n{}^2}$$

である．$\|\boldsymbol{x}\|_2$ は，**ユークリッド** (Euclid) **ノルム**ともよばれる．また，$p = \infty$ に対応して，ℓ_∞ **ノルム**を

$$\|\boldsymbol{x}\|_\infty = \max\{|x_1|, |r_2|, \ldots, |x_n|\}$$

で定義する．

例 2.5 データとして行列 $A \in \mathbb{R}^{m \times n}$ $(m < n)$ とベクトル $\boldsymbol{b} \in \mathbb{R}^m$ が与えられたとき，連立 1 次方程式

$$A\boldsymbol{x} = \boldsymbol{b}$$

を満たす解 $\boldsymbol{x}$ は無数に存在する．そのうち，0 である成分の数が多い解 (これを**疎な解**とよぶ) を求める問題は，信号処理や画像処理，統計学におけるモデル選択など，多くの応用をもつ．**基底追跡** *11 は，疎な解を求める手法の一つであり，次の最適化問題を解く *12：

$$\begin{aligned} &\text{Minimize} && \|\boldsymbol{x}\|_1 && (2.4\text{a}) \\ &\text{subject to} && A\boldsymbol{x} = \boldsymbol{b}. && (2.4\text{b}) \end{aligned}$$

目的関数は 1 次式ではないから，この問題は線形計画問題ではない．しかし，少し工夫することで，線形計画問題に帰着することができる．まず，簡単のために $n = 2$ の場合を考えよう：

$$\begin{aligned} &\text{Minimize} && |x_1| + |x_2| \\ &\text{subject to} && A\boldsymbol{x} = \boldsymbol{b}. \end{aligned}$$

この問題は，新たに変数 $z_1, z_2 \in \mathbb{R}$ を導入することで，次のように書き換えることができる：

$$\begin{aligned} &\text{Minimize} && z_1 + z_2 && (2.6\text{a}) \\ &\text{subject to} && A\boldsymbol{x} = \boldsymbol{b}, && (2.6\text{b}) \\ &&& z_1 \geqq |x_1|, && (2.6\text{c}) \\ &&& z_2 \geqq |x_2|. && (2.6\text{d}) \end{aligned}$$

なぜなら，問題 (2.6) の不等式制約は，最適解において必ず等号で

*11 基底追跡は，basis pursuit の訳語である．

*12 なぜ $\|\boldsymbol{x}\|_1$ を最小化することで疎な解が得られるかの説明は，紙幅の都合もあり省略するが，興味のある読者はたとえば次の文献の 8.5 節を参照されたい．

- Matoušek, J., Gärtner, B. (2007), *Understanding and Using Linear Programming*, Springer-Verlag.

成立するからである [*13]．制約 (2.6c) は 1 次不等式ではないが，これは

$$z_1 \geqq x_1, \quad z_1 \geqq -x_1$$

という 2 本の 1 次不等式と等価である．制約 (2.6d) についても，同様に，2 本の 1 次不等式に書き直せる．これで，$n=2$ の場合は線形計画問題に帰着できた．一般の n の場合も同様に考えると，新たに変数 $\boldsymbol{z} \in \mathbb{R}^n$ を導入すれば，問題 (2.4) を次の線形計画問題に帰着できる：

$$\begin{aligned} &\text{Minimize} && \mathbf{1}^\top \boldsymbol{z} && (2.7\text{a}) \\ &\text{subject to} && A\boldsymbol{x} = \boldsymbol{b}, && (2.7\text{b}) \\ &&& \boldsymbol{z} \geqq \boldsymbol{x}, && (2.7\text{c}) \\ &&& \boldsymbol{z} \geqq -\boldsymbol{x}. && (2.7\text{d}) \end{aligned}$$

ただし，$\mathbf{1}$ は 1 を n 個ならべてできる列ベクトルである [*14]．

例 2.6　CVXPY を用いて，問題 (2.7) を実際に解いてみる．例として $m=5$, $n=10$ とすると，次のように実装すればよい：

```
import cvxpy as cp
import numpy as np
m, n = 5, 10
np.random.seed(1)
A, b = np.random.randn(m,n), np.random.randn(m)
x, z = cp.Variable(n), cp.Variable(n)
obj = cp.Minimize( np.ones(n) @ z )
cons = [A @ x == b,
```

[*13] というのも，もし制約 (2.6c) で等号が成り立っていなければ，x_1 と x_2 の値を固定したまま z_1 をより小さくできるが，それにより目的関数値も小さくなるからである．制約 (2.6d) についても，同様である．なお，この例のように，複雑な形の目的関数があったときにその上界の役割を果たす変数を追加することで問題を簡単に解ける形式に変換するという技法は，最適化ではよく用いられる．

[*14] ここでは表記を簡潔にするために $\mathbf{1}$ を用いているが，式 (2.7a) の代わりに $\sum_{j=1}^n z_j$ や $z_1 + \cdots + z_n$ と書いても同じことである．

```
9          z >= x,
10         z >= -x]
11 P = cp.Problem(obj, cons)
12 P.solve(verbose=True)
13 print(x.value)
```

ただし，A と $\boldsymbol{b}$ の成分は乱数の値で決めている (5 行目)．なお，次のように，CVXPY は問題 (2.4) の形式を直接扱うこともできる (1 行目から 5 行目までは，上の実装と共通である)．

```
6  x = cp.Variable(n)
7  obj = cp.Minimize( cp.norm(x,1) )
8  cons = [A @ x == b]
9  P = cp.Problem(obj, cons)
10 P.solve(verbose=True)
11 print(x.value)
```

この場合，CVXPY が線形計画問題への変換を行ったうえで，ソルバーを呼び出す．

線形計画の理論では，問題 (2.3) の形式よりも，**等式標準形**とよばれる次の形式を扱うことが多い：

$$\text{Minimize} \quad \boldsymbol{c}^\top \boldsymbol{x} \tag{2.8a}$$
$$\text{subject to} \quad A\boldsymbol{x} = \boldsymbol{b}, \tag{2.8b}$$
$$\boldsymbol{x} \geqq \boldsymbol{0}. \tag{2.8c}$$

つまり，問題 (2.3) で $G = -I$, $\boldsymbol{h} = \boldsymbol{0}$ と限定した形式である [*15]．どのような線形計画問題も適当な変換を施すことで等式標準形に直すことができるので，等式標準形に限って議論すれば十分である．

たとえば問題 (2.3) を等式標準形に直すには，まず，変数 $\boldsymbol{s} \geqq \boldsymbol{0}$ をあらたに導入して不等式制約 (2.3c) を等式制約

$$G\boldsymbol{x} + \boldsymbol{s} = \boldsymbol{h}$$

[*15] I は単位行列を表す．

に変換する．この $\boldsymbol{s}$ のように，不等式制約を等式制約に変換するために用いられる非負の変数のことを，**スラック変数**とよぶ．次に，問題 (2.3) の変数 $\boldsymbol{x}$ は負の値をとることも許されているが，等式標準形ではそうではない．このため，新たに変数 $\boldsymbol{x}^+$ と $\boldsymbol{x}^-$ を導入して

$$\boldsymbol{x} = \boldsymbol{x}^+ - \boldsymbol{x}^-, \quad \boldsymbol{x}^+ \geqq \boldsymbol{0}, \quad \boldsymbol{x}^- \geqq \boldsymbol{0}$$

と置き直す．以上より，問題 (2.3) は，$\boldsymbol{x}^+, \boldsymbol{x}^-, \boldsymbol{s}$ を変数とする次の等式標準形に帰着できる：

$$\begin{aligned} &\text{Minimize} && \begin{bmatrix} \boldsymbol{c} \\ -\boldsymbol{c} \\ \boldsymbol{0} \end{bmatrix}^\top \begin{bmatrix} \boldsymbol{x}^+ \\ \boldsymbol{x}^- \\ \boldsymbol{s} \end{bmatrix} \\ &\text{subject to} && \begin{bmatrix} A & -A & O \\ G & -G & I \end{bmatrix} \begin{bmatrix} \boldsymbol{x}^+ \\ \boldsymbol{x}^- \\ \boldsymbol{s} \end{bmatrix} = \begin{bmatrix} \boldsymbol{b} \\ \boldsymbol{h} \end{bmatrix}, \\ &&& \boldsymbol{x}^+ \geqq \boldsymbol{0}, \quad \boldsymbol{x}^- \geqq \boldsymbol{0}, \quad \boldsymbol{s} \geqq \boldsymbol{0}. \end{aligned}$$

2.2 双対性

本節では，線形計画の理論の核である双対性について説明する．

2.2.1 双対問題

まず，具体例として，例 2.1 の問題 (2.1) を再び考えよう．簡単のために，x_1, x_2 の非負制約は除いておく：

$$\begin{aligned} &\text{Maximize} && 20x_1 + 60x_2 && \text{(2.10a)} \\ &\text{subject to} && 5x_1 + 4x_2 \leqq 80, && \text{(2.10b)} \\ &&& 2x_1 + 4x_2 \leqq 40, && \text{(2.10c)} \\ &&& 2x_1 + 8x_2 \leqq 64. && \text{(2.10d)} \end{aligned}$$

このようにしても，図 2.2 にみるように，最適解は変わらない．

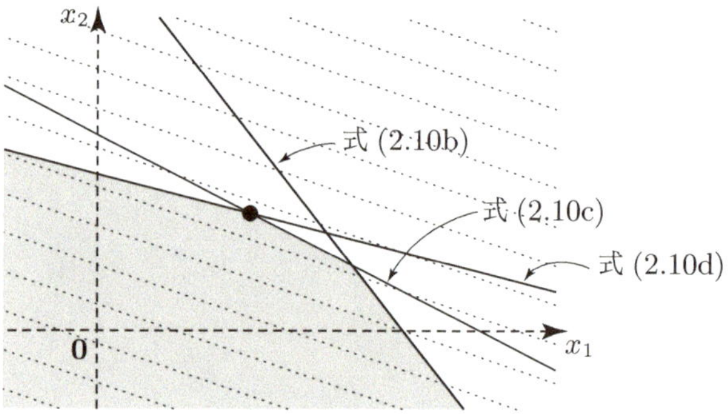

図 2.2 問題 (2.10)

問題 (2.10) は，最大化問題である．その最適値の**上界** (それよりも大きくはならないという値) を見積もることを考えよう．少し天下り的であるが，まず，非負の変数 $y_1, y_2, y_3 \geqq 0$ を導入して，問題 (2.10) の三つの制約に乗じてみる：

$$
\begin{aligned}
y_1(5x_1 + 4x_2) &\leqq 80y_1, \\
y_2(2x_1 + 4x_2) &\leqq 40y_2, \\
y_3(2x_1 + 8x_2) &\leqq 64y_3.
\end{aligned}
$$

次に，これらを辺々加えると

$$
\begin{bmatrix} y_1 \\ y_2 \\ y_3 \end{bmatrix}^\top \begin{bmatrix} 5 & 4 \\ 2 & 4 \\ 2 & 8 \end{bmatrix} \begin{bmatrix} x_1 \\ x_2 \end{bmatrix} \leqq \begin{bmatrix} 80 \\ 40 \\ 64 \end{bmatrix}^\top \begin{bmatrix} y_1 \\ y_2 \\ y_3 \end{bmatrix} \tag{2.11}
$$

が得られる．ここで y_1, y_2, y_3 が条件

$$
\begin{bmatrix} y_1 \\ y_2 \\ y_3 \end{bmatrix}^\top \begin{bmatrix} 5 & 4 \\ 2 & 4 \\ 2 & 8 \end{bmatrix} = \begin{bmatrix} 20 \\ 60 \end{bmatrix}^\top
$$

を満たすように選べば，この等式を式 (2.11) に代入することにより，条件

$$\begin{bmatrix} 20 \\ 60 \end{bmatrix}^\top \begin{bmatrix} x_1 \\ x_2 \end{bmatrix} \leqq \begin{bmatrix} 80 \\ 40 \\ 64 \end{bmatrix}^\top \begin{bmatrix} y_1 \\ y_2 \\ y_3 \end{bmatrix} \tag{2.12}$$

が成り立つことがわかる．式 (2.12) は，右辺の値が問題 (2.10) の最適値の上界となることを意味している．そして，この上界をできるだけ真の値に近づけるには，次の最適化問題を考えればよい：

$$\begin{aligned} &\text{Minimize} && 80y_1 + 40y_2 + 64y_3 && \text{(2.13a)} \\ &\text{subject to} && \begin{bmatrix} y_1 \\ y_2 \\ y_3 \end{bmatrix}^\top \begin{bmatrix} 5 & 4 \\ 2 & 4 \\ 2 & 8 \end{bmatrix} = \begin{bmatrix} 20 \\ 60 \end{bmatrix}^\top, && \text{(2.13b)} \\ & && y_1, y_2, y_3 \geqq 0. && \text{(2.13c)} \end{aligned}$$

これは，線形計画問題である [*16]．このようにして得られた問題を，元の問題 (2.10) の**双対問題**とよぶ [*17]．また，これに対して，元の問題 (2.10) のことを**主問題**とよぶ．双対問題 (2.13) の変数 $\boldsymbol{y}$ は，**双対変数**や**ラグランジュ** (Lagrange) **乗数** (25 ページの脚注 22 も参照) とよばれる．

なお，問題 (2.13) の双対問題を作ると，元の問題 (2.10) に戻る．つまり，どちらを主問題とみてどちらを双対問題とみるかは，あくまで相対的なものである．

双対問題の作り方からわかるように，双対問題 (2.13) の変数の数が 3 であることは，主問題 (2.10) の制約の数と対応している．また，双対問題の等式制約の数が 2 であることは，主問題の変数の数と対応している．

---

*16 制約 (2.13b) を見慣れた形に整理すると，

$$\begin{aligned} 5y_1 + 2y_2 + 2y_3 &= 20, \\ 4y_1 + 4y_2 + 8y_3 &= 60 \end{aligned}$$

となり，1 次の等式制約 2 本であることがわかる．

*17 「双対」は，「そうつい」と読む．

双対問題 (2.13) を解くと [*18]，最適解は $(y_1, y_2, y_3) = (0, 5, 5)$ である [*19]．特に，等式制約 (2.13b) は

$$0 \cdot \begin{bmatrix} 5 \\ 4 \end{bmatrix} + 5 \cdot \begin{bmatrix} 2 \\ 4 \end{bmatrix} + 5 \cdot \begin{bmatrix} 2 \\ 8 \end{bmatrix} = \begin{bmatrix} 20 \\ 60 \end{bmatrix} \tag{2.14}$$

というふうに成り立っている．これは，主問題 (2.10) の目的関数の係数を並べたベクトル $\begin{bmatrix} 20 \\ 60 \end{bmatrix}$ を，制約 (2.10b), (2.10c), (2.10d) それぞれの係数を並べたベクトル $\begin{bmatrix} 5 \\ 4 \end{bmatrix}$, $\begin{bmatrix} 2 \\ 4 \end{bmatrix}$, $\begin{bmatrix} 2 \\ 8 \end{bmatrix}$ の 1 次結合で表しているとみることができる [*20]．ここで再び図 2.2 をみると，主問題の最適解 "●" において，制約 (2.10c) および 制約 (2.10d) は等号で成立している．このような制約を，その解における**有効制約**とよぶ．また，制約 (2.10b) のように等号が成立していない不等式制約を，その解における**非有効制約**とよぶ．式 (2.14) において，非有効制約に対応する双対変数 y_1 は 0 になっている．また，0 でない双対変数 y_2 および y_3 に対応する制約は有効制約になっている [*21]．

次に，より一般的な議論として，等式標準形

$$\begin{aligned} &\text{Minimize} && \boldsymbol{c}^\top \boldsymbol{x} && (2.15\text{a}) \\ &\text{subject to} && A\boldsymbol{x} = \boldsymbol{b}, && (2.15\text{b}) \\ & && \boldsymbol{x} \geqq \boldsymbol{0} && (2.15\text{c}) \end{aligned}$$

の双対問題を導く．これは最小化問題であるので，その最適値の**下界** (それ以下にはならないという値) を得ることを考える．$\boldsymbol{x}$ をこの問題の実行可能解であるとするとき，条件 $\boldsymbol{c} \geqq A^\top \boldsymbol{y}$ を満たすように $\boldsymbol{y} \in \mathbb{R}^m$ を選べば

[*18] 例 2.4 では，CVXPY を用いて主問題を数値的に解く方法を説明した．実は，CVXPY は主双対内点法 (2.3.2 節) に基づくソルバーを呼び出して問題を解いているため，主問題と同時に双対問題も解けている．このため，双対問題 (2.13) の最適解を出力するには，例 2.4 のコードの最後 (17 行目) に

```
print(cons[0].dual_value)
```

を付け加えるだけでよい．

[*19] 最適値は 520 であり，主問題の最適値 (例 2.2) と一致する．後の定理 2.2 でみるように，一致することは実は偶然ではない．

[*20] このような関係は，この例に限らず，一般の線形計画問題とその双対問題の間に成立する (2.2.2 節を参照)．

[*21] ここで述べている主問題の制約と双対変数との関係性は，後述する**相補性**という性質である．

$$\boldsymbol{x}^\top \boldsymbol{c} \geqq \boldsymbol{x}^\top A^\top \boldsymbol{y} = \boldsymbol{b}^\top \boldsymbol{y} \tag{2.16}$$

が成り立つことがわかる．ただし，$\boldsymbol{x} \geqq \boldsymbol{0}$ と $A\boldsymbol{x} = \boldsymbol{b}$ を順に用いた．このようにして，主問題 (2.15) の最適値の下界として式 (2.16) の最右辺が得られた．この下界を真の値に近づけるには，なるべく大きくすればよいので，双対問題として次の問題が得られる [*22]：

$$\begin{aligned} &\text{Maximize} && \boldsymbol{b}^\top \boldsymbol{y} \\ &\text{subject to} && A^\top \boldsymbol{y} \leqq \boldsymbol{c}. \end{aligned}$$

この問題は，スラック変数 $\boldsymbol{s} \in \mathbb{R}^n$ を導入して

$$\begin{aligned} &\text{Maximize} && \boldsymbol{b}^\top \boldsymbol{y} && (2.18\text{a}) \\ &\text{subject to} && A^\top \boldsymbol{y} + \boldsymbol{s} = \boldsymbol{c}, && (2.18\text{b}) \\ & && \boldsymbol{s} \geqq \boldsymbol{0} && (2.18\text{c}) \end{aligned}$$

と書くこともできる．

[*22] より系統的に双対問題を導く枠組みとして，**ラグランジュ** (Lagrange) **双対問題**という概念がある．例として，等式制約と不等式制約の両方をもつ線形計画問題 (2.3) で考えると，まず **ラグランジュ** (Lagrange) **関数**とよばれる関数を

$$L(\boldsymbol{x}; \boldsymbol{y}, \boldsymbol{s}) = \boldsymbol{c}^\top \boldsymbol{x} - \boldsymbol{y}^\top (A\boldsymbol{x} - \boldsymbol{b}) + \boldsymbol{s}^\top (G\boldsymbol{x} - \boldsymbol{h}) \quad (\boldsymbol{s} \geqq \boldsymbol{0})$$

で定義する．ここで，新たに導入した変数 $\boldsymbol{y} \in \mathbb{R}^m$ と $\boldsymbol{s} \in \mathbb{R}^n$ を**ラグランジュ** (Lagrange) **乗数**とよぶ．ラグランジュ関数は，問題

$$\underset{\boldsymbol{x} \in \mathbb{R}^n}{\text{Minimize}} \quad \max\{L(\boldsymbol{x}; \boldsymbol{y}, \boldsymbol{s}) \mid \boldsymbol{y} \in \mathbb{R}^m,\ \boldsymbol{s} \geqq \boldsymbol{0}\}$$

が主問題 (2.3) と等価になるように作られている．ラグランジュ双対問題は，最小化と最大化の順序を入れ換えた問題

$$\underset{\boldsymbol{y} \in \mathbb{R}^m,\ \boldsymbol{s} \geqq \boldsymbol{0}}{\text{Maximize}} \quad \min\{L(\boldsymbol{x}; \boldsymbol{y}, \boldsymbol{s}) \mid \boldsymbol{x} \in \mathbb{R}^n\}$$

として定義されるが，これを整理すると

$$\begin{aligned} &\text{Maximize} && \boldsymbol{b}^\top \boldsymbol{y} - \boldsymbol{h}^\top \boldsymbol{s} \\ &\text{subject to} && A^\top \boldsymbol{y} - G^\top \boldsymbol{s} = \boldsymbol{c}, \quad \boldsymbol{s} \geqq \boldsymbol{0} \end{aligned}$$

となる ($G = -I$, $\boldsymbol{h} = \boldsymbol{0}$ とおくと，問題 (2.18) と一致することが確認できる)．

2.2.2 双対定理

すでに具体的な例でみたように，主問題と双対問題の間には密接な関係がある．まず，次の定理は**弱双対定理**とよばれている [*23]．

定理 2.1 主問題 (2.15) の任意の実行可能解 $\boldsymbol{x}$ および双対問題 (2.18) の任意の実行可能解 $\boldsymbol{y}$ と $\boldsymbol{s}$ に対して，条件

$$\boldsymbol{c}^\top \boldsymbol{x} \geqq \boldsymbol{b}^\top \boldsymbol{y}$$

が成り立つ．

証明 主問題と双対問題の制約を用いると，

$$\begin{aligned}\boldsymbol{c}^\top \boldsymbol{x} - \boldsymbol{b}^\top \boldsymbol{y} &= \boldsymbol{c}^\top \boldsymbol{x} - (A\boldsymbol{x})^\top \boldsymbol{y} \\ &= \boldsymbol{c}^\top \boldsymbol{x} - (\boldsymbol{c} - \boldsymbol{s})^\top \boldsymbol{x} \\ &= \boldsymbol{s}^\top \boldsymbol{x} \geqq 0\end{aligned}$$

が得られる． ■

もし主問題の目的関数値がいくらでも小さくできるならば [*24]，弱双対定理より，双対問題は実行可能解をもたないことがわかる．また，双対問題の目的関数値がいくらでも大きくできるならば，主問題は実行可能解をもたない．さらに，主問題と双対問題の実行可能解であって，目的関数値が一致するものがみつかれば，それらは最適解である．次の定理はこの逆を保証するものであり，**強双対定理**とよばれている [*25]．

定理 2.2 主問題 (2.15) と双対問題 (2.18) の両方が実行可能解をもつならば，両方の問題に最適解が存在し，最適値が一致する．

---

*23 双対定理は duality theorem の訳であるから，本来は双対性定理とよぶのが適切であるが，本書では慣例に従って双対定理とよぶことにする．

*24 そのような問題の具体例は，14 ページの脚注 5 を参照されたい．

*25 定理 2.2 の証明は，たとえば文献 14) や，文献 16) の 2.6 節を参照されたい．

紙幅の都合上ふみこんだ解説はしないが，強双対定理は主問題と双対問題とが (ちょうど 1 枚のコインの表と裏のように) 一つの問題の別の捉え方であることを示す意味深い定理である．また，線形計画問題の解法の基礎となっていたり，理工学や経済学で現れる最適化問題の構造に自然な解釈を与えるものでもある．このため，双対性の概念は，線形計画の枠を超えて，凸計画やネットワーク計画など最適化のさまざまな局面で主要な役割を果たす．

次に，線形計画問題の最適解を特徴づける条件 (**最適性条件**) を述べる．

定理 2.3　$\boldsymbol{x} \in \mathbb{R}^n$ を主問題 (2.15) の実行可能解とし，$\boldsymbol{y} \in \mathbb{R}^m$ と $\boldsymbol{s} \in \mathbb{R}^n$ を双対問題 (2.18) の実行可能解とする．これらがそれぞれの問題の最適解であるための必要十分条件は，条件

$$x_j s_j = 0, \quad j = 1, \ldots, n \tag{2.19}$$

が成り立つことである．

証明　定理 2.1 の証明と定理 2.2 より，最適解であるための必要十分条件は $\boldsymbol{s}^\top \boldsymbol{x} = 0$ である．実行可能性より $\boldsymbol{x} \geqq \boldsymbol{0}$ および $\boldsymbol{s} \geqq \boldsymbol{0}$ であることを用いると，これは式 (2.19) と等価である．■

定理 2.3 で仮定した実行可能性の条件も含めて改めて書くと，線形計画問題の最適解が満たすべき必要十分条件は次のとおりである：

$$A\boldsymbol{x} = \boldsymbol{b}, \tag{2.20a}$$

$$A^\top \boldsymbol{y} + \boldsymbol{s} = \boldsymbol{c}, \tag{2.20b}$$

$$x_j s_j = 0, \quad j = 1, \ldots, n, \tag{2.20c}$$

$$\boldsymbol{x} \geqq \boldsymbol{0}, \quad \boldsymbol{s} \geqq \boldsymbol{0}. \tag{2.20d}$$

式 (2.20c) は，各 j に対して，x_j と s_j の少なくとも一方が 0 であることを表している．このような条件を，**相補性条件**とよぶ．この条件は，主問題の不等式制約 $x_j \geqq 0$ と双対問題の不等式制約 $s_j \geqq 0$ の少なくとも一方は最適解において有効となることを意味している [*26]．

[*26] これと本質的に同じことを，具体例に対してすでに 24 ページの式 (2.14) を含む段落で考察した．

仮に，最適解において，各 j について x_j と s_j のどちらが 0 になるかを知っていたとする．すると，$x_j = 0$ と $s_{j'} = 0$ $(j' \neq j)$ という式が全部で (少なくとも) n 本ある．このほかに，式 (2.20a) は m 本，式 (2.20b) は n 本の等式であるので，あわせると $2n + m$ 本の線形方程式があることになる．未知数の数も $\boldsymbol{x}$, $\boldsymbol{y}$, $\boldsymbol{s}$ の $2n + m$ 個であるので，最適解を得るにはこの $2n + m$ 本の連立 1 次方程式を解けばよい．もちろん，最適解において x_j と s_j のどちらが 0 になるかを事前に知ることはできない．つまり，最適解においてどの不等式制約が有効になるのかをみつけることが，線形計画問題を解くことの本質であるとみることもできる．

2.3 解法

線形計画問題の代表的な解法として，2.3.1 節では単体法について，2.3.2 節では内点法について説明する．いずれも，現在では優れたソフトウェアが容易に利用可能である．

2.3.1 単体法

単体法 (または**シンプレックス法**) は，**実行可能基底解**とよばれる解を順々にたどることで線形計画問題を解く手法である．まず，実行可能基底解について説明する．

線形計画問題の等式標準形 (2.15) を考える．ただし A は $m \times n$ 型行列 $(m < n)$ とし，A の階数 (ランク) は m であると仮定する．n 本ある A の列ベクトルのうち 1 次独立な m 本を抜き出してできる行列を A_B で表し，残りの $n - m$ 本からなる行列を A_N で表す．A_B は，正則な $m \times m$ 型行列である．変数ベクトル $\boldsymbol{x} \in \mathbb{R}^n$ も，A_B に対応する m 個の成分と残りの $n - m$ 個の成分にわけ，それぞれを並べたものを $\boldsymbol{x}_B$ および $\boldsymbol{x}_N$ で表す．つまり，A の列を適当に並べ替え，それと同様に $\boldsymbol{x}$ の行も並べ替えると，A と $\boldsymbol{x}$ は

$$A = \begin{bmatrix} A_B & A_N \end{bmatrix}, \quad \boldsymbol{x} = \begin{bmatrix} \boldsymbol{x}_B \\ \boldsymbol{x}_N \end{bmatrix}$$

と分割される．このとき，$\boldsymbol{x}_B$ を**基底変数**とよび，$\boldsymbol{x}_N$ を**非基底変数**とよぶ．

次に，非基底変数を $\boldsymbol{x}_N = \boldsymbol{0}$ とおくと，問題 (2.15) の等式制約は

$$\begin{pmatrix} A_B & A_N \end{pmatrix} \begin{pmatrix} \boldsymbol{x}_B \\ \boldsymbol{0} \end{pmatrix} = \boldsymbol{b}$$

$$\Rightarrow \quad \boldsymbol{x}_B = A_B^{-1}\boldsymbol{b}, \quad \boldsymbol{x} = \begin{pmatrix} \boldsymbol{x}_B \\ \boldsymbol{0} \end{pmatrix} \tag{2.21}$$

と一意に解ける．こうして得られる解 $\boldsymbol{x}$ を，**基底解**とよぶ．もし $\boldsymbol{x}_B \geqq \boldsymbol{0}$ であれば，基底解 $\boldsymbol{x}$ は実行可能解である．このような基底解を，**実行可能基底解**とよぶ．さらに，$\boldsymbol{x}_B$ の成分がすべて正であるときその実行可能基底解は**非退化**であるといい，そうでないとき**退化**しているという．

ベクトル $\boldsymbol{c}$ も $\boldsymbol{x}$ と同様に $\boldsymbol{c}_B$ と $\boldsymbol{c}_N$ に分割し，そのうちの $\boldsymbol{c}_B$ を用いて

$$\boldsymbol{y} = (A_B^\top)^{-1}\boldsymbol{c}_B \tag{2.22}$$

とおく．すると，双対問題 (2.18) の等式制約は

$$\boldsymbol{s} = \begin{pmatrix} \boldsymbol{c}_B \\ \boldsymbol{c}_N \end{pmatrix} - \begin{pmatrix} A_B^\top \\ A_N^\top \end{pmatrix} \boldsymbol{y} = \begin{pmatrix} \boldsymbol{0} \\ \boldsymbol{s}_N \end{pmatrix}, \quad \boldsymbol{s}_N = \boldsymbol{c}_N - A_N^\top \boldsymbol{y} \tag{2.23}$$

と書ける．このとき，式 (2.21) および式 (2.23) より，$\boldsymbol{x}^\top \boldsymbol{s} = 0$ が成立する．したがって，もし $\boldsymbol{x}_B \geqq \boldsymbol{0}$ かつ $\boldsymbol{s}_N \geqq \boldsymbol{0}$ であれば，式 (2.20) より $\boldsymbol{x}, \boldsymbol{y}, \boldsymbol{s}$ は主問題と双対問題の最適解である．

単体法は，ある実行可能基底解から出発して，目的関数が改善するように別の実行可能基底解へと順々にたどっていくことで線形計画問題を解く手法である．以下では，$\boldsymbol{x}, \boldsymbol{y}, \boldsymbol{s}$ は式 (2.21), (2.22), (2.23) で定められているとし，さらに $\boldsymbol{x}$ は非退化な実行可能基底解であると仮定して，単体法の一反復を説明する．

主問題の目的関数は

$$\boldsymbol{c}^\top \boldsymbol{x} = (A^\top \boldsymbol{y} + \boldsymbol{s})^\top \boldsymbol{x} = \boldsymbol{y}^\top (A\boldsymbol{x}) + \boldsymbol{s}^\top \boldsymbol{x} = \boldsymbol{b}^\top \boldsymbol{y} + \boldsymbol{s}_N^\top \boldsymbol{x}_N \qquad (2.24)$$

と書ける[*27]．ここで $\boldsymbol{s}_N \geqq \boldsymbol{0}$ ならばすでに最適解が得られたことになるので，$\boldsymbol{s}_N$ の成分のうち負のものがあるとする．そして，その負の成分のうちの一つを s_j (< 0) で表す．これと対応する $\boldsymbol{x}$ の成分は ($\boldsymbol{x}_N$ の成分でもあるから) $x_j = 0$ であるが，これを少しだけ増加させると ($s_j < 0$ であることより) 主問題の目的関数値は減少する．このように変更した $\boldsymbol{x}_N$ を用いて

$$\boldsymbol{x}_B = A_B^{-1}(\boldsymbol{b} - A_N \boldsymbol{x}_N)$$

と定めれば，等式制約 $A\boldsymbol{x} = \boldsymbol{b}$ は満たされたままとなる．このとき，$\boldsymbol{x}_B$ の成分のうち，値が減少するものが存在しなければ，x_j をいくら大きくしても不等式制約 $\boldsymbol{x}_B \geqq \boldsymbol{0}$ も満たされたままになる．したがって，この場合，主問題の目的関数値をいくらでも小さくできるということになる (そして，双対問題には実行可能解が存在しない)．そのような場合を除けば，$\boldsymbol{x}_B$ の成分のうち値が減少するものが存在する．そこで，$\boldsymbol{x}_B$ の成分のいずれかが最初に 0 になるまで x_j を増やす．これで，0 になった成分が非基底変数に変わり，x_j が基底変数に変わった新たな実行可能基底解が得られた．以上の手続きを，**枢軸変換**とよぶ．

枢軸変換により得られる実行可能基底解が非退化であれば，ある実行可能基底解から出発して枢軸変換を繰り返すことで主問題の目的関数値はどんどん小さくなる．基底変数の選び方の組合せは有限であるから，有限回の枢軸変換ののちに最適解に到達できることがわかる．これが，単体法の原理である．実行可能基底解が退化している場合には状況が複雑になるが，枢軸変換で着目する変数の選び方を工夫することで，単体法が有限回の反復で最適解に収束することが知られている．

2.3.2 内点法

単体法は，主問題の変数 $\boldsymbol{x}$ の (少なくとも) $n - m$ 個が 0 であるような点をたどることで最適解を求める方法であった．これとは対照的に，**内点法**は，$\boldsymbol{x}$ の成分がすべて正であるような点をたどりながら最適解に到達する方法である．以下では，い

[*27] 式 (2.21) より実際は $\boldsymbol{x}_N = \boldsymbol{0}$ であるが，この後の説明の都合上，式 (2.24) の最右辺ではあえて $\boldsymbol{s}_N^\top \boldsymbol{x}_N$ の項を残している．

くつかある内点法の考え方のうち，**主双対内点法**とよばれる手法の概要を説明する．

線形計画問題の主問題 (2.15) と双対問題 (2.18) の最適性条件は，式 (2.20) で与えられている．内点法では，このうち相補性条件 (2.20c) にパラメータ $\nu > 0$ を導入して少し変更した次の条件を考える：

$$A\boldsymbol{x} = \boldsymbol{b}, \tag{2.25a}$$

$$A^\top \boldsymbol{y} + \boldsymbol{s} = \boldsymbol{c}, \tag{2.25b}$$

$$x_j s_j = \nu, \quad j = 1, \ldots, n, \tag{2.25c}$$

$$\boldsymbol{x} \geqq \boldsymbol{0}, \quad \boldsymbol{s} \geqq \boldsymbol{0}. \tag{2.25d}$$

この条件において $\nu \to 0$ としたときの極限が，最適性条件 (2.20) であると考えられる．ここで，$\nu > 0$ を固定すると式 (2.25) の解は一意的に存在することが知られている．この解を $(\boldsymbol{x}(\nu), \boldsymbol{y}(\nu), \boldsymbol{s}(\nu))$ とおくと，$\nu > 0$ を変化させたときの $(\boldsymbol{x}(\nu), \boldsymbol{y}(\nu), \boldsymbol{s}(\nu))$ の軌跡は実行可能領域の内部を通る滑らかな曲線となることが示せるが，この軌跡を**中心曲線**とよぶ．中心曲線は，$\nu \to 0$ で線形計画問題の最適解に収束する．内点法は，この中心曲線を近似的にたどることで最適解を得る方法である．

より具体的には, 内点法の一反復は次のとおりである．まず, 初期点 $(\boldsymbol{x}^{(0)}, \boldsymbol{y}^{(0)}, \boldsymbol{s}^{(0)})$ は，$\boldsymbol{x}^{(0)}$ と $\boldsymbol{s}^{(0)}$ の成分がすべて正であるように選ぶ．そして，$k = 0, 1, 2, \ldots$ に対して中心曲線の上の点

$$\begin{bmatrix} \boldsymbol{x}(\nu^{(k)}) \\ \boldsymbol{y}(\nu^{(k)}) \\ \boldsymbol{s}(\nu^{(k)}) \end{bmatrix} = \begin{bmatrix} \boldsymbol{x}^{(k)} \\ \boldsymbol{y}^{(k)} \\ \boldsymbol{s}^{(k)} \end{bmatrix} + \begin{bmatrix} \Delta \boldsymbol{x} \\ \Delta \boldsymbol{y} \\ \Delta \boldsymbol{s} \end{bmatrix} \tag{2.26}$$

を考える．ただし，$\nu^{(k)} > 0$ は $\nu^{(k-1)}$ より小さく選ぶ．式 (2.26) を式 (2.25a), (2.25b), (2.25c) に代入して整理すると

$$A\,\Delta\boldsymbol{x} = \boldsymbol{b} - A\boldsymbol{x}^{(k)}, \tag{2.27}$$

$$A^\top \Delta\boldsymbol{y} + \Delta\boldsymbol{s} = \boldsymbol{c} - A^\top \boldsymbol{y}^{(k)} - \boldsymbol{s}^{(k)}, \tag{2.28}$$

$$s_j^{(k)}\,\Delta x_j + x_j^{(k)}\Delta s_j = \nu^{(k)} - x_j^{(k)} s_j^{(k)} - \Delta x_j\,\Delta s_j, \quad j = 1, \ldots, n \tag{2.29}$$

が得られる．ここで，式 (2.29) の右辺の最後の項を無視するという近似を用いると

$$s_j^{(k)}\Delta x_j + x_j^{(k)}\Delta s_j = \nu^{(k)} - x_j^{(k)}s_j^{(k)}, \quad j = 1, \ldots, n \tag{2.30}$$

が得られる．式 (2.27), (2.28), (2.30) は，$(\Delta\boldsymbol{x}, \Delta\boldsymbol{y}, \Delta\boldsymbol{s})$ を未知数とする連立 1 次方程式であり，その解は探索方向とよばれる．探索方向を $(\Delta\boldsymbol{x}^{(k)}, \Delta\boldsymbol{y}^{(k)}, \Delta\boldsymbol{s}^{(k)})$ で表すと，内点法の一反復では現在の点を次のように更新する：

$$\begin{bmatrix} \boldsymbol{x}^{(k+1)} \\ \boldsymbol{y}^{(k+1)} \\ \boldsymbol{s}^{(k+1)} \end{bmatrix} = \begin{bmatrix} \boldsymbol{x}^{(k)} \\ \boldsymbol{y}^{(k)} \\ \boldsymbol{s}^{(k)} \end{bmatrix} + \alpha_k \begin{bmatrix} \Delta\boldsymbol{x}^{(k)} \\ \Delta\boldsymbol{y}^{(k)} \\ \Delta\boldsymbol{s}^{(k)} \end{bmatrix}.$$

ここで $\alpha_k > 0$ はステップ幅とよばれ，$\boldsymbol{x}^{(k+1)}$ と $\boldsymbol{s}^{(k+1)}$ の成分がすべて正になる範囲の値に決められる．以上の過程において式 (2.29) から式 (2.30) への近似を用いているので，内点法は中心曲線を近似的に追跡するものである．

本節で説明した主双対内点法は，内点法の中でも実用的に広く用いられている方法である．現在では，さまざまな工夫を凝らしたソルバーが容易に利用可能であり，数百万から 1000 万個ほどの変数をもつ線形計画問題が実際に解かれている．

➤ 2.4　凸 2 次計画問題

本節では，線形計画問題の拡張の一つとして，1 次式で表された制約の下で凸 2 次関数とよばれる関数を最小化する最適化問題を考える．まず，凸 2 次関数の定義を述べることから始める．

n 変数 $x_1, \ldots, x_n$ の 2 次関数は，一般に

$$\frac{1}{2}\sum_{i=1}^{n}\sum_{j=1}^{n} Q_{ij}x_i x_j + \sum_{j=1}^{n} c_j x_j + r \tag{2.31}$$

と書くことができる．ただし $Q_{ij}, c_j, r \in \mathbb{R}$ は定数であり，$Q_{ij} = Q_{ji}$ としても一般性を失わない．ここで，この Q_{ij} を並べてできる n 次の対称行列を Q とし，c_j を並べてできる n 次元の列ベクトルを $\boldsymbol{c}$ とすると，式 (2.31) は次のように簡潔な形で書ける：

$$\frac{1}{2}\boldsymbol{x}^\top Q\boldsymbol{x} + \boldsymbol{c}^\top\boldsymbol{x} + r. \tag{2.32}$$

ここで，任意の $\boldsymbol{d} \in \mathbb{R}^n$ に対して条件 $\boldsymbol{d}^\top Q\boldsymbol{d} \geqq 0$ が成り立つとき，Q は**半正定値**であるという [*28]．Q が半正定値であるとき，関数 (2.32) を**凸 2 次関数**とよぶ [*29]．

1 次式の制約の下で凸 2 次関数を最小化する問題を，**凸 2 次計画問題**とよぶ [*30]．一般的な形式で書くと，次のような最適化問題である：

$$\begin{aligned} \text{Minimize} \quad & \frac{1}{2}\boldsymbol{x}^\top Q\boldsymbol{x} + \boldsymbol{c}^\top \boldsymbol{x} & \text{(2.33a)} \\ \text{subject to} \quad & A\boldsymbol{x} = \boldsymbol{b}, & \text{(2.33b)} \\ & \boldsymbol{x} \geqq \boldsymbol{0}. & \text{(2.33c)} \end{aligned}$$

ただし，式 (2.32) の定数 r は最適解に影響しないため $r = 0$ とおいた．

問題 (2.33) は Q が零行列の場合に線形計画問題となるので，凸 2 次計画問題は線形計画問題の自然な拡張であることがわかる．実際，両者の性質には共通点が多い．このことから，内点法が自然な形で凸 2 次計画問題に対しても拡張されている．一方で，凸 2 次計画問題は非線形の目的関数をもつことから，より豊富な応用例をもっている．また，逐次 2 次計画法 (3.2.2 節) のように，第 3 章で扱う非線形計画問題を解く際の道具としても用いられる．

2.5　応用

データ解析における線形計画と凸 2 次計画の代表的な応用例として，2.5.1 節では回帰分析とその正則化について述べ，2.5.2 節ではサポートベクターマシンによる 2 クラス分類について述べる．

2.5.1　回帰分析と正則化

ある二つの量 s と t の観測値 (データ) として，点 $(s_1, t_1), \ldots, (s_r, t_r)$ が得られているとする．図 2.3(a) は，$r = 20$ 個の点からなるデータの具体例である．**回帰分析**とは，変数 t を変数 s の簡単な関数として予測することであり，統計学の基本的な課題の一つである．ここで，s は**説明変数** (または**特徴変数**) とよばれ，t は**目的変数**とよばれる．この例のように説明変数が一つの場合は**単回帰分析**といい，二

[*28] 半正定値行列については，3.1.2 節で詳しく扱う．
[*29] 一般の関数に関する凸性の概念は，4.1 節で扱う．
[*30] 単に，**2 次計画問題**とよばれることもある．

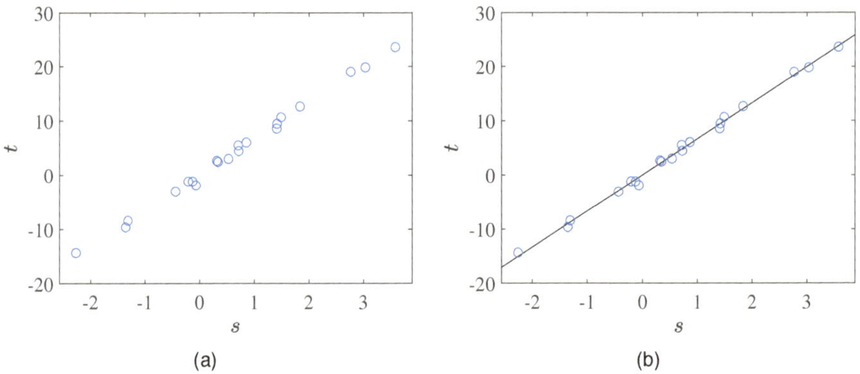

図 2.3 最小 2 乗法による単回帰分析の例

つ以上の場合は**重回帰分析**という．

図 2.3(b) のように，t を s の 1 次関数として近似することを考える．近似する 1 次関数 (モデル) を

$$t = ws + v$$

とおくと，単回帰分析とは w と v とを求める問題である．この近似式による予測誤差の尺度として，s_l に対する予測値 $ws_l + v$ と観測値 t_l の差の 2 乗を用いることにする．誤差の尺度の総和を最小化する最適化問題は，

$$\text{Minimize} \quad \sum_{l=1}^{r} \big[(ws_l + v) - t_l\big]^2 \tag{2.34}$$

と書ける [*31]．このように，予測値と観測値の差の 2 乗和を最小化することで予測

[*31] 本書では，後述の問題 (2.35) のように最適化問題の (決定) 変数を文字 $\boldsymbol{x}$ で表したいために，統計学の教科書などにおける回帰分析の解説とは異なる文字の使い方をしている．統計学の教科書では，説明変数を x とし，目的変数を y として，モデルを $y = \beta_1 + \beta_2 x$ と書くことが多い．この場合，問題 (2.34) は

$$\text{Minimize} \quad \sum_{l=1}^{r} \big[(\beta_1 + \beta_2 x_l) - y_l\big]^2$$

となる (β_1 および β_2 が最適化の (決定) 変数である)．この文字の使い方と本書の文字との間には

$$x_l \leftrightarrow s_l, \quad y_l \leftrightarrow t_l, \quad \beta_1 \leftrightarrow v, \quad \beta_2 \leftrightarrow w$$

という対応がある．

モデルを求める方法のことを，**最小 2 乗法**という．

問題 (2.34) の目的関数を整理すると

$$\left\| \begin{bmatrix} (s_1 w + v) - t_1 \\ \vdots \\ (s_r w + v) - t_r \end{bmatrix} \right\|_2^2 = \left\| \begin{bmatrix} s_1 & 1 \\ \vdots & \vdots \\ s_r & 1 \end{bmatrix} \begin{bmatrix} w \\ v \end{bmatrix} - \begin{bmatrix} t_1 \\ \vdots \\ t_r \end{bmatrix} \right\|_2^2$$

と書ける (ベクトルの ℓ_2 ノルム $\|\cdot\|_2$ の定義は，17 ページを参照のこと)．表記の簡単のために

$$A = \begin{bmatrix} s_1 & 1 \\ \vdots & \vdots \\ s_r & 1 \end{bmatrix}, \quad \boldsymbol{b} = \begin{bmatrix} t_1 \\ \vdots \\ t_r \end{bmatrix}, \quad \boldsymbol{x} = \begin{bmatrix} w \\ v \end{bmatrix}$$

とおくと，問題 (2.34) は

$$\text{Minimize} \quad \|A\boldsymbol{x} - \boldsymbol{b}\|_2^2 \tag{2.35}$$

と書ける [*32]．この目的関数を展開すると

$$\boldsymbol{x}^\top (A^\top A)\boldsymbol{x} - 2\boldsymbol{b}^\top A\boldsymbol{x} + \|\boldsymbol{b}\|_2^2$$

が得られるが，行列 $A^\top A$ は対称かつ半正定値 [*33] である．したがって，問題 (2.35) は凸 2 次計画問題の (制約がないという) 特別な場合である．

[*32] 脚注 31 の文字の使い方で問題 (2.35) を記述するには，

$$X = \begin{bmatrix} 1 & x_1 \\ \vdots & \vdots \\ 1 & x_r \end{bmatrix}, \quad \boldsymbol{y} = \begin{bmatrix} y_1 \\ \vdots \\ y_r \end{bmatrix}, \quad \boldsymbol{\beta} = \begin{bmatrix} \beta_1 \\ \beta_2 \end{bmatrix}$$

とおいて

$$\text{Minimize} \quad \|X\boldsymbol{\beta} - \boldsymbol{y}\|_2^2$$

とすればよい ($\boldsymbol{\beta}$ が最適化の決定変数である)．

[*33] というのも，任意の $\boldsymbol{x} \in \mathbb{R}^2$ に対して，$\boldsymbol{x}^\top (A^\top A)\boldsymbol{x} = (A\boldsymbol{x})^\top (A\boldsymbol{x}) = \|A\boldsymbol{x}\|_2^2 \geqq 0$ が成り立つ．

例 2.7 図 2.3 の例 (問題 (2.35)) は，CVXPY を用いると次のように実装できる[*34].

```
import cvxpy as cp
import numpy as np
r = 20
np.random.seed(1)
A = np.hstack((np.random.randn(r,1), np.ones([r,1])))
c = A[:,0]
b = (10.0*np.random.randn() * c) + \
      + (0.5*np.random.randn(r))
x = cp.Variable(2)
obj = cp.Minimize( cp.sum_squares(A @ x - b) )
P = cp.Problem(obj)
P.solve(verbose=True)
print(x.value)
```

例 2.8 重回帰分析の場合，説明変数の数を d とすると，データ点は $\boldsymbol{s}_l \in \mathbb{R}^d$ と $t_l \in \mathbb{R}$ の組として与えられている．1 次式の予測モデルは

$$t = \boldsymbol{w}^\top \boldsymbol{s} + v$$

と書け，この $\boldsymbol{w} \in \mathbb{R}^d$ と $v \in \mathbb{R}$ を決めたい．ここで，$A, \boldsymbol{b}, \boldsymbol{x}$ を

$$A = \begin{bmatrix} \boldsymbol{s}_1^\top & 1 \\ \vdots & \vdots \\ \boldsymbol{s}_r^\top & 1 \end{bmatrix}, \quad \boldsymbol{b} = \begin{bmatrix} t_1 \\ \vdots \\ t_r \end{bmatrix}, \quad \boldsymbol{x} = \begin{bmatrix} \boldsymbol{w} \\ v \end{bmatrix}$$

で定めると，最小 2 乗法はやはり問題 (2.35) の形で書ける．ただし，A は $r \times (d+1)$ 型行列，$\boldsymbol{b}$ は r 次元の列ベクトル，$\boldsymbol{x}$ は $d+1$ 次元の列ベクトルである．

*34 実は，Python では，CVXPY を用いなくても，モジュール NumPy に `polyfit` という最小 2 乗法の関数が用意されている．MATLAB では，`x=A\b` というコマンドで問題 (2.35) の最適解が得られる．

例 2.9 予測モデルとして非線形の関数を用いる場合でも，最小 2 乗法は問題 (2.35) の形式で書くことができる．例として，3 次関数の予測モデルを用いた単回帰分析を考える．つまり，予測モデルを

$$t = w_1 s + w_2 s^2 + w_3 s^3 + v$$

として，$w_1, w_2, w_3, v \in \mathbb{R}$ を決めたい．この場合は，$A, \boldsymbol{b}, \boldsymbol{x}$ を

$$A = \begin{bmatrix} s_1 & {s_1}^2 & {s_1}^3 & 1 \\ \vdots & \vdots & \vdots & \vdots \\ s_r & {s_r}^2 & {s_r}^3 & 1 \end{bmatrix}, \quad \boldsymbol{b} = \begin{bmatrix} t_1 \\ \vdots \\ t_r \end{bmatrix}, \quad \boldsymbol{x} = \begin{bmatrix} w_1 \\ w_2 \\ w_3 \\ v \end{bmatrix}$$

と定めれば，最小 2 乗法は問題 (2.35) の形式で書ける [*35]．

次に，リッジ回帰とよばれる回帰分析の手法の考え方を，おおまかに説明する．最小 2 乗法 (2.35) により予測モデルのパラメータ $\boldsymbol{x}$ を決めたとする [*36]．行列 A は観測されたデータであるから，通常は誤差を含んでいる．ここで，A の真の値がある行列 $\varDelta$ を用いて $A+\varDelta$ と表せると仮定する．すると，真のデータと予測値との差は，三角不等式より

$$\|(A+\varDelta)\boldsymbol{x} - \boldsymbol{b}\|_2 \leqq \|A\boldsymbol{x} - \boldsymbol{b}\|_2 + \|\varDelta\,\boldsymbol{x}\|_2$$

と評価できる．ここで，最小 2 乗法は右辺の第 1 項を最小化することと等価であるが，右辺の第 2 項の値が大きければ真のデータと予測値の差は大きくなり得ることがわかる．このことから，$\|\boldsymbol{x}\|_2$ が大きいモデルは (右辺第 2 項が大きくなり得ることから) データに含まれる誤差の影響を受けやすいと言える．そこで，$\|A\boldsymbol{x} - \boldsymbol{b}\|_2$ と

---

*35 脚注 31 (34 ページ) と脚注 32 (35 ページ) の文字の使い方の場合には，

$$X = \begin{bmatrix} 1 & x_1 & {x_1}^2 & {x_1}^3 \\ \vdots & \vdots & \vdots & \vdots \\ 1 & x_r & {x_r}^2 & {x_r}^3 \end{bmatrix}, \quad \boldsymbol{y} = \begin{bmatrix} y_1 \\ \vdots \\ y_r \end{bmatrix}, \quad \boldsymbol{\beta} = \begin{bmatrix} \beta_1 \\ \beta_2 \\ \beta_3 \\ \beta_4 \end{bmatrix}$$

とおくことで，$\|X\boldsymbol{\beta} - \boldsymbol{y}\|_2^2$ の最小化問題として記述できる．

*36 以下では，一般論として，A は $m \times n$ 型行列 $(m > n)$ で階数 (ランク) が n であるとする．

$\|\boldsymbol{x}\|_2$ の両方を小さくすることが望ましい．それぞれを 2 乗したもの [*37] を (適当なバランスをとりながら) 小さくする問題は，パラメータ (適当に選んだ定数) $\gamma > 0$ を用いて

$$\text{Minimize} \quad \|A\boldsymbol{x} - \boldsymbol{b}\|_2^2 + \gamma\|\boldsymbol{x}\|_2^2 \tag{2.36}$$

と定式化できる．ここで，γ (> 0) の値が小さいほど $\|A\boldsymbol{x} - \boldsymbol{b}\|_2$ の項を小さくすることに重点がおかれ，γ の値が大きいほど $\|\boldsymbol{x}\|_2$ の項を小さくすることに重点がおかれる．問題 (2.36) により予測モデルのパラメータ $\boldsymbol{x}$ を決める手法を，**ティコノフ** (Tikhonov) **正則化付き最小 2 乗法** (または**リッジ回帰**) とよぶ．この問題も，凸 2 次関数の最小化問題 (制約なしの凸 2 次計画問題) である．

問題 (2.36) のように，目的関数に追加の項を導入して，誤差に対する予測モデルのロバスト性を高めたり予測モデルが複雑になり過ぎることを防ぐことは，**正則化**とよばれる．ティコノフ正則化以外にも，さまざまな正則化が知られていて，目的に応じて使い分けられている．たとえば，ℓ_1 **ノルム正則化付き最小 2 乗法**

$$\text{Minimize} \quad \|A\boldsymbol{x} - \boldsymbol{b}\|_2^2 + \gamma\|\boldsymbol{x}\|_1 \tag{2.37}$$

は，$\boldsymbol{x}$ として 0 の成分を多く含むベクトル (そのようなベクトルを，疎なベクトルとよぶ) を求めたい場合に用いられる．問題 (2.37) を用いて予測モデルのパラメータ $\boldsymbol{x}$ を決める手法は，しばしば **LASSO**[*38] とよばれる．問題 (2.37) は，凸 2 次計画問題に帰着できる．というのも，目的関数の第 2 項に対して 2.1 節の例 2.5 と同様の変形を施せば，次のように変形できるからである：

$$\begin{aligned} \text{Minimize} \quad & \|A\boldsymbol{x} - \boldsymbol{b}\|_2^2 + \gamma\boldsymbol{1}^\top\boldsymbol{z} && (2.38\text{a}) \\ \text{subject to} \quad & \boldsymbol{z} \geqq \boldsymbol{x}, && (2.38\text{b}) \\ & \boldsymbol{z} \geqq -\boldsymbol{x}. && (2.38\text{c}) \end{aligned}$$

[*37] ここで 2 乗することにより，問題 (2.36) は凸 2 次計画の枠組みで扱える形になる．なお，2 乗しない形の問題

$$\text{Minimize} \quad \|A\boldsymbol{x} - \boldsymbol{b}\|_2 + \gamma\|\boldsymbol{x}\|_2$$

は，実は 4.2.2 節で述べる 2 次錐計画の枠組みで扱える．例 4.17 を参照されたい．

[*38] LASSO は，least absolute shrinkage and selection operator の略である (「ラッソ」と発音されることが多い)．

例 2.10 問題 (2.38) は，CVXPY では次のように実装できる ($A \in \mathbb{R}^{10\times 5}$, $\gamma = 100$ としたときの例である).

```
import cvxpy as cp
import numpy as np
m, n, gam = 10, 5, 100.0
np.random.seed(2)
A = np.random.randn(m,n)
b = 100 * np.random.randn(m)
x, z = cp.Variable(n), cp.Variable(n)
obj = cp.Minimize( cp.sum_squares(A @ x - b) \
                   + (gam * cp.sum(z)) )
cons = [z >= x,
        z >= -x]
P = cp.Problem(obj, cons)
P.solve(verbose=True)
print(x.value)
```

以上では，予測値の観測値からのずれの尺度として，それらの差の 2 乗和を用いている．その他の尺度も，目的に応じて使われる．たとえば，差の絶対値の最大値を最小化する問題

$$\text{Minimize} \quad \|A\boldsymbol{x} - \boldsymbol{b}\|_\infty$$

は**チェビシェフ** (Chebyshev) **近似問題**とよばれている．この問題は，線形計画問題に帰着できる．また，問題 (2.37) に比べてデータに含まれる**外れ値** (観測や記録の失敗などにより異常に大きな誤差をもつデータ点) の影響を受けにくい問題として，ℓ_2 ノルムの代わりに ℓ_1 ノルムを用いた問題

$$\text{Minimize} \quad \|A\boldsymbol{x} - \boldsymbol{b}\|_1 + \gamma\|\boldsymbol{x}\|_1 \tag{2.39}$$

が考えられる．というのも，記号の簡単のため問題 (2.34) の問題設定で考えると，外れ値であるデータ点に対して $[(ws_l + v) - t_l]^2$ は極めて大きな値をとるが，これに比べて $|(ws_l + v) - t_l|$ の値は小さいからである．問題 (2.39) も，線形計画問題に帰着できる．

2.5.2 サポートベクターマシン

データ点 $\boldsymbol{s}_1, \ldots, \boldsymbol{s}_r \in \mathbb{R}^d$ が与えられているとする．図 2.4(a) は，$r = 20, d = 2$ の例である．データ点には，"○" と "×" との 2 種類がある．図 2.4(b) のように，この 2 種類のデータ点を分離するような直線 (一般の次元 d の場合には，超平面) を求めたい．この問題は，線形分類モデルによる **2 クラス分類**とよばれており，教師あり学習の基本的な問題の一つである．本節では，**サポートベクターマシン**とよばれるモデルを紹介し，それが凸 2 次計画で解けることを説明する．

問題を記述しやすくするために，各データ点 $\boldsymbol{s}_l$ に対してラベル t_l を導入し，点 $\boldsymbol{s}_l$ が "○" であれば $t_l = 1$ とし，"×" であれば $t_l = -1$ とする．各データ点に対して，条件

$$\boldsymbol{s}_l^\top \boldsymbol{w} + v > 0 \quad (t_l = 1 \text{ のとき}),$$
$$\boldsymbol{s}_l^\top \boldsymbol{w} + v < 0 \quad (t_l = -1 \text{ のとき})$$

が成り立つように $\boldsymbol{w} \in \mathbb{R}^d$ と $v \in \mathbb{R}$ を決めたい．この条件の不等号の向きと t_l の正負が一致していることに注意すると，この条件はより簡潔に

$$t_l(\boldsymbol{s}_l^\top \boldsymbol{w} + v) > 0, \quad l = 1, \ldots, r \tag{2.40}$$

と書けることがわかる．つまり，もし条件 (2.40) を満たす $\boldsymbol{w}$ と v が存在するならば，2 種類のデータ点は超平面 $\boldsymbol{w}^\top \boldsymbol{s} + v = 0$ で分離される [*39]．このとき，データは**線形分離可能**であるという．一般に，データは線形分離可能であるとは限らない．

図 2.4　サポートベクターマシンの問題設定．(a) 2 種類のデータと (b) それらを分離する平面

[*39] この超平面とは，条件 $\boldsymbol{w}^\top \boldsymbol{s} + v = 0$ を満たす点 $\boldsymbol{s}$ の集合のことである．

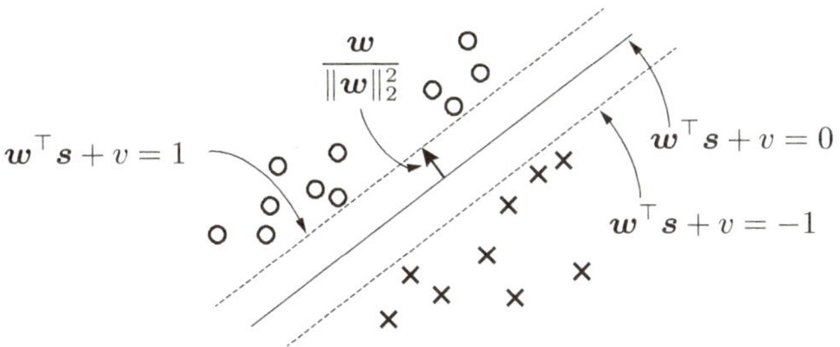

図 2.5　条件 (2.41) の解釈

条件 (2.40) はさらに

$$t_l(\boldsymbol{s}_l^\top \boldsymbol{w} + v) \geqq 1, \quad l = 1, \ldots, r \tag{2.41}$$

と置き換えることができる．というのも，条件 (2.40) は条件

$$t_l(\boldsymbol{s}_l^\top \boldsymbol{w} + v) \geqq \epsilon, \quad l = 1, \ldots, r$$

を満たす $\epsilon > 0$ が存在することと等価であるが，後者の条件が成り立つとき $\boldsymbol{w}/\epsilon$ と v/ϵ を改めて $\boldsymbol{w}$ と v とすればこれらは式 (2.41) を満たすからである．

データが線形分離可能である場合について，条件 (2.41) の意味を図 2.5 に示している．ここで，境界面 $\boldsymbol{w}^\top \boldsymbol{s} + v = 0$ から最も近いデータ点までの距離を，**マージン**とよぶ．マージンが大きい境界面のほうがデータ点を明確に分離していると考えられるので，マージンが最大の境界面を求めたい．ここで図 2.5 に示すベクトル $\boldsymbol{w}/\|\boldsymbol{w}\|_2^2$ の大きさが $1/\|\boldsymbol{w}\|_2$ であることに注意すると，マージンを大きくするには $\|\boldsymbol{w}\|_2$ を小さくすればよいことがわかる．さらに，$\|\boldsymbol{w}\|_2$ を小さくすることは $\|\boldsymbol{w}\|_2^2 = \boldsymbol{w}^\top \boldsymbol{w}$ を小さくすることと同じであるので，結局，次の最適化問題を解けばよい：

$$\begin{aligned} &\text{Minimize} \quad \boldsymbol{w}^\top \boldsymbol{w} && \text{(2.42a)} \\ &\text{subject to} \quad t_l(\boldsymbol{s}_l^\top \boldsymbol{w} + v) \geqq 1, \quad l = 1, \ldots, r. && \text{(2.42b)} \end{aligned}$$

この問題は，$\boldsymbol{w}$ と v とを決定変数とする凸 2 次計画問題である．

データが線形分離可能でない場合，問題 (2.42) は実行可能解をもたない．言い換えると，誤分類されるデータ点が必ず存在する．そこで，誤分類の程度は小さく，か

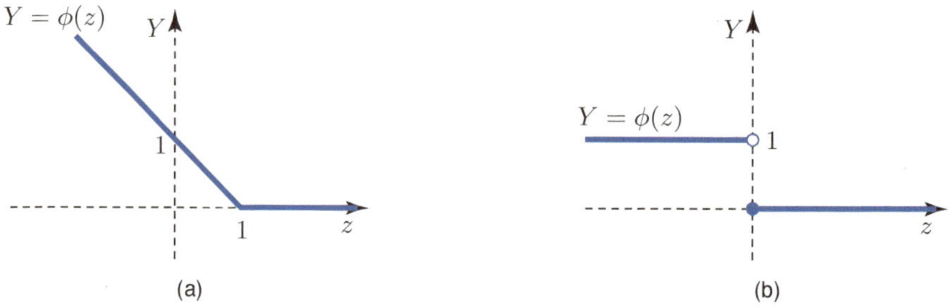

図 2.6　損失関数．(a) ヒンジ損失関数と (b) 0-1 損失関数

つ，正しく分類されるデータ点についてのマージンは大きい境界面を求めることが目標となる．このために，誤分類されているデータ点について，制約 (2.42b) を違反する程度に応じたペナルティを課すことを考える．たとえば関数 $\phi:\mathbb{R}\to\mathbb{R}$ を

$$\phi(z) = \begin{cases} 0 & (z \geqq 1 \text{ のとき}), \\ 1-z & (z < 1 \text{ のとき}) \end{cases}$$

で定義すると (図 2.6(a))[*40]，$\phi(t_l(\boldsymbol{s}_l^\top \boldsymbol{w} + v))$ は制約 (2.42b) が満たされるときに 0 をとり，そうでないときに正の値をとる．したがって，この関数を小さくしていくと制約 (2.42b) が違反されにくくなり，その意味でこの関数は制約 (2.42b) に対するペナルティとしての働きをする．そこで，このペナルティ項と式 (2.42a) の目的関数との両方を (適当なバランスをとって) 小さくすることが目標となる．これは，次の最適化問題を解くことで実現できる：

$$\text{Minimize} \quad \boldsymbol{w}^\top \boldsymbol{w} + \gamma \sum_{l=1}^{r} \phi(t_l(\boldsymbol{s}_l^\top \boldsymbol{w} + v)). \tag{2.43}$$

ただし，$\gamma > 0$ はマージンの最大化とペナルティ項の最小化との相対的な重みを表すパラメータ (定数) である．

[*40] この関数 ϕ のように，予測モデルのデータからの誤差の大きさの尺度となる関数のことを，機械学習の分野では**損失関数**とよぶ．特に，図 2.6(a) の関数は**ヒンジ損失関数**とよばれる．ヒンジ損失関数の他にも損失関数として用いられる関数はいくつかある．そのうち，図 2.6(b) は 0-1 **損失関数**とよばれるものを示しているが，これを用いた 2 クラス分類問題を整数計画の観点から 7.3 節の例 7.5 で扱う．また，3.1 節の例 3.2 では，**ロジスティック損失関数** $\phi(z) = \log(1+\exp(-z))$ を用いた場合を紹介する．

最後に，問題 (2.43) が凸 2 次計画問題に帰着できることを説明する．まず，$\phi(z)$ は制約 $z \geqq 1$ が違反される程度を表していたことを思い出すと，これは [*41]

$$\phi(z) = \min_{e}\{e \mid z + e \geqq 1,\ e \geqq 0\} \tag{2.44}$$

と書き直すことができる．この関係を代入することで，問題 (2.43) は次のように変形できる：

$$\begin{aligned} &\text{Minimize} && \boldsymbol{w}^\top \boldsymbol{w} + \gamma \sum_{l=1}^{r} e_l && && (2.45\text{a}) \\ &\text{subject to} && t_l(\boldsymbol{s}_l^\top \boldsymbol{w} + v) + e_l \geqq 1, && l = 1, \ldots, r, && (2.45\text{b}) \\ & && e_l \geqq 0, && l = 1, \ldots, r. && (2.45\text{c}) \end{aligned}$$

これは，$\boldsymbol{w}$, v, $e_1, \ldots, e_r$ を決定変数とする凸 2 次計画問題である．

➤ 第 2 章　練習問題

2.1 1.1 節の例 1.2 の輸送問題を，線形計画問題として定式化せよ．

2.2 次の線形計画問題を等式標準形に直せ．

(i)

$$\begin{aligned} &\text{Maximize} && -x_1 + 4x_2 \\ &\text{subject to} && x_1 + 3x_2 \geqq 3, \\ & && -2x_1 + x_2 \leqq 2, \\ & && x_1, x_2 \geqq 0. \end{aligned}$$

(ii)

$$\begin{aligned} &\text{Minimize} && x_1 + 2x_2 + x_3 \\ &\text{subject to} && x_1 + 2x_2 + 4x_3 = 6, \\ & && 5x_1 + 4x_2 \geqq 20, \\ & && x_2 \geqq 0. \end{aligned}$$

[*41] 式 (2.44) の右辺は，制約 $z + e \geqq 1$ および $e \geqq 0$ の下で e を最小化する最適化問題の最適値を表している．式 (2.44) が成り立つことは，練習問題として確認されたい．

2.3 練習問題 2.2 の線形計画問題の双対問題を導け．

2.4 2.3.1 節では，線形計画問題 (2.15) の実行可能基底解が得られていることを前提に，単体法の一反復を説明した．実行可能基底解を得るために，しばしば次の線形計画問題が利用される：

$$\begin{aligned} \text{Minimize} \quad & \mathbf{1}^\top \boldsymbol{z} \\ \text{subject to} \quad & A\boldsymbol{x} + \boldsymbol{z} = \boldsymbol{b}, \\ & \boldsymbol{x} \geqq \mathbf{0}, \quad \boldsymbol{z} \geqq \mathbf{0}. \end{aligned}$$

ただし，$\boldsymbol{b} \geqq \mathbf{0}$ であるとする (もし $\boldsymbol{b}$ が負の成分をもつ場合は，その成分に対応する等式制約の両辺に -1 を乗じることで $\boldsymbol{b} \geqq \mathbf{0}$ とできる)．ここで，$\boldsymbol{z}$ を基底変数とするこの問題の実行可能基底解はどのようなものか．また，この問題の最適解と問題 (2.15) の実行可能基底解とにはどのような関係があるか．

2.5 次の最適化問題を，線形計画問題か凸 2 次計画問題のいずれかに帰着せよ．ただし，γ および ρ は正の定数である．

(i) チェビシェフ近似問題：

$$\text{Minimize} \quad \|A\boldsymbol{x} - \boldsymbol{b}\|_\infty.$$

(ii) ℓ_1 ノルム正則化付きチェビシェフ近似問題：

$$\text{Minimize} \quad \|A\boldsymbol{x} - \boldsymbol{b}\|_\infty + \gamma\|\boldsymbol{x}\|_1.$$

(iii) ティコノフ正則化付きチェビシェフ近似問題：

$$\text{Minimize} \quad \|A\boldsymbol{x} - \boldsymbol{b}\|_\infty + \gamma\|\boldsymbol{x}\|_2^2.$$

(iv) エラスティックネット正則化付き最小 2 乗法 [*42]：

$$\text{Minimize} \quad \|A\boldsymbol{x} - \boldsymbol{b}\|_2^2 + \gamma\|\boldsymbol{x}\|_2^2 + \rho\|\boldsymbol{x}\|_1.$$

[*42] この問題がどのような文脈で用いられるかについては，たとえば文献 19) の 3.4.3 節を参照されたい．

2.6 サポートベクターマシンに関連する次の問いに答えよ.

(i) 問題 (2.45) を問題 (2.33) の形に直したとき，Q, A, $\boldsymbol{b}$, $\boldsymbol{c}$ はどのようになるか.

(ii) 問題 (2.43) において，関数 ϕ を

$$\phi(z) = \begin{cases} 0 & (z \geqq 1 \text{ のとき}), \\ (z-1)^2 & (z < 1 \text{ のとき}) \end{cases}$$

で定義する．このとき，問題 (2.43) を凸 2 次計画問題 (2.33) の形に直せ.

第 3 章 非線形計画

線形計画問題は，目的関数も制約もすべて1次式で表された最適化問題であった．一方で，現実に解きたい問題は，非線形な関数を含む場合も多い．非線形計画は，そのような連続最適化問題を扱う枠組みである．単に非線形関数というと非常に一般的であるが，非線形計画では通常は十分に滑らかな関数を扱う (たとえば劣勾配法など，微分可能でない関数を含む最適化問題を扱う手法も存在するが，本書では扱わない)．3.1節では制約がない場合の非線形関数の最小化問題について，また3.2節では等式制約や不等式制約をもつ場合について，それぞれ，最適解の性質と問題の解法とを説明する．

3.1 無制約最適化

目的関数 $f:\mathbb{R}^n \to \mathbb{R}$ が与えられたとき，その値が最小になる点を求める問題のことを**無制約最適化問題**とよび，次のように書く：

$$\text{Minimize} \quad f(\boldsymbol{x}). \tag{3.1}$$

本章では，特に断らない限り，f は十分に滑らかであるものとする．

図 3.1 に，2 変数関数 (つまり，$n=2$ の場合) の例を示す．図 3.1(a) では，局所最適解が一つだけ存在する．したがって，その点が大域的最適解でもある．一方，図 3.1(b) では，多数の局所最適解が存在する．本章で扱う最適化手法は，一般に，このような局所最適解のいずれかを求める手法である．というのも，局所最適解が

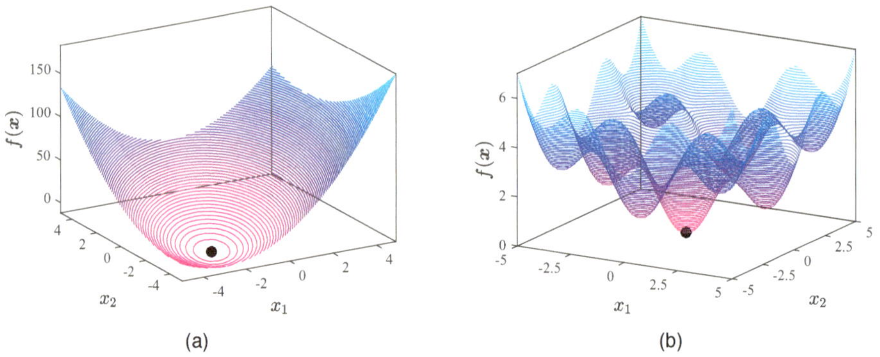

図 3.1　無制約最適化の例．(a) 局所最適解が大域的最適解である例と (b) 多くの局所最適解が存在する例．“●” で示す点が大域的最適解

得られれば (たとえそれが大域的最適解でなくても) 実用上は十分に有益な場合が多いし，また，一般の場合に大域的最適解を得る保証を与えることは極めて難しいからである．

例 3.1　最小 2 乗法

$$\text{Minimize} \quad \|A\boldsymbol{x} - \boldsymbol{b}\|_2^2$$

は無制約最適化問題である．また，ティコノフ正則化付き最小 2 乗法 (リッジ回帰)

$$\text{Minimize} \quad \|A\boldsymbol{x} - \boldsymbol{b}\|_2^2 + \gamma\|\boldsymbol{x}\|_2^2$$

も無制約最適化問題である (γ は正の定数である)．

例 3.2　2.5.2 節の問題設定と同様に，データ点 $\boldsymbol{s}_l \in \mathbb{R}^d$ $(l = 1, \ldots, r)$ があり，そのそれぞれにはラベル $t_l = 1$ または -1 が与えられているものとする．2 種類のデータ点を分離するために，条件

$$\boldsymbol{s}_l^\top \boldsymbol{w} + v > 0 \quad (t_l = 1 \text{ のとき}),$$
$$\boldsymbol{s}_l^\top \boldsymbol{w} + v < 0 \quad (t_l = -1 \text{ のとき})$$

ができるだけ成り立つように $\boldsymbol{w} \in \mathbb{R}^d$ と $v \in \mathbb{R}$ を決めたい．**ロジスティック回帰**は，この 2 クラス分類を行う手法の一つである．ロジスティック回帰では，次の無制約最適化問題を解いて $\boldsymbol{w}$ と v の値を決める [*1]：

$$\text{Minimize} \quad \sum_{l=1}^{r} \log\left(1 + \mathrm{e}^{-t_l(\boldsymbol{s}_l^\top \boldsymbol{w}+v)}\right). \tag{3.2}$$

つまり，変数である $\boldsymbol{w}$ と v とを並べたものが，問題 (3.1) の $\boldsymbol{x}$ に相当する ($n = d + 1$ である)．実際には，問題 (3.2) の目的関数に何らかの正則化を施した形の問題を考えることもある [*2]．

例 3.3　例 3.2 の具体例は，CVXPY を用いると次のようにして解くことができる ($d = 2$, $r = 10$ の例である)．

```
import cvxpy as cp
import numpy as np
S = np.array([
    [-2.05, -1.20, -1.05, -0.82, -0.27, \
     -0.28, 0.03, 0.50, 0.82, 1.12],
    [-0.35, 2.90, -0.46, -1.57, 0.70, \
     1.09, -1.33, 0.28, 1.37, 0.35] ])
t = [1, -1, 1, 1, -1, -1, 1, -1, -1, 1]
d = S.shape[0]
```

[*1] ロジスティック関数は

$$f(z) = \frac{1}{1 + \mathrm{e}^{-z}} = \frac{\mathrm{e}^z}{\mathrm{e}^z + 1}$$

であるが，この対数をとると $-\log(1 + \mathrm{e}^{-z}) = z - \log(1 + \mathrm{e}^z)$ が得られるので，問題 (3.2) の代わりに次の形式で記述している文献もある：

$$\text{Minimize} \quad \sum_{l=1}^{r} \log\left[1 + \exp\left(t_l(\boldsymbol{s}_l^\top \boldsymbol{w} + b)\right)\right] - \sum_{l=1}^{r} t_l(\boldsymbol{s}_l^\top \boldsymbol{w} + v).$$

[*2] ロジスティック回帰の詳細は，文献 19) の 4.4 節や文献 18) の 9.3 節などを参照されたい．また，最適化の視点からの解説には，文献 27) の p. 354，文献 25) の pp. 30–31，文献 28) の 13.3.5 節がある．

```
w, v = cp.Variable(d), cp.Variable()
z = -cp.diag(t) @ (S.T @ w + v)
obj = cp.Minimize( cp.sum(cp.logistic(z)) )
P = cp.Problem(obj)
P.solve(verbose=True, max_iters=1000)
print(w.value)
print(v.value)
```

3.1.1 勾配とヘッセ行列

関数の勾配とヘッセ行列は，非線形計画問題を解く際の基本的な道具である．微分可能な関数 $f : \mathbb{R}^n \to \mathbb{R}$ の点 $\boldsymbol{x} \in \mathbb{R}^n$ における**勾配**とは，

$$\nabla f(\boldsymbol{x}) = \begin{bmatrix} \dfrac{\partial f}{\partial x_1}(\boldsymbol{x}) \\ \dfrac{\partial f}{\partial x_2}(\boldsymbol{x}) \\ \vdots \\ \dfrac{\partial f}{\partial x_n}(\boldsymbol{x}) \end{bmatrix}$$

で定義される n 次元ベクトルのことである [*3]．また，f が C^2 級 (つまり，2 回連続微分可能) であるとき，

$$\nabla^2 f(\boldsymbol{x}) = \left(\frac{\partial^2 f}{\partial x_i \partial x_j}(\boldsymbol{x}) \right) = \begin{bmatrix} \dfrac{\partial^2 f}{\partial x_1^2}(\boldsymbol{x}) & \dfrac{\partial^2 f}{\partial x_1 \partial x_2}(\boldsymbol{x}) & \cdots & \dfrac{\partial^2 f}{\partial x_1 \partial x_n}(\boldsymbol{x}) \\ \dfrac{\partial^2 f}{\partial x_2 \partial x_1}(\boldsymbol{x}) & \dfrac{\partial^2 f}{\partial x_2^2}(\boldsymbol{x}) & \cdots & \dfrac{\partial^2 f}{\partial x_2 \partial x_n}(\boldsymbol{x}) \\ \vdots & \vdots & \ddots & \vdots \\ \dfrac{\partial^2 f}{\partial x_n \partial x_1}(\boldsymbol{x}) & \dfrac{\partial^2 f}{\partial x_n \partial x_2}(\boldsymbol{x}) & \cdots & \dfrac{\partial^2 f}{\partial x_n^2}(\boldsymbol{x}) \end{bmatrix}$$

で定義される $n \times n$ 型行列 (n 次の正方行列) を f の $\boldsymbol{x}$ における**ヘッセ** (Hesse)

[*3] $\boldsymbol{x} \in \mathbb{R}^n$ を列ベクトルとするとき，f の $\boldsymbol{x}$ における勾配 (導関数) $\nabla f(\boldsymbol{x})$ は行ベクトルとしたほうが，数学的にはいろいろな観点から整合性がとれる．しかし，最適化の教科書では，多くの場合，ベクトルをすべて列ベクトルに統一するという観点から，$\nabla f(\boldsymbol{x})$ も列ベクトルとして記述されている．本書でも，この慣例に従っている．

行列とよぶ．ヘッセ行列は，対称行列である．

例 3.4　$n = 2$ の例として，関数

$$f(\boldsymbol{x}) = 2{x_1}^2 - 2x_1x_2 + \frac{1}{3}{x_2}^3 - {x_2}^2$$

の点 $\bar{\boldsymbol{x}} = \begin{bmatrix} 1 \\ 1 \end{bmatrix}$ における勾配とヘッセ行列を求めてみる．定義に従って勾配とヘッセ行列の各成分を計算すると，

$$\nabla f(\boldsymbol{x}) = \begin{bmatrix} 4x_1 - 2x_2 \\ -2x_1 + {x_2}^2 - 2x_2 \end{bmatrix}, \quad \nabla^2 f(\boldsymbol{x}) = \begin{bmatrix} 4 & -2 \\ -2 & 2x_2 - 2 \end{bmatrix}$$

が得られる．そして，$x_1 = 1, x_2 = 1$ とおくことで

$$\nabla f(\bar{\boldsymbol{x}}) = \begin{bmatrix} 2 \\ -3 \end{bmatrix}, \quad \nabla^2 f(\bar{\boldsymbol{x}}) = \begin{bmatrix} 4 & -2 \\ -2 & 0 \end{bmatrix}$$

が得られる．

図 3.2(a) は，関数

$$f(\boldsymbol{x}) = (x_1 - 3)^2 + x_1x_2 + \frac{1}{16}{x_2}^4 + (x_2 - 1)^2 \tag{3.3}$$

のグラフを示している．また，図 3.2(b) は，さまざまな点における f の勾配を矢印として示したものである．この図から，勾配は各点において関数が大きくなる方向を向いており，各点における等高線に直交していることが確認できる．

点 $\bar{\boldsymbol{x}} \in \mathbb{R}^n$ と方向 $\boldsymbol{d} \in \mathbb{R}^n$ が与えられたとき，点 $\bar{\boldsymbol{x}}$ から $\boldsymbol{d}$ の方向に少し移動した点 $\bar{\boldsymbol{x}} + \alpha\boldsymbol{d}$ を考える（ただし，$\alpha > 0$ とする）．移動した点での関数 f の値は，**テイラー** (Taylor) **展開**により

$$\begin{aligned} f(\bar{\boldsymbol{x}} + \alpha\boldsymbol{d}) = f(\bar{\boldsymbol{x}}) + \alpha\langle\nabla f(\bar{\boldsymbol{x}}), \boldsymbol{d}\rangle + \frac{1}{2}\alpha^2\langle\nabla^2 f(\bar{\boldsymbol{x}})\,\boldsymbol{d}, \boldsymbol{d}\rangle \\ + (\alpha \text{ の 3 次以上の項}) \end{aligned} \tag{3.4}$$

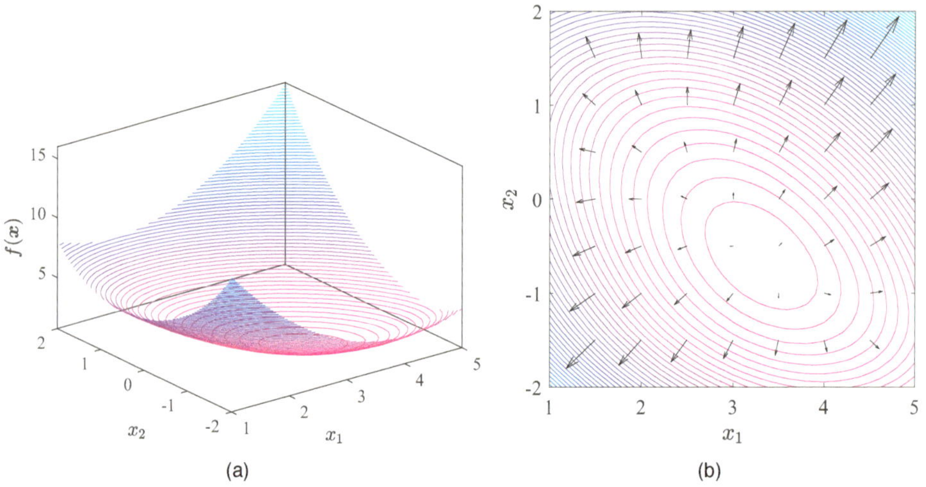

図 3.2 式 (3.3) の関数 f の (a) グラフおよび (b) 等高線と勾配 (ただし，勾配を表す矢印の長さは縮小している)

と表せる [*4]．ここで，右辺は移動前の点 $\bar{\boldsymbol{x}}$ での関数の情報 (関数値，勾配，ヘッセ行列) で構成されていることに注意する．最適化の解法には，目的関数の値がだんだん小さくなるように点を移動させることを繰り返すものが多いが，移動させる方向を決める際には後述のように式 (3.4) の右辺の形をしばしば参照する．

3.1.2 最適性条件

本節では，無制約最適化問題 (3.1) の最適解が満たす条件を考える．

目的関数のテイラー展開 (3.4) において，$\alpha > 0$ が十分に小さいとすると

$$f(\bar{\boldsymbol{x}} + \alpha \boldsymbol{d}) \simeq f(\bar{\boldsymbol{x}}) + \alpha \langle \nabla f(\bar{\boldsymbol{x}}), \boldsymbol{d} \rangle \tag{3.5}$$

とできる．式 (3.5) の最後の項に関連して，方向 $\boldsymbol{d} \in \mathbb{R}^n$ が条件

$$\langle \nabla f(\bar{\boldsymbol{x}}), \boldsymbol{d} \rangle < 0 \tag{3.6}$$

[*4] 式 (3.4) の $\langle \nabla f(\bar{\boldsymbol{x}}), \boldsymbol{d} \rangle$ は，$\nabla f(\bar{\boldsymbol{x}})$ と $\boldsymbol{d}$ の内積を表す．本書では，勾配 $\nabla f(\bar{\boldsymbol{x}})$ を列ベクトルと定義しているので，$\nabla f(\bar{\boldsymbol{x}})^\top \boldsymbol{d}$ と書いても同じことである．しかし，50 ページの脚注 3 で述べたように，最適化以外の分野では勾配を行ベクトルとすることも多いので，ここでは記号 $\langle \nabla f(\bar{\boldsymbol{x}}), \boldsymbol{d} \rangle$ を用いている．$\langle \nabla^2 f(\bar{\boldsymbol{x}})\, \boldsymbol{d}, \boldsymbol{d} \rangle$ もこの記法に合わせたものであり，$\boldsymbol{d}^\top \nabla^2 f(\bar{\boldsymbol{x}})\, \boldsymbol{d}$ と同じことである．

を満たすとき，$\boldsymbol{d}$ は $\bar{\boldsymbol{x}}$ における関数 f の**降下方向**であるという．条件 $\nabla f(\bar{\boldsymbol{x}}) \neq \boldsymbol{0}$ を満たす点 $\bar{\boldsymbol{x}}$ では，f の降下方向が存在する (たとえば，$\boldsymbol{d} = -\nabla f(\bar{\boldsymbol{x}})$ は降下方向である)．$\boldsymbol{d}$ が降下方向であれば，式 (3.5) より，十分に小さな $\alpha > 0$ に対して $f(\bar{\boldsymbol{x}} + \alpha \boldsymbol{d}) < f(\bar{\boldsymbol{x}})$ が成り立つ．したがって，$\bar{\boldsymbol{x}}$ は局所最適解ではない．以上をまとめると，$\bar{\boldsymbol{x}}$ が局所最適解であるためには，条件

$$\nabla f(\bar{\boldsymbol{x}}) = \boldsymbol{0} \tag{3.7}$$

が成り立つことが必要である．この条件を満たす点 $\bar{\boldsymbol{x}}$ を，f の**停留点**とよぶ．停留点は，問題 (3.1) の最適解の候補である．

例 3.5　例 3.4 の関数 f の停留点を求める．条件 $\nabla f(\boldsymbol{x}) = \boldsymbol{0}$ は

$$\begin{aligned} 4x_1 - 2x_2 &= 0, \\ -2x_1 + {x_2}^2 - 2x_2 &= 0 \end{aligned}$$

という連立方程式である．これを解くことで，停留点として $\boldsymbol{x} = \begin{bmatrix} 0 \\ 0 \end{bmatrix}$, $\begin{bmatrix} 3/2 \\ 3 \end{bmatrix}$ が得られる．

次に，点 $\bar{\boldsymbol{x}}$ が f の停留点であるとする．式 (3.4) に式 (3.7) を代入することで，

$$f(\bar{\boldsymbol{x}} + \alpha \boldsymbol{d}) \simeq f(\bar{\boldsymbol{x}}) + \frac{1}{2}\alpha^2 \langle \nabla^2 f(\bar{\boldsymbol{x}})\, \boldsymbol{d}, \boldsymbol{d} \rangle \tag{3.8}$$

が得られる．ここでもし条件 $\langle \nabla^2 f(\bar{\boldsymbol{x}})\, \boldsymbol{d}, \boldsymbol{d} \rangle < 0$ を満たす方向 $\boldsymbol{d}$ が存在すれば，その方向 $\boldsymbol{d}$ と十分に小さな $\alpha > 0$ に対して $f(\bar{\boldsymbol{x}} + \alpha \boldsymbol{d}) < f(\bar{\boldsymbol{x}})$ が成り立つ．つまり，この場合は $\bar{\boldsymbol{x}}$ は局所最適解ではない．一方，もし任意の方向 $\boldsymbol{d}$ に対して条件 $\langle \nabla^2 f(\bar{\boldsymbol{x}})\, \boldsymbol{d}, \boldsymbol{d} \rangle > 0$ が成り立てば，任意の方向 $\boldsymbol{d}$ と十分に小さな $\alpha > 0$ に対して $f(\bar{\boldsymbol{x}} + \alpha \boldsymbol{d}) > f(\bar{\boldsymbol{x}})$ が成り立つ．つまり，この場合は $\bar{\boldsymbol{x}}$ は局所最適解である．このように，最適性の判定には $\langle \nabla^2 f(\bar{\boldsymbol{x}})\, \boldsymbol{d}, \boldsymbol{d} \rangle$ の正負がかかわってくる．このため，次に，対称行列の (半) 正定値性の概念を導入する．

一般に，対称行列 $Q \in \mathbb{R}^{n \times n}$ が任意のベクトル $\boldsymbol{d} \in \mathbb{R}^n$ に対して条件 $\langle Q\, \boldsymbol{d}, \boldsymbol{d} \rangle \geqq 0$ を満たすとき，Q は**半正定値**であるという．また，$\boldsymbol{0}$ でない任意のベクトル $\boldsymbol{d} \in \mathbb{R}^n$ に対して条件 $\langle Q\, \boldsymbol{d}, \boldsymbol{d} \rangle > 0$ を満たすとき，Q は**正定値**であるという [*5]．ここで，

[*5] 定義より，正定値行列は半正定値でもある．

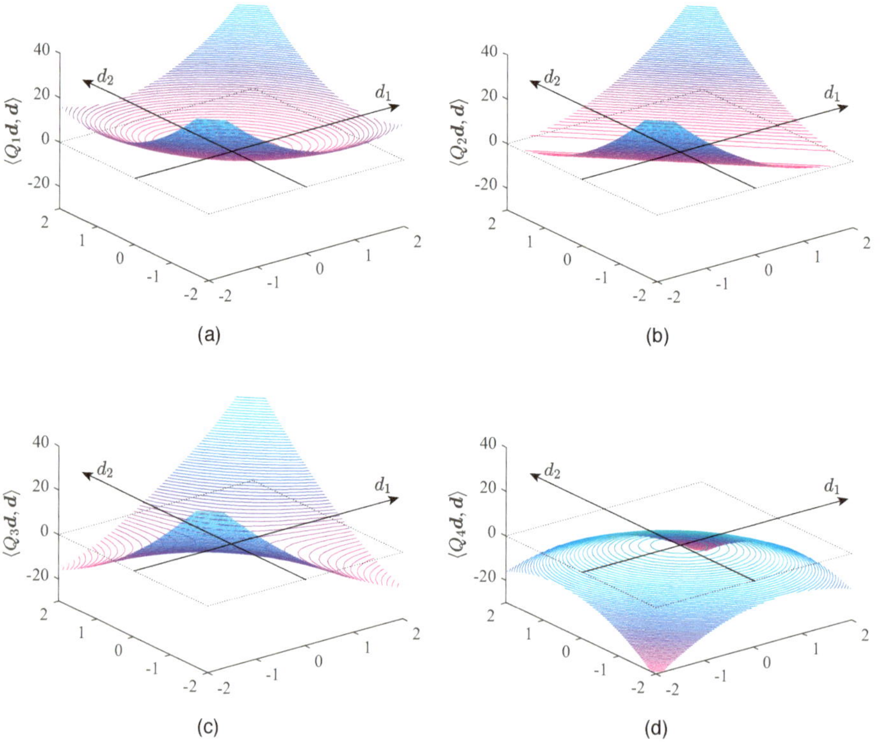

図 3.3　例 3.6 の行列の 2 次形式のグラフ．(a) $\langle Q_1 \boldsymbol{d}, \boldsymbol{d} \rangle$, (b) $\langle Q_2 \boldsymbol{d}, \boldsymbol{d} \rangle$, (c) $\langle Q_3 \boldsymbol{d}, \boldsymbol{d} \rangle$, (d) $\langle Q_4 \boldsymbol{d}, \boldsymbol{d} \rangle$

$\langle Q\, \boldsymbol{d}, \boldsymbol{d} \rangle = \boldsymbol{d}^\top Q \boldsymbol{d}$ のことを Q の **2 次形式**とよぶ．また，Q が半正定値であることと，Q のすべての固有値が 0 以上であることとは，同値である．さらに，Q が正定値であることと，Q のすべての固有値が正であることとは，同値である．したがって，正定値行列は正則である (つまり，逆行列をもつ)．

例 3.6　$n = 2$ の場合の例として，図 3.3 は行列

$$
Q_1 = \begin{bmatrix} 4 & 2 \\ 2 & 4 \end{bmatrix}, \quad Q_2 = \begin{bmatrix} 3 & 3 \\ 3 & 3 \end{bmatrix}, \quad Q_3 = \begin{bmatrix} 2 & 4 \\ 4 & 2 \end{bmatrix}, \quad Q_4 = \begin{bmatrix} -3 & -1 \\ -1 & -3 \end{bmatrix}
$$

に対する 2 次形式のグラフを表している．Q_1 の固有値は 2 と 6 なので，Q_1 は正定値である．実際，図 3.3(a) のグラフは原点以外の点

において正の値をとっている．Q_2 の固有値は 0 と 6 なので，Q_2 は半正定値である．実際，図 3.3(b) のグラフは 0 以上の値をとっている [*6]．Q_3 の固有値は -2 と 6 である．図 3.3(c) のように，2 次形式は正にも負にもなる．Q_4 の固有値は -4 と -2 である．図 3.3(d) のように，2 次形式は原点以外の点で負の値をとる [*7]．

さて，f の停留点 $\bar{\boldsymbol{x}}$ の最適性に話を戻すと，式 (3.8) の右辺は "定数 $f(\bar{\boldsymbol{x}})$" + "$\nabla^2 f(\bar{\boldsymbol{x}})$ の 2 次形式の正数倍" の形をしている．したがって，大雑把に言えば，$\nabla^2 f(\bar{\boldsymbol{x}})$ の 2 次形式が図 3.3(a) の形になっていれば，$\bar{\boldsymbol{x}}$ は局所最適解である．また，それが図 3.3(c) や図 3.3(d) のようになっていれば，$\bar{\boldsymbol{x}}$ は局所最適解ではない．以上をまとめると，最適性条件は次のようになる [*8]．

定理 3.1　関数 $f : \mathbb{R}^n \to \mathbb{R}$ は C^2 級 (2 回連続微分可能) であるとする．

(i) 点 $\bar{\boldsymbol{x}} \in \mathbb{R}^n$ が問題 (3.1) の局所最適解であるための必要条件は，$\nabla f(\bar{\boldsymbol{x}}) = \mathbf{0}$ が成り立ち $\nabla^2 f(\bar{\boldsymbol{x}})$ が半正定値であることである．

(ii) 点 $\bar{\boldsymbol{x}} \in \mathbb{R}^n$ が問題 (3.1) の局所最適解であるための十分条件は，$\nabla f(\bar{\boldsymbol{x}}) = \mathbf{0}$ が成り立ち $\nabla^2 f(\bar{\boldsymbol{x}})$ が正定値であることである．

例 3.7　例 3.4 および例 3.5 の続きとして，f の停留点が局所最適解であるかを調べる．まず，点 $\begin{bmatrix} 0 \\ 0 \end{bmatrix}$ における f のヘッセ行列は $\begin{bmatrix} 4 & -2 \\ -2 & -2 \end{bmatrix}$ であり半正定値ではないので，この点は局所最適解ではない．次に，点 $\begin{bmatrix} 3/2 \\ 3 \end{bmatrix}$ における f のヘッセ行列は $\begin{bmatrix} 4 & -2 \\ -2 & 4 \end{bmatrix}$ であり正定値であるから，この点は局所最適解である．

---

*6 原点から方向 $\begin{bmatrix} 1 \\ -1 \end{bmatrix}$ に沿って図 3.3(b) のグラフの値が 0 になっているが，この方向は Q_2 の固有値 0 に対応する固有ベクトルである．

*7 このことは，$-Q_4$ が正定値であることから理解できる．

*8 定理 3.1 の証明は，たとえば文献 14) の定理 3.11 および定理 3.12，文献 6) の命題 2.2 および命題 2.3 を参照されたい．

3.1.3 勾配法とその加速法

a 降下法の枠組み

本章で述べる最適化手法は，**反復法**とよばれる数値計算法の枠組みに属している．反復法では，まず初期点 $\boldsymbol{x}_0 \in \mathbb{R}^n$ を適当に定め，ある手続きによって新しい点 $\boldsymbol{x}_1 \in \mathbb{R}^n$ を生成する (図 3.4)．点 $\boldsymbol{x}_1$ からは，同様の手続きによって新しい点 $\boldsymbol{x}_2 \in \mathbb{R}^n$ を生成する．このことを順々に繰り返すというのが，反復法である[*9]．一般に $k = 0, 1, 2, \ldots$ としたとき，点 $\boldsymbol{x}_k$ から新しい点 $\boldsymbol{x}_{k+1}$ を生成するまでの手続きを，反復法の一反復という．

無制約最適化の多くの解法は，反復ごとに目的関数値が小さくなるように，つまり

$$f(\boldsymbol{x}_k) > f(\boldsymbol{x}_{k+1}), \quad k = 0, 1, 2, \ldots \tag{3.9}$$

が成り立つように設計されている．このような方法を総称して**降下法**とよぶ．新しく移動した先の点 $\boldsymbol{x}_{k+1}$ が何らかの最適性条件を満たせば反復を終了し，その点 $\boldsymbol{x}_{k+1}$ を最適化問題の解として出力する．この反復法の終了条件として，最適性の必要条件 (3.7) を用いることが多い．ただし，反復法では，原理的に無限回の反復を行わないと (つまり，$k \to \infty$ としないと)，この等式が厳密には満たされないため，こ

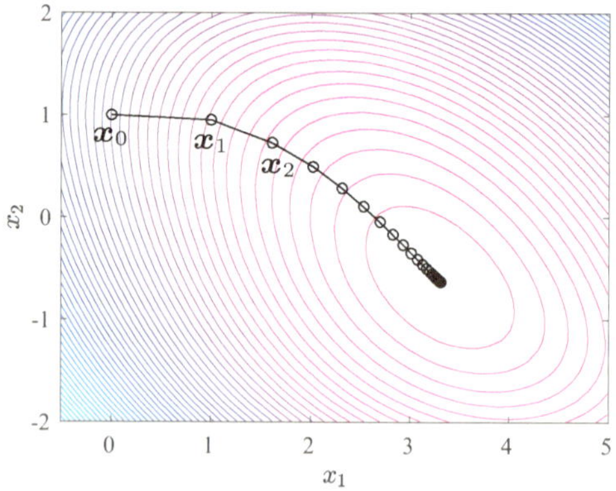

図 3.4 反復法 (最急降下法) による解の更新

*9 ここで，$x_1, x_2, \ldots, x_n$ と $\boldsymbol{x}_0, \boldsymbol{x}_1, \boldsymbol{x}_2, \ldots, \boldsymbol{x}_k$ とを混同しないよう注意されたい．前者は，ベクトル $\boldsymbol{x} \in \mathbb{R}^n$ の成分である．一方，後者は n 次元の列ベクトルである．たとえば，$\boldsymbol{x}_0$ は成分 $x_{0,1}, x_{0,2}, \ldots, x_{0,n}$ を並べてできる列ベクトルということである．

れを少し緩めた条件を用いる．たとえば，ϵ を十分に小さな正の定数として，条件 $\|\nabla f(\boldsymbol{x}_{k+1})\|_2 \leqq \epsilon$ が満たされていれば反復を終了する．

降下法には大別して**直線探索**を用いる方法と**信頼領域法**とがあるが，本書では前者について説明する．この方法は，以下の形で新しい点 $\boldsymbol{x}_{k+1}$ を定める：

$$\boldsymbol{x}_{k+1} = \boldsymbol{x}_k + \alpha_k \boldsymbol{d}_k.$$

ここで，ベクトル $\boldsymbol{d}_k$ は**探索方向**とよばれ，新しい点へと移動する方向にあたる．また，正のスカラー α_k は**ステップ幅**とよばれ，移動する距離を調節する役割を果たす．探索方向 $\boldsymbol{d}_k$ は，通常，点 $\boldsymbol{x}_k$ における f の降下方向となるように定める [*10]．というのも，そのように定めればステップ幅 α_k を十分に小さく選ぶことで，式 (3.9) が成り立つようにできるからである (同様の議論を，3.1.2 節で式 (3.7) を導くために行った)．探索方向 $\boldsymbol{d}_k$ が決められた後にステップ幅 α_k を適切に調整する操作のことを，**直線探索**とよぶ．おおまかにいえば，$\boldsymbol{d}_k$ を降下方向に定めて α_k を適切に選んだ降下法により，f の停留点が得られることが保証される [*11]．この解法をまとめると，アルゴリズム 3.1 のようになる．

アルゴリズム 3.1　**直線探索を用いた降下法**

Require: $\boldsymbol{x}_0 \in \mathbb{R}^n$.
1: **for** $k = 0, 1, 2, \ldots$ **do**
2: 　$\boldsymbol{d}_k$ を $\boldsymbol{x}_k$ における f の降下方向とする．
3: 　ステップ幅 $\alpha_k > 0$ を定める．
4: 　$\boldsymbol{x}_{k+1} \leftarrow \boldsymbol{x}_k + \alpha_k \boldsymbol{d}_k$.
5: **end for**

たとえ探索方向 $\boldsymbol{d}_k$ が降下方向であっても，ステップ幅 α_k が大きすぎると式 (3.9) が成り立たず最適解にたどり着くことができない (図 3.5)．一方で，α_k が小さすぎると点 $\boldsymbol{x}_{k+1}$ は元の点 $\boldsymbol{x}_k$ からほとんど進まないので，最適解にたどり着くまでに多くの反復を要することになり計算時間が大きくなる．直線探索では，次の**アルミ**

*10 つまり，条件 $\langle \nabla f(\boldsymbol{x}_k), \boldsymbol{d}_k \rangle < 0$ を満たすように $\boldsymbol{d}_k$ を定める．そのような $\boldsymbol{d}_k$ は無数にあり，具体的な定め方は，この後で説明する解法ごとに異なる．

*11 証明は，たとえば文献 22) の定理 6.1 や文献 29) の第 3 章を参照されたい．

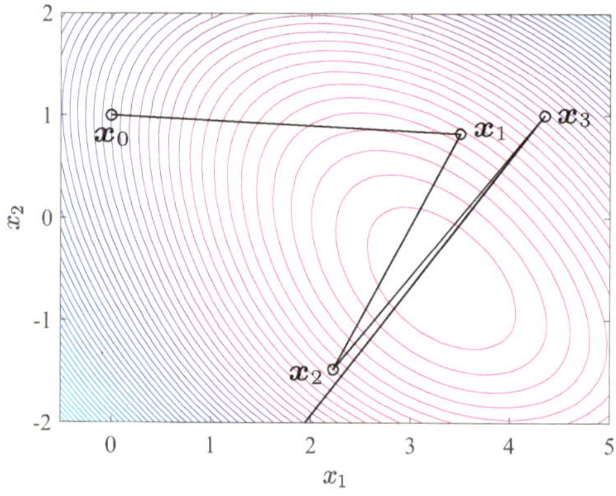

図 3.5 ステップ幅が大きすぎて，降下法 (最急降下法) が失敗している例

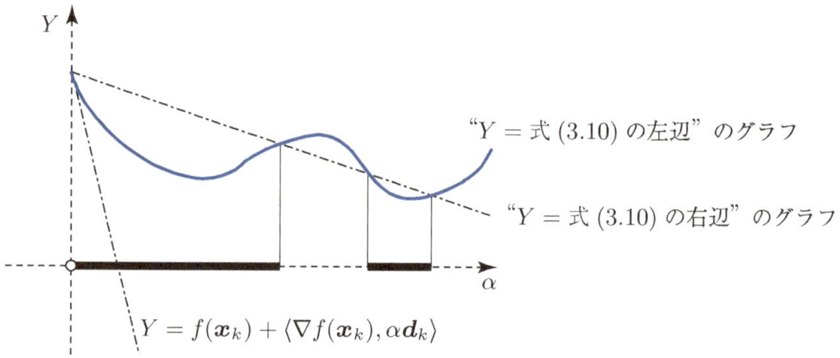

図 3.6 アルミホの条件 (3.10)

ホ (Armijo) **の条件**を満たす α を α_k として採用することが多い (図 3.6)：

$$f(\boldsymbol{x}_k + \alpha \boldsymbol{d}_k) \leqq f(\boldsymbol{x}_k) + c\langle \nabla f(\boldsymbol{x}_k), \alpha \boldsymbol{d}_k \rangle. \tag{3.10}$$

ただし，c は $0 < c < 1$ を満たす定数である．実際にこの条件を満たす α を求めるには，**バックトラック法**とよばれる方法 (アルゴリズム 3.2) がよく用いられる．これは，"α の暫定値が条件 (3.10) を満たすかを調べ (アルゴリズム 3.2 の 2 行目), 満たさなければこの暫定値を少し小さくする (3 行目)" ということを繰り返す方法である [*12].

[*12] 直線探索の詳細は，たとえば，文献 21) の 4.3 節，文献 22) の 6.2 節，文献 29) の第 3 章を参照されたい．

アルゴリズム 3.2　**バックトラック法による直線探索**

Require: $\boldsymbol{d}_k \in \mathbb{R}^n$ ($\boldsymbol{x}_k$ における f の降下方向), $\bar{\alpha} > 0$, $0 < c < 1$, $0 < \rho < 1$.

1: $\alpha_k \leftarrow \bar{\alpha}$, $\delta \leftarrow \langle \nabla f(\boldsymbol{x}_k), \boldsymbol{d}_k \rangle$.
2: **while** $f(\boldsymbol{x}_k + \alpha_k \boldsymbol{d}_k) > f(\boldsymbol{x}_k) + c\alpha_k\delta$ **do**
3: 　　$\alpha_k \leftarrow \rho\alpha_k$.
4: **end while**

b 最急降下法

方向 $-\nabla f(\boldsymbol{x}_k)$ が点 $\boldsymbol{x}_k$ における f の降下方向であることは，降下方向の定義 (3.6) から明らかである．**最急降下法**は，この $-\nabla f(\boldsymbol{x}_k)$ を探索方向 $\boldsymbol{d}_k$ とする解法である．

例 3.8　図 3.4 は，式 (3.3) の関数 f の最小化問題に最急降下法を適用した様子を示している．初期点は $\boldsymbol{x}_0 = \begin{bmatrix} 0 \\ 1 \end{bmatrix}$ とした．3.1.1 節で述べたように，関数の各点における勾配はその点における等高線に直交する．したがって，最急降下法による $\boldsymbol{x}_k$ の更新は，その点における f の等高線と直交する向きに行われる．このことが，図 3.4 で確認できる．

最急降下法は，このままの形では解を得るまでに多くの反復が必要であり (つまり，収束が遅く)，実用的とはいえない．そこで，次の c 項や d 項で述べる改良が考えられている．

c 共役勾配法

正定値対称行列 $A \in \mathbb{R}^{n \times n}$ を係数にもつ連立 1 次方程式

$$A\boldsymbol{x} = \boldsymbol{b}$$

を解く手法として，**共役勾配法**とよばれる方法 [*13] が広く用いられている．この方程式を解くことと，最適化問題

*13 たとえば，次の文献の 4.1 節を参照されたい．
- 杉原正顯，室田一雄 (2009)，『線形計算の数理』，岩波書店．

$$\text{Minimize} \quad \frac{1}{2}\boldsymbol{x}^\top A\boldsymbol{x} - \boldsymbol{b}^\top\boldsymbol{x}$$

を解くこととは等価である[*14]．この対応に基づいて，共役勾配法が一般の無制約最適化問題 (3.1) に対して拡張されている．この拡張された手法は，連立 1 次方程式の解法と区別するために，**非線形共役勾配法**とよばれることもある．

共役勾配法の概要を，アルゴリズム 3.3 に示す．ここで，最急降下法との違いは，前の反復で用いた探索方向 $\boldsymbol{d}_{k-1}$ の情報も使って現在の探索方向 $\boldsymbol{d}_k$ を定めていることにある．係数 β_{k+1} の決め方は，ここ (アルゴリズム 3.3 の 5 行目) に示したもの以外にさまざまな方法が提案されている．ステップ幅 α_k は直線探索によって定める．共役勾配法は，特に大規模な問題 (つまり，決定変数の数 n が大きい問題) に対して有用な最適化手法である．

アルゴリズム 3.3　共役勾配法

Require: $\boldsymbol{x}_0 \in \mathbb{R}^n$, $\boldsymbol{d}_{-1} = \boldsymbol{0}$, $\beta_0 = 0$.

1: **for** $k = 0, 1, 2, \ldots$ **do**
2: 　$\boldsymbol{d}_k \leftarrow -\nabla f(\boldsymbol{x}_k) + \beta_k \boldsymbol{d}_{k-1}$.
3: 　ステップ幅 $\alpha_k > 0$ を定める．
4: 　$\boldsymbol{x}_{k+1} \leftarrow \boldsymbol{x}_k + \alpha_k \boldsymbol{d}_k$.
5: 　$\beta_{k+1} \leftarrow \dfrac{\|\nabla f(\boldsymbol{x}_{k+1})\|_2^2}{\|\nabla f(\boldsymbol{x}_k)\|_2^2}$.
6: **end for**

共役勾配法のソフトウェアとして，CG_DESCENT がよく知られている．また，Python の科学技術計算ライブラリである SciPy にも実装が含まれている[*15]．

最急降下法や共役勾配法のように，関数値と勾配のみを用いる (逆にいうと，ヘッセ行列やその近似行列の情報を用いない) 最適化手法を総称して**勾配法**とよぶ．

[*14] 練習問題として，この問題に対する最適性条件 (定理 3.1) を確認されたい．

[*15] その他，共役勾配法の最近の動向については，次の文献が参考になる．また，文献 21) の 4.6 節にも解説がある．

- 成島康史 (2014)，無制約最適化問題に対するアルゴリズムの最前線—非線形共役勾配法を中心に—，オペレーションズ・リサーチ，**59**, pp. 131–137.

d 加速法

共役勾配法 (アルゴリズム 3.3) では，一つ前の反復で用いた探索方向 $\boldsymbol{d}_{k-1}$ の情報も使って次の点 $\boldsymbol{x}_{k+1}$ を定めている．ここで $\boldsymbol{d}_{k-1} = \dfrac{1}{\alpha_{k-1}}(\boldsymbol{x}_k - \boldsymbol{x}_{k-1})$ と書き直すと，共役勾配法は一つ前の反復の点 $\boldsymbol{x}_{k-1}$ の情報を利用しているとみることもできる．これと同じように，過去の点の情報を利用して勾配法の収束を速める技法として，**ネステロフ** (Nesterov) **の加速法**[16] とよばれるものがある．

アルゴリズム 3.4　**加速付き最急降下法**

Require: $\boldsymbol{x}_0 \in \mathbb{R}^n$, $\boldsymbol{y}_0 \leftarrow \boldsymbol{x}_0$, $\tau_0 = 1$.

for $k = 0, 1, 2, \ldots$ **do**

　$\boldsymbol{d}_k \leftarrow -\nabla f(\boldsymbol{y}_k)$.

　ステップ幅 $\alpha_k > 0$ を定める．

　$\boldsymbol{x}_{k+1} \leftarrow \boldsymbol{y}_k + \alpha_k \boldsymbol{d}_k$.

　$\tau_{k+1} \leftarrow \dfrac{1}{2}\left(1 + \sqrt{1 + 4\tau_k^2}\right)$.

　$\boldsymbol{y}_{k+1} \leftarrow \boldsymbol{x}_{k+1} + \dfrac{\tau_k - 1}{\tau_{k+1}}(\boldsymbol{x}_{k+1} - \boldsymbol{x}_k)$.

end for

アルゴリズム 3.4 は，ネステロフの加速法を最急降下法に適用したものである．ここで，点列 $\{\boldsymbol{x}_k\}$ に加えて補助的な点列 $\{\boldsymbol{y}_k\}$ も用いることで過去の反復の情報を取り込んでいる．ただし，最急降下法では目的関数値が反復ごとに単調に減少するのに対して，アルゴリズム 3.4 では目的関数値が単調に減少するとは限らない．この点を克服する方策としては，加速の再スタート法が提案されている．これは，一言でいうと，目的関数値が増加し始めた時点で，アルゴリズム 3.4 の $\boldsymbol{y}_{k+1}$ と τ_{k+1} を初期化する (つまり，$\boldsymbol{y}_{k+1} \leftarrow \boldsymbol{x}_{k+1}$, $\tau_{k+1} \leftarrow 1$ とする) というものである[17]．

ネステロフの加速法は，凸関数[18] の最小化に対して提案されたものであり，近接勾配法 (4.3.1 節) などの必ずしも微分可能でない凸関数の最小化を扱う手法にも

---

[16] Y. Nesterov が 1983 年に提案した方法であるので，この名がある．

[17] 再スタート法の詳細は，次の文献を参照されたい．

- O'Donoghue, B., Candès, E. (2015), Adaptive restart for accelerated gradient schemes, *Foundations of Computational Mathematics*, **15**, pp. 715–732.

[18] 凸関数の定義は，4.1 節で述べる．

適用されている [19]．また，近年では，凸とは限らない最適化問題に対する同様の加速法も提案されてきている [20]．

図 3.7 は，最急降下法，共役勾配法，加速付き最急降下法の収束の例を示してい

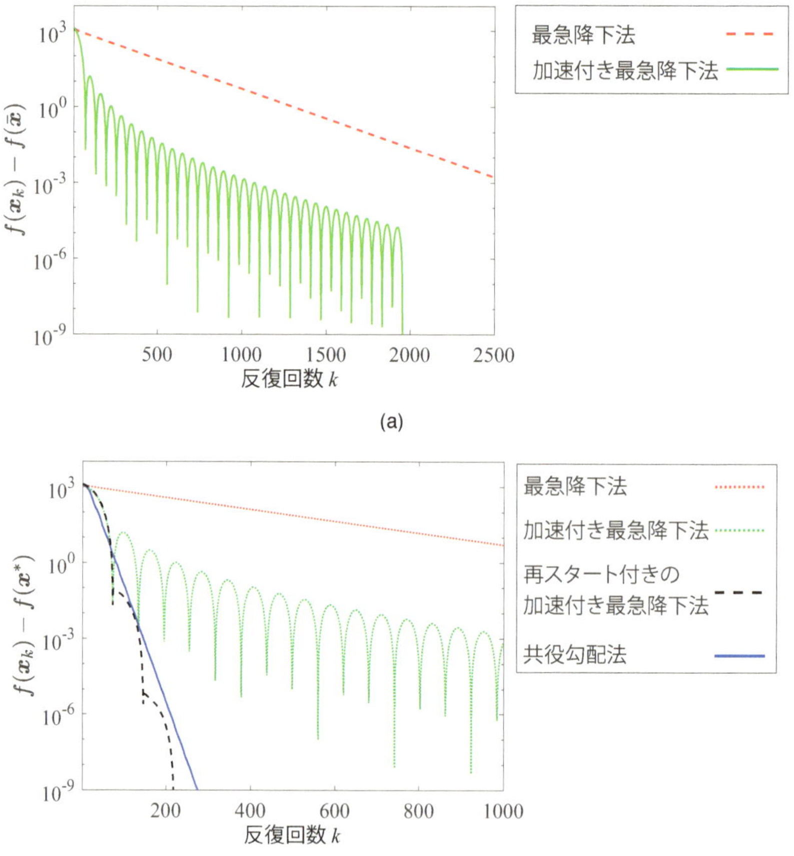

図 3.7　最急降下法とその加速法の収束の様子

---

[19] たとえば，LASSO に対する近接勾配法 (4.3.1 節) にネステロフの加速法を適用したものがあり，FISTA として知られている．

[20] たとえば，次の文献を参照されたい．

- Ghadimi S., Lan, G. (2016), Accelerated gradient methods for nonconvex nonlinear and stochastic programming, *Mathematical Programming, A*, **156**, pp. 59–99.

る．ここで，横軸は反復回数を表し，縦軸は目的関数値と最適値の差を表している．最急降下法 (図 3.7(a) の破線) は，収束までに非常に多くの反復回数を要する (この図では，まだ収束していない)．これに対して，加速付き最急降下法 (図 3.7(a) の実線) はこの例では 2000 回程度で収束しており，解の近傍での収束が速いこともわかる．しかし，目的関数値が増加してしまっている反復も多く存在する．これに再スタート法を組み込むと，この例では 200 回程度と，少ない反復回数で収束している (図 3.7(b) の破線)．また，共役勾配法 (図 3.7(b) の実線) も少ない反復回数で収束している．

3.1.4　ニュートン法と準ニュートン法

3.1.3 節では，目的関数の勾配 (1 階の導関数) のみを用いる最適化手法について解説した．本節では，目的関数のヘッセ行列 (2 階の導関数) も情報として用いる最適化手法について説明する．

テイラー展開 (3.4) より，点 $\boldsymbol{x}_k$ から $\boldsymbol{d}$ だけ進んだ点 $\boldsymbol{x}_k+\boldsymbol{d}$ における関数 f の値は

$$f(\boldsymbol{x}_k+\boldsymbol{d}) \simeq f(\boldsymbol{x}_k) + \langle \nabla f(\boldsymbol{x}_k), \boldsymbol{d} \rangle + \frac{1}{2}\langle \nabla^2 f(\boldsymbol{x}_k)\,\boldsymbol{d}, \boldsymbol{d} \rangle \tag{3.11}$$

と近似できる．**ニュートン** (Newton) **法**の考え方は，この式の右辺の値を最小にする $\boldsymbol{d}$ を選んで $\boldsymbol{x}_k$ を更新しようというものである．このような $\boldsymbol{d}$ では右辺の $\boldsymbol{d}$ に関する勾配が $\boldsymbol{0}$ になるので，

$$\nabla f(\boldsymbol{x}_k) + \nabla^2 f(\boldsymbol{x}_k)\,\boldsymbol{d} = \boldsymbol{0} \tag{3.12}$$

が成り立つ．式 (3.12) は，$\boldsymbol{d}$ を未知数とする連立 1 次方程式とみなせる．その解を $\boldsymbol{d}_k$ とおくと，ニュートン法では点 $\boldsymbol{x}_k$ から点 $\boldsymbol{x}_k+\boldsymbol{d}_k$ に移動する．以上をまとめると，アルゴリズム 3.5 のようになる．

アルゴリズム 3.5　ニュートン法

Require: $\boldsymbol{x}_0 \in \mathbb{R}^n$.
1: **for** $k = 0, 1, 2, \ldots$ **do**
2: 　$\nabla^2 f(\boldsymbol{x}_k)\,\boldsymbol{d}_k = -\nabla f(\boldsymbol{x}_k)$ を解いて $\boldsymbol{d}_k$ を求める．

$\boldsymbol{x}_{k+1} \leftarrow \boldsymbol{x}_k + \boldsymbol{d}_k$.
end for

図 3.8 は，ニュートン法による解の更新の様子である．また，図 3.9 は目的関数値が最適値に収束する様子である．最急降下法と比べると，ニュートン法の収束は非常に速い．実際，最急降下法で生成される点列は 1 次収束する [*21] のに対して，ニュートン法が生成する点列は（f のヘッセ行列の正定値性などの仮定の下で）2 次収束する [*22] ことを示すことができる [*23].

目的関数のヘッセ行列 $\nabla^2 f(\boldsymbol{x}_k)$ が正定値であれば，その逆行列が存在するので，式 (3.12) の解 $\boldsymbol{d}_k$ は

$$\boldsymbol{d}_k = -\nabla^2 f(\boldsymbol{x}_k)^{-1} \nabla f(\boldsymbol{x}_k)$$

と書ける．そしてこのとき，$\nabla^2 f(\boldsymbol{x}_k)^{-1}$ も正定値であることから

$$\langle \nabla f(\boldsymbol{x}_k), \boldsymbol{d}_k \rangle = -\langle \nabla f(\boldsymbol{x}_k), \nabla^2 f(\boldsymbol{x}_k)^{-1} \nabla f(\boldsymbol{x}_k) \rangle < 0$$

が成り立つので，ニュートン法の探索方向 $\boldsymbol{d}_k$ は目的関数 f の点 $\boldsymbol{x}_k$ における降下方向である．しかし，一般には目的関数のヘッセ行列は正定値であるとは限らない．このため一般にはニュートン法の探索方向は降下方向であるとは限らず，ニュートン法は収束するとは限らない．そこで，ニュートン法の探索方向を降下方向に修正した方法の一つとして，**準ニュートン** (Newton) **法**がある．

準ニュートン法は，式 (3.12) のヘッセ行列 $\nabla^2 f(\boldsymbol{x}_k)$ をある正定値対称行列 B_k で置き換える方法である．したがって，上の議論より，準ニュートン法の探索方向は f の $\boldsymbol{x}_k$ における降下方向である．ただし，B_k はどんな正定値対称行列でもよいわけではない．たとえば $B_k = I$ (単位行列) は正定値対称行列であるが，このとき準ニュートン法は最急降下法と一致するのでニュートン法の長所である速い収束が失われる．そこで，B_k は $\nabla^2 f(\boldsymbol{x}_k)$ に似た行列としたい．具体的には，次に説明する**セカント条件**とよばれる条件を満たすように決める．まず，$\bar{\boldsymbol{x}}$ における ∇f の

[*21] たとえば，文献 13) の 7.2 節を参照されたい．

[*22] たとえば，文献 22) の 6.2.2 節や文献 21) の 4.7 節を参照されたい．

[*23] 点 $\boldsymbol{x}^*$ に収束する点列 $\{\boldsymbol{x}_k\}$ に対し，ある定数 c $(0 < c < 1)$ と $k' \geqq 0$ が存在して，任意の $k \geqq k'$ に対して条件 $\|\boldsymbol{x}_{k+1} - \boldsymbol{x}^*\|_2 \leqq c\|\boldsymbol{x}_k - \boldsymbol{x}^*\|_2$ が成り立つとき，点列 $\{\boldsymbol{x}_k\}$ は点 $\boldsymbol{x}^*$ に **1 次収束**するという．また，ある定数 $c > 0$ と $k' \geqq 0$ が存在して，任意の $k \geqq k'$ に対して条件 $\|\boldsymbol{x}_{k+1} - \boldsymbol{x}^*\|_2 \leqq c\|\boldsymbol{x}_k - \boldsymbol{x}^*\|_2^2$ が成り立つとき，$\{\boldsymbol{x}_k\}$ は $\boldsymbol{x}^*$ に **2 次収束**するという．2 次収束は，1 次収束よりもずっと速い収束である．

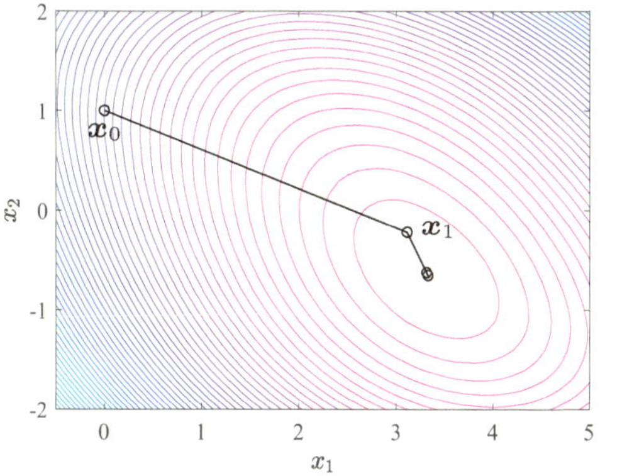

図 3.8　ニュートン法による解の更新

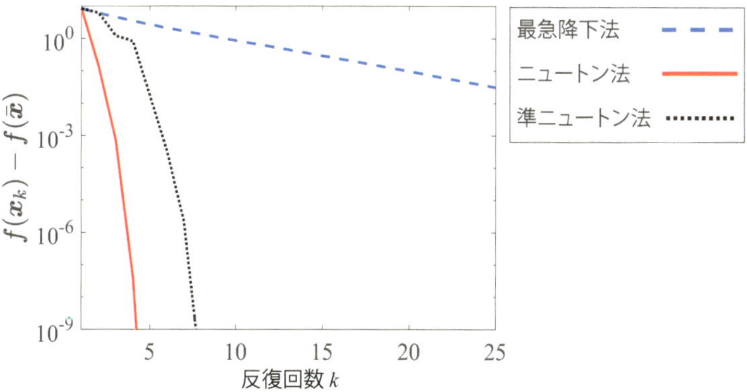

図 3.9　最急降下法，ニュートン法，準ニュートン法の収束の様子

テイラー展開より

$$\nabla f(\bar{\boldsymbol{x}} + \boldsymbol{d}) \simeq \nabla f(\bar{\boldsymbol{x}}) + \nabla^2 f(\bar{\boldsymbol{x}})\,\boldsymbol{d}$$

が得られる．ここで $\bar{\boldsymbol{x}} = \boldsymbol{x}_k, \boldsymbol{d} = \boldsymbol{x}_{k-1} - \boldsymbol{x}_k$ とおくと

$$\nabla^2 f(\boldsymbol{x}_k)\,(\boldsymbol{x}_k - \boldsymbol{x}_{k-1}) \simeq \nabla f(\boldsymbol{x}_k) - \nabla f(\boldsymbol{x}_{k-1})$$

となる．この関係を参照して，B_k は条件

$$B_k\,(\boldsymbol{x}_k - \boldsymbol{x}_{k-1}) = \nabla f(\boldsymbol{x}_k) - \nabla f(\boldsymbol{x}_{k-1}) \tag{3.13}$$

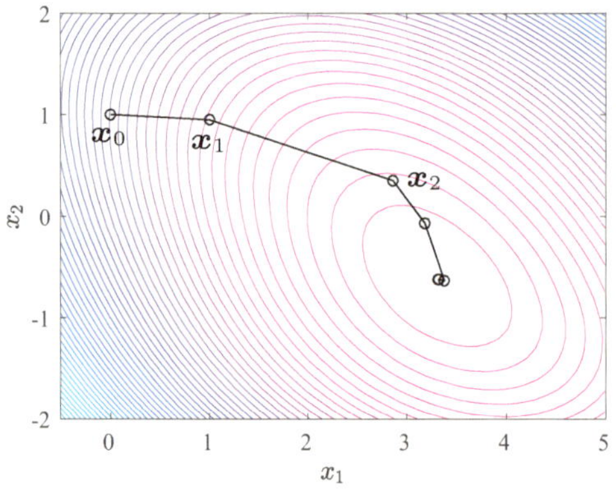

図 3.10　準ニュートン法による解の更新

を満たすように選ぶ．この式 (3.13) のことをセカント条件とよぶ．

セカント条件を満たす正定値対称行列は無数に存在するので，B_k の決め方にはさまざまな提案がある．なかでもよく用いられるのは，次の，**BFGS 公式**[*25] とよばれる決め方である：

$$B_k = B_{k-1} - \frac{(B_{k-1}\boldsymbol{s}_k)(B_{k-1}\boldsymbol{s}_k)^\top}{\langle B_{k-1}\boldsymbol{s}_k, \boldsymbol{s}_k \rangle} + \frac{\boldsymbol{y}_k \boldsymbol{y}_k^\top}{\langle \boldsymbol{y}_k, \boldsymbol{s}_k \rangle}.$$

ただし，表記の簡単のために $\boldsymbol{s}_k = \boldsymbol{x}_k - \boldsymbol{x}_{k-1}$，$\boldsymbol{y}_k = \nabla f(\boldsymbol{x}_k) - \nabla f(\boldsymbol{x}_{k-1})$ とおいた．

図 3.10 は，準ニュートン法による解の更新の様子である．ただし，$B_0 = I$ として BFGS 公式を用いている．このときの目的関数値の収束の様子を，図 3.9 に示している．最適解の近くでは，準ニュートン法の収束はニュートン法と同じくらい速いことがわかる．実際，比較的ゆるい仮定のもとで，準ニュートン法が生成する点列は超 1 次収束することが示されている[*26]．

準ニュートン法は，無制約最適化の解法として現在では最も広く使われている方法の一つである．実装としては，Python のライブラリ SciPy や MATLAB の Optimization Toolbox の組み込み関数 `fminunc` などが容易に利用できる．また，非常に大規模な問題に対しては，計算機で必要とされるメモリ容量を削減した記憶

[*25] C. G. Broyden (1970), R. Fletcher (1970), D. Goldfarb (1970), D. F. Shanno (1970) によって独立に提案された公式であるので，4 人の名前の頭文字をとってこのようによばれている．

制限準ニュートン法[27]などの工夫もある．

3.2　制約付き最適化

本節では，等式制約と不等式制約とをもつ非線形計画問題を考える．この問題は，一般的に次のように表せる：

$$\text{Minimize}\quad f(\boldsymbol{x}) \tag{3.14a}$$

$$\text{subject to}\quad g_i(\boldsymbol{x}) \leqq 0,\quad i = 1, \ldots, m, \tag{3.14b}$$

$$h_l(\boldsymbol{x}) = 0,\quad l = 1, \ldots, r. \tag{3.14c}$$

ここで，$f, g_1, \ldots, g_m, h_1, \ldots, h_r : \mathbb{R}^n \to \mathbb{R}$ は微分可能であるとする．また，制約を表現するのに用いられている関数 g_i や h_l のことを，**制約関数**とよぶ．なお，不等式制約 (3.14b) がない場合や等式制約 (3.14c) がない場合も，問題 (3.14) の特別な場合であると考える．

問題 (3.14) は，かなり一般的な最適化問題の枠組みである．たとえば，目的関数と制約関数がすべて 1 次関数であれば，問題 (3.14) は線形計画問題である．この場合は，第 2 章で述べた方法論で扱うのが自然であるので，本節では目的関数や制約関数が 1 次関数とは限らないことが前提である．また，f および $g_1, \ldots, g_m$ が凸関数であり $h_1, \ldots, h_r$ が 1 次関数であれば，問題 (3.14) は凸計画問題である．凸計画問題については第 4 章で述べる[28]．凸計画問題でない場合は，3.1 節で述べた無制約最適化の場合と同様に，問題 (3.14) は (大域的最適解ではない) 局所最適解をもち得る．そこで，そのような局所最適解のいずれかを求めることが，非線形計画

[26] 点列 $\{\boldsymbol{x}_k\}$ が条件

$$\lim_{k \to 0} \frac{\|\boldsymbol{x}_{k+1} - \boldsymbol{x}^*\|_2}{\|\boldsymbol{x}_k - \boldsymbol{x}^*\|_2} = 0$$

を満たすとき，$\{\boldsymbol{x}_k\}$ は $\boldsymbol{x}^*$ に**超 1 次収束**するという．超 1 次収束する点列は，1 次収束する．また，2 次収束する点列は，超 1 次収束する．このような意味で超 1 次収束は 1 次収束と 2 次収束の間にあると位置づけられるが，超 1 次収束は実用的な観点から十分に速い収束である．なお，準ニュートン法が生成する点列が超 1 次収束することの証明は，たとえば文献 29) の Theorem 6.6 を参照されたい．

[27] 文献 21) の 4.9 節や文献 29) の 7.2 節などを参照されたい．

[28] 目的関数や制約関数が微分可能でなくても，凸計画の枠組みでうまく扱える最適化問題もある (4.2 節を参照のこと)．この意味で，凸計画問題が非線形計画問題に含まれているわけでは必ずしもない．

の目標となる．3.1 節の冒頭で述べたように，局所最適解が得られれば実用的には十分に有益な場合が多い．

例 3.9 すべての成分が 0 以上である行列を，**非負行列**という．いま，データが非負行列 $X = (X_{ij}) \in \mathbb{R}^{p \times q}$ として与えられたとき，二つの非負行列 $V \in \mathbb{R}^{p \times c}$ と $W \in \mathbb{R}^{c \times q}$ の積として X を近似することを**非負行列因子分解**という．通常は，c は p と q に比べて極めて小さい数を選ぶ．非負行列因子分解は，テキストマイニングやテキストのクラスタリング，画像の構成要素の抽出などに応用がある．たとえば $c = 1$ の場合は，この問題は $X \simeq \boldsymbol{v}\boldsymbol{w}^\top$ となる非負ベクトル $\boldsymbol{v}$ と $\boldsymbol{w}$ を求める問題であり，次のように書くことができる：

$$
\begin{aligned}
&\text{Minimize} && \sum_{i=1}^{p}\sum_{j=1}^{q}(X_{ij} - v_i w_j)^2 \\
&\text{subject to} && v_i \geqq 0, \quad i = 1, \ldots, p, \\
& && w_j \geqq 0, \quad j = 1, \ldots, q.
\end{aligned}
$$

この問題は，$p+q$ 個の変数と $p+q$ 本の不等式制約をもつ最適化問題である (つまり，問題 (3.14) で $n = p+q$, $m = p+q$, $r = 0$ の場合に相当している)．また，$c \geqq 2$ の場合は，次の形の最適化問題である：

$$
\begin{aligned}
&\text{Minimize} && \sum_{i=1}^{p}\sum_{j=1}^{q}\left(X_{ij} - \sum_{l=1}^{c} V_{il} W_{lj}\right)^2 \\
&\text{subject to} && V_{il} \geqq 0, \quad i = 1, \ldots, p;\ l = 1, \ldots, c, \\
& && W_{lj} \geqq 0, \quad l = 1, \ldots, c;\ j = 1, \ldots, q.
\end{aligned}
$$

これは，$(p+q)c$ 個の変数に関する制約付き最適化問題である．なお，非負行列因子分解の解法として，座標降下法 (3.2.2 節 c 項) や交互方向乗数法 (4.3.2 節) に基づく手法がよく知られている [*29]．

---

*29 非負行列因子分解は，文献 19) の 14.6 節で解説されている．また，この問題に対する交互方向乗数法は文献 26) の 9.2.1 節に，座標降下法は文献 28) の 12.5.3 節や文献 25) の 6.5 節に，それぞれ解説がある．

例 3.10　**主成分分析**は，次元削減や特徴抽出などに用いられる手法であり，教師なし学習の一つといえる．いま，k 個のデータ $\boldsymbol{s}_l \in \mathbb{R}^d$ $(l = 1, \ldots, k)$ が与えられているとする．これらのデータの平均 (重心) を $\bar{\boldsymbol{s}} = \dfrac{1}{k}(\boldsymbol{s}_1 + \cdots + \boldsymbol{s}_k)$ で表す．主成分分析では，$c\ (< d)$ が与えられたとき，行列 $V \in \mathbb{R}^{d \times c}$ をうまく選んでデータを線形モデル

$$\boldsymbol{s} = \bar{\boldsymbol{s}} + V\boldsymbol{\sigma} \tag{3.17}$$

で表現することを考える．ここで，c が d に比べて小さければ，高次元のデータ $\boldsymbol{s}_l$ が低次元の特徴 $\boldsymbol{\sigma}_l$ で表されていることになる．また，主成分分析では，行列 V は条件

$$V^\top V = I \tag{3.18}$$

を満たすように (つまり，V の各列ベクトルが正規直交であるように) 選ぶ (式 (3.18) の I は c 次の単位行列である)．式 (3.17) および式 (3.18) より

$$\begin{aligned} \boldsymbol{s} - \bar{\boldsymbol{s}} &= V\boldsymbol{\sigma}, \\ V^\top(\boldsymbol{s} - \bar{\boldsymbol{s}}) &= V^\top V\boldsymbol{\sigma} = \boldsymbol{\sigma} \end{aligned}$$

が得られるが，この二つの等式から $\boldsymbol{\sigma}$ を消去すると

$$\boldsymbol{s} - \bar{\boldsymbol{s}} = VV^\top(\boldsymbol{s} - \bar{\boldsymbol{s}})$$

となる．この関係を参照して，主成分分析では V を次の最適化問題の最適解とする：

$$\begin{aligned} &\text{Minimize} \quad \sum_{l=1}^{k} \|(\boldsymbol{s}_l - \bar{\boldsymbol{s}}) - VV^\top(\boldsymbol{s}_l - \bar{\boldsymbol{s}})\|_2^2 && (3.19\text{a}) \\ &\text{subject to} \quad V^\top V = I. && (3.19\text{b}) \end{aligned}$$

問題 (3.19) は，c^2 個の等式制約のもとで dc 個の変数を最適化するような制約付き最適化問題である [*30]．

3.2.1 KKT 条件

本節では，問題 (3.14) の最適解が満たすべき条件を調べる．

まず，簡単な例として図 3.11(a) に示すような $n = 2, m = 1, r = 0$ の場合を考える：

$$\begin{aligned} &\text{Minimize} && f(\boldsymbol{x}) && (3.20\text{a}) \\ &\text{subject to} && g_1(\boldsymbol{x}) \leqq 0. && (3.20\text{b}) \end{aligned}$$

ここで $g_1(\boldsymbol{x}) = -x_1$ とおくと，実行可能領域は図 3.11(a) で薄く塗りつぶした部分である．図 3.11(b) より，この図に示す点 $\bar{\boldsymbol{x}}$ がこの問題の局所最適解であることは直感的に理解できる．ここで，点 $\bar{\boldsymbol{x}}$ において目的関数 f の等高線が x_2 軸に接している．言い換えると，点 $\bar{\boldsymbol{x}}$ における f の勾配 $\nabla f(\bar{\boldsymbol{x}})$ は x_1 軸に平行である．このことと $\nabla g_1(\boldsymbol{x}) = (-1, 0)^\top$ であることとをあわせると，点 $\bar{\boldsymbol{x}}$ ではある実数 λ_1 が存在して条件

$$\nabla f(\bar{\boldsymbol{x}}) + \lambda_1 \nabla g_1(\bar{\boldsymbol{x}}) = \mathbf{0} \qquad (3.21)$$

が成り立つことがわかる．さらに，この関係は，図 3.11(c) のように g_1 が非線形関数であっても成り立つ．次に，$g_1(\boldsymbol{x}) = x_1$ の場合を考えると，局所最適解は図 3.11(d) の点 $\bar{\boldsymbol{x}}$ になる．ここで，図 3.11(b) や図 3.11(c) では局所最適解において不等式制約が有効であったのに対して，図 3.11(d) の場合は非有効であることがわかる．後者の場合は制約がないのと同じことであるので，局所最適解 $\bar{\boldsymbol{x}}$ では $\nabla f(\bar{\boldsymbol{x}}) = \mathbf{0}$ が成り立つ．これは，式 (3.21) で $\lambda_1 = 0$ とおいたことにあたる．以上の考察から，局所最適解 $\bar{\boldsymbol{x}}$ において，$g_1(\bar{\boldsymbol{x}}) < 0$ ならば $\lambda_1 = 0$ (逆に，$\lambda_1 \neq 0$ ならば $g_1(\bar{\boldsymbol{x}}) = 0$) が成り立つことがわかる．さらに，図 3.11(d) の点 $\hat{\boldsymbol{x}}$ ではある $\lambda_1 < 0$ が存在して式 (3.21) が成り立つ．しかし，このような点は局所最適解ではないので，λ_1 は 0 以上に限定してよいことがわかる．以上をまとめると，点 $\bar{\boldsymbol{x}}$ が問題 (3.20) の局所最適解であれば，条件 (3.21) と

---

*30 主成分分析では，問題 (3.19) を最適化問題として直接解くのではなく，行列 $(\boldsymbol{s}_1 - \bar{\boldsymbol{s}}, \dots, \boldsymbol{s}_k - \bar{\boldsymbol{s}})$ の特異値分解を利用することが多い．ただし，主成分分析には，たとえば V に疎性を課すような拡張や形態分析への応用があり，そのような場面では最適化問題としての視点が有用なことがある．主成分分析とその応用や拡張については，文献 19) の 14.5 節，文献 28) の 5.3 節および 13.5 節，文献 18) の 10.3.3 節などが参考になる．

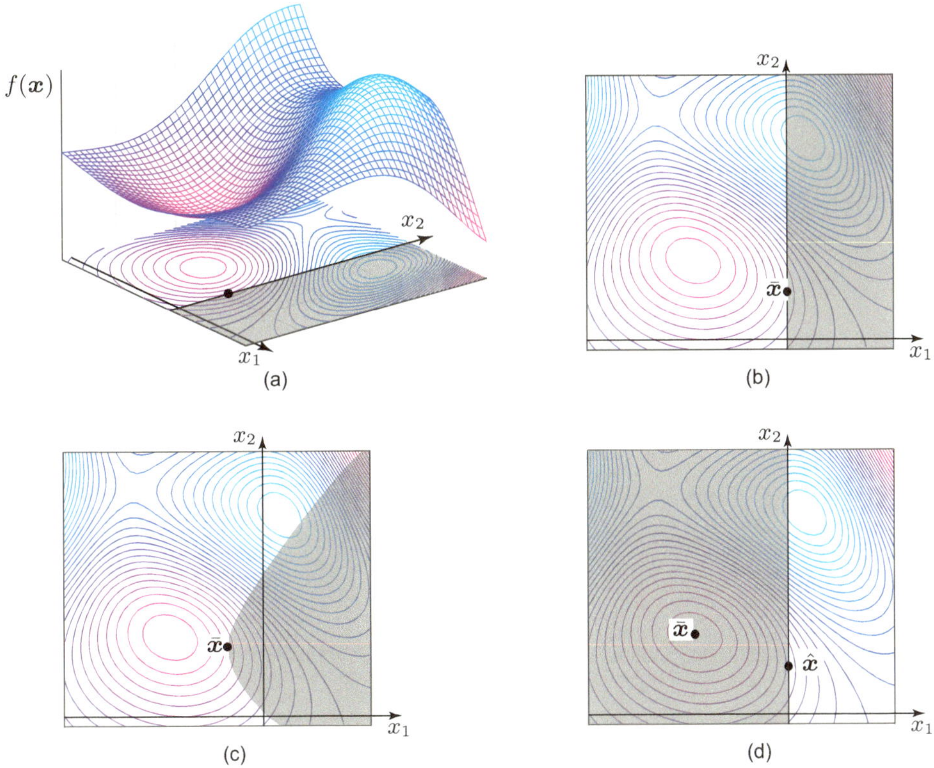

図 3.11　不等式制約付き最適化問題 (3.20) の局所最適解．(a) および (b) $g_1(\boldsymbol{x}) = -x_1$ (つまり，制約が $x_1 \geqq 0$) の場合，(c) g_1 が非線形関数の場合，(d) $g_1(\boldsymbol{x}) = x_1$ (つまり，制約が $x_1 \leqq 0$) の場合

$$\lambda_1 \geqq 0, \quad g_1(\bar{\boldsymbol{x}}) \leqq 0, \quad \lambda_1 g_1(\bar{\boldsymbol{x}}) = 0 \tag{3.22}$$

を満たす実数 λ_1 が存在することがわかる．なお，式 (3.22) の最後の等式は，線形計画問題の最適性条件 (2.2.2 節) でも現れた相補性条件である．

ところで，関数 L を

$$L(\boldsymbol{x}, \lambda_1) = f(\boldsymbol{x}) + \lambda_1 g_1(\boldsymbol{x})$$

で定めると，条件 (3.21) および (3.22) は

$$\frac{\partial}{\partial \boldsymbol{x}} L(\boldsymbol{x}, \lambda_1) = \boldsymbol{0},$$
$$\frac{\partial}{\partial \lambda_1} L(\boldsymbol{x}, \lambda_1) \leqq 0, \quad \lambda_1 \geqq 0, \quad \lambda_1 \frac{\partial}{\partial \lambda_1} L(\boldsymbol{x}, \lambda_1) = 0$$

と書くことができる．この関数 L をラグランジュ関数とよび，λ_1 をラグランジュ乗数とよぶ．

以上の議論を問題 (3.14) の場合に一般化すると，局所最適解では次の条件が成り立つことが予想される：

$$\nabla f(\bar{\boldsymbol{x}}) + \sum_{i=1}^{m} \lambda_i \nabla g_i(\bar{\boldsymbol{x}}) + \sum_{l=1}^{r} \mu_l \nabla h_l(\bar{\boldsymbol{x}}) = \boldsymbol{0}, \tag{3.23}$$
$$g_i(\bar{\boldsymbol{x}}) \leqq 0, \quad \lambda_i \geqq 0, \quad \lambda_i g_i(\bar{\boldsymbol{x}}) = 0, \qquad i = 1, \ldots, m, \tag{3.24}$$
$$h_l(\bar{\boldsymbol{x}}) = 0, \qquad l = 1, \ldots, r. \tag{3.25}$$

ここで μ_l は等式制約 $h_l(\boldsymbol{x}) = 0$ に対するラグランジュ乗数である．等式制約は二つの不等式制約 $h_l(\boldsymbol{x}) \leqq 0$, $h_l(\boldsymbol{x}) \geqq 0$ とみることができるので，μ_l は非負とは限らない．条件 (3.23), (3.24), (3.25) は，**カルーシュ・キューン・タッカー** (Karush–Kuhn–Tucker) **条件** (または **KKT 条件**) とよばれている．

ただし，制約が複数あるときには，何らかの仮定を設けなければ，一般には式 (3.23), (3.24), (3.25) が最適性の必要条件になるとは限らない．このような仮定は，**制約想定**とよばれる．たとえば，実行可能解 $\boldsymbol{x}$ において，有効制約の制約関数の勾配が 1 次独立であるとき，**1 次独立制約想定**が満たされるという．この他にもさまざまな制約想定が知られており，それぞれの制約想定の間の関係性も詳しく調べられている [*31]．以上で述べたことをまとめると，次のようになる [*32]．

定理 3.2 点 $\bar{\boldsymbol{x}} \in \mathbb{R}^n$ が問題 (3.14) の局所最適解であり，$\bar{\boldsymbol{x}}$ において 1 次独立制約想定が満たされることを仮定する．このとき，KKT 条件 (3.23), (3.24), (3.25) を満たすラグランジュ乗数 $\lambda_1, \ldots, \lambda_m, \mu_1, \ldots, \mu_r \in \mathbb{R}$ が存在する．

2.2.2 節で述べた線形計画問題の最適性条件は，KKT 条件の特別な場合になって

[*31] 文献 15) の 3.3 節を参照されたい．
[*32] 定理 3.2 の証明は，たとえば文献 15) の定理 3.14 を参照されたい．

いる[*33]．特に，式 (3.23) は「局所最適解では，目的関数の勾配が制約関数の勾配の 1 次結合で表せる」という意味の条件であるが，このことはすでに線形計画の場合について，2.2.1 節 (24 ページ) で考察していた．

3.2.2 解法

一般の制約付き最適化問題の解法には，逐次 2 次計画法，内点法，乗数法，勾配射影法，有効制約法，信頼領域法，フィルタ法などがある．本節の a 項と b 項では，逐次 2 次計画法と内点法を取り上げる．なお，Python の pyOpt や MATLAB の Optimization Toolbox などでは複数の解法が利用可能であり，どの解法を用いるかは容易に選択できるため，実問題を扱う際にはいくつかの解法を試してみるのもよい．c 項では，特別な構造をもつ大規模問題の解法として注目されている座標降下法を取り上げる．

a 逐次 2 次計画法

逐次 2 次計画法 (**SQP**: sequential quadratic programming) は制約付き最適化問題に対する最も有力な手法の一つであり，多くの最適化ソルバーに組み込まれている．この方法は，各反復において問題 (3.14) を近似する凸 2 次計画問題を作り，これを解いて解を更新することを繰り返す．

より具体的には，逐次 2 次計画法の各反復では，$\Delta \boldsymbol{x} \in \mathbb{R}^n$ を変数とする次の最適化問題を解く：

$$\begin{aligned} \text{Minimize} \quad & \frac{1}{2}\langle B_k \Delta \boldsymbol{x}, \Delta \boldsymbol{x} \rangle + \langle \nabla f(\boldsymbol{x}_k), \Delta \boldsymbol{x} \rangle && \text{(3.26a)} \\ \text{subject to} \quad & g_i(\boldsymbol{x}_k) + \langle \nabla g_i(\boldsymbol{x}_k), \Delta \boldsymbol{x} \rangle \leqq 0, \quad i = 1, \ldots, m, && \text{(3.26b)} \\ & h_l(\boldsymbol{x}_k) + \langle \nabla h_l(\boldsymbol{x}_k), \Delta \boldsymbol{x} \rangle = 0, \quad l = 1, \ldots, r. && \text{(3.26c)} \end{aligned}$$

ここで，目的関数に現れる B_k は (無制約最適化における準ニュートン法と同様に) 正定値対称行列とする．また，制約関数はすべて 1 次近似されているため，問題 (3.26) は凸 2 次計画問題であり，容易に解くことができる (2.4 節)．

問題 (3.26) の最適解 $\Delta \boldsymbol{x}$ が得られれば，$\boldsymbol{x}_k$ を

$$\boldsymbol{x}_{k+1} = \boldsymbol{x}_k + \Delta \boldsymbol{x}$$

[*33] 練習問題として確かめられたい．

と更新する．このとき，$\Delta \boldsymbol{x} = \boldsymbol{0}$ が問題 (3.26) の最適解であれば，$\boldsymbol{x}_k$ が元の問題 (3.14) の KKT 条件を満たすことを示すことができる．また，B_k は準ニュートン法に準じた方法で生成する [*34]．

Python のライブラリ pyOpt では，SNOPT というソルバーが利用できる．また，MATLAB の Optimization Toolbox の関数 `fmincon` には，逐次 2 次計画法が組み込まれている．

b 内点法

内点法は，線形計画問題や凸 2 次計画問題に対する解法として開発された．その有効性から他の問題への適用も有望視されて，非線形計画問題への拡張が進んだという手法である．以下で説明する手法は，解きたい問題の変数とその双対問題の変数 (ラグランジュ乗数) を同時に更新するため，**主双対内点法**ともよばれている．

表記の簡単のため，次の形の最適化問題を考える [*35]：

$$\begin{aligned} &\text{Minimize} && f(\boldsymbol{x}) && && (3.27\text{a}) \\ &\text{subject to} && h_l(\boldsymbol{x}) = 0, && l = 1, \ldots, r, && (3.27\text{b}) \\ & && x_j \geqq 0, && j = 1, \ldots, n. && (3.27\text{c}) \end{aligned}$$

内点法では，パラメータ $\rho > 0$ を導入して，問題 (3.27) を近似する次の問題を考える：

$$\begin{aligned} &\text{Minimize} && f(\boldsymbol{x}) - \rho \sum_{j=1}^{n} \log x_j && (3.28\text{a}) \\ &\text{subject to} && h_l(\boldsymbol{x}) = 0, \quad l = 1, \ldots, r. && (3.28\text{b}) \end{aligned}$$

ここで，$-\log x_j$ は $x_j > 0$ が 0 に近づくにつれて大きな値をとる関数であり，これが目的関数に加えられることで制約 $x_j \geqq 0$ の代わりの役割を果たしている．このような関数を**障壁関数** (または**バリア関数**) とよび，$\rho > 0$ を**障壁パラメータ**とよぶ．ここで，$\rho \to 0$ とすると，問題 (3.28) の最適解は元の問題 (3.27) の近似解と

[*34] 詳細は，文献 21) の 5.4.3 節，文献 22) の 9.2 節，文献 29) の第 18 章などを参照されたい．

[*35] 不等式制約 $g_i(\boldsymbol{x}) \leqq 0$ は，非負変数 $y_i \geqq 0$ を導入することで等式制約 $g_i(\boldsymbol{x}) + y_i = 0$ に変換できる．また，非負制約をもたない変数 x_j がある場合には，二つの非負変数 $x_j^+ \geqq 0, x_j^- \geqq 0$ を導入して $x_j = x_j^+ - x_j^-$ と置き換えることができる．

みなすことができる．そこで，$\rho > 0$ を徐々に小さくしながら問題 (3.28) を近似的に解くことを繰り返すというのが，内点法の基本的な考え方である．

実際には，問題 (3.28) の KKT 条件として得られる次の条件を考える：

$$\nabla f(\boldsymbol{x}) - \boldsymbol{\lambda} + \sum_{l=1}^{r} \mu_l \nabla h_l(\boldsymbol{x}) = \boldsymbol{0}, \tag{3.29a}$$

$$h_l(\boldsymbol{x}) = 0, \quad l = 1, \dots, r \tag{3.29b}$$

$$x_j \lambda_j = \rho, \quad j = 1, \dots, n, \tag{3.29c}$$

$$x_j > 0, \quad \lambda_j > 0, \quad j = 1, \dots, n. \tag{3.29d}$$

内点法の一反復では，非線形方程式 (3.29a), (3.29b), (3.29c) を近似的に解き，不等式 (3.29d) を満たす範囲で解を更新する．次の反復では，$\rho > 0$ をより小さい値に設定して，同じことを行う [*36]．

IPOPT という内点法のソルバーには，Python のインターフェースがある．また，MATLAB の関数 `fmincon` にも，内点法が組み込まれている．

c 座標降下法

座標降下法は，無制約最適化問題や，ある特別な構造をもつ制約付き最適化問題に対して有効な手法である．たとえば，次の形式の問題を扱うことができる：

$$\text{Minimize} \quad f(\boldsymbol{x}) \tag{3.30a}$$

$$\text{subject to} \quad g_j(x_j) \leqq 0, \quad j = 1, \dots, n. \tag{3.30b}$$

つまり，制約が各変数ごとに独立な形で課されている問題である [*37]．

一般に，座標降下法の収束は，逐次 2 次計画法や主双対内点法に比べると非常に遅い．しかし，問題が特別な構造をもっている場合には，非常に大規模な問題にも適用可能である．このため，データ解析や機械学習の分野において注目を集めている (練習問題 3.6)．

[*36] 詳細は，文献 11) の第 8 章，文献 22) の 9.3 節，文献 21) の 5.4.4 節などを参照されたい．

[*37] 制約が課されていない変数が含まれていても構わない．また，変数 $\boldsymbol{x}$ が $\boldsymbol{x} = (\boldsymbol{x}^{(1)}, \dots, \boldsymbol{x}^{(t)})$ のようにいくつかのブロックにわかれていて，制約がそのブロックごとに $g_i(\boldsymbol{x}^{(i)}) \leqq 0$ $(i = 1, \dots, t)$ と課されるような問題に適用することも考えられている (この場合は，特に，ブロック座標降下法とよばれることもある)．言い換えると，問題 (3.30) は，この変数の各ブロックがすべてスカラーからなる場合である．

座標降下法の 1 回の反復では，変数 $\boldsymbol{x}$ のうちのある一つの成分 x_l のみを変数として扱い，それ以外の成分 $x_1, \ldots, x_{l-1}, x_{l+1}, \ldots, x_n$ を固定して最適化を行う．つまり，問題 (3.30) の場合には，x_l は

$$x_l \leftarrow \arg\min_{\xi}\{f(x_1, \ldots, x_{l-1}, \xi, x_{l+1} \ldots, x_n) \mid g_l(\xi) \leqq 0\} \tag{3.31}$$

と更新する [*38]．ここで，固定している変数については，これまでに得られている最新の値に固定することに注意する．式 (3.31) は 1 変数の最適化であるので，計算コストは小さい．しかし，一般にはこの更新をすべての変数に対して何度も行う必要があり，その反復回数が大きくなる．なお，式 (3.31) で変数の 1 成分を更新する際に，不規則な順序で更新する成分を選ぶようにすると，規則的な場合よりも少ない反復回数で収束する場合があることが知られている [*39]．

例 3.11 正定値対称行列 $A = (A_{ij}) \in \mathbb{R}^{n\times n}$ とベクトル $\boldsymbol{b} = (b_i) \in \mathbb{R}^n$ が与えられたとき，連立 1 次方程式

$$A\boldsymbol{x} = \boldsymbol{b} \tag{3.32}$$

を解くことは無制約最小化問題

$$\text{Minimize} \quad \frac{1}{2}\boldsymbol{x}^\top A\boldsymbol{x} - \boldsymbol{b}^\top \boldsymbol{x} \tag{3.33}$$

を解くことと等価である (練習問題 3.2)．いま，問題 (3.33) の目的関数を $f(\boldsymbol{x})$ で表すと，簡単な計算により

$$\begin{aligned} f(\boldsymbol{x}) =& \frac{1}{2}A_{ll}{x_l}^2 - \Bigl(b_l - \sum_{j\neq l} A_{lj}x_j\Bigr)x_l \\ &+ \Bigl(\frac{1}{2}\sum_{i\neq l}\sum_{j\neq l} A_{ij}x_i x_j - \sum_{j\neq l} b_j x_j\Bigr) \end{aligned} \tag{3.34}$$

---

*38 式 (3.31) は，$\xi \in \mathbb{R}$ を決定変数として制約 $g_l(\xi) \leqq 0$ のもとで目的関数 $f(x_1, \ldots, x_{l-1}, \xi, x_{l+1}, \ldots, x_n)$ を最小化する問題を考え，その最適解を x_l とする，という意味である．

*39 座標降下法については，文献 25) の 6.5 節が参考になる．また，文献 28) の 12.5.2 節にも少し記述がある．次のサーベイ論文も有用である．

- Wright, S. J. (2015), Coordinate descent algorithms, *Mathematical Programming, B*, **151**, pp. 3–34.

と書けることがわかる．したがって，$x_j\ (\forall j \neq l)$ を固定[*40] し x_l のみに関して最小化する更新は

$$x_l \leftarrow \frac{1}{A_{ll}}\Bigl(b_l - \sum_{j\neq l} A_{lj}x_j\Bigr) \tag{3.35}$$

である（ここで，A の正定値性から $A_{ll} > 0$ であることを用いた）．式 (3.35) に従って順次 $\boldsymbol{x}$ の成分を更新していく座標降下法は，数値線形代数の分野では連立 1 次方程式 (3.32) に対する**ガウス・ザイデル** (Gauss–Seidel) **法**[*41] として広く知られている．

例 3.12 例 3.11 の問題 (3.33) に不等式制約が加わった次の最適化問題を考える：

$$\begin{aligned} &\text{Minimize} && \frac{1}{2}\boldsymbol{x}^\top A\boldsymbol{x} - \boldsymbol{b}^\top\boldsymbol{x} && \text{(3.36a)}\\ &\text{subject to} && \boldsymbol{x} \geqq \boldsymbol{0}. && \text{(3.36b)}\end{aligned}$$

この形式の問題は，より一般の凸 2 次計画問題

$$\begin{aligned} &\text{Minimize} && \frac{1}{2}\boldsymbol{z}^\top Q\boldsymbol{z} + \boldsymbol{c}^\top\boldsymbol{z} && \text{(3.37a)}\\ &\text{subject to} && G\boldsymbol{z} \leqq \boldsymbol{h} && \text{(3.37b)}\end{aligned}$$

の双対問題として現れる（$A = GQ^{-1}G^\top$, $\boldsymbol{b} = -GQ^{-1}\boldsymbol{c} - \boldsymbol{h}$ という対応がある[*42]）．問題 (3.37) には，サポートベクターマシン (2.5.2 節) などの応用がある．

問題 (3.36) に座標降下法を適用する．変数 x_l の更新は，x_l に関

[*40] 記号 $\forall$ は**全称記号**とよばれ，「すべての」を意味する．つまり，$x_j\ (\forall j \neq l)$ は $x_1, x_2, \ldots, x_n$ のうち x_l のみを除いたものを意味する．

[*41] たとえば，次の文献の 3.2 節を参照されたい．
- 杉原正顯，室田一雄 (2009)，『線形計算の数理』，岩波書店．

[*42] 凸 2 次計画の双対問題の解説は，本書では割愛した．文献 11) の第 5 章，文献 6) の 4.5 節などを参照されたい．あるいは，25 ページの脚注 22 を参照して，問題 (3.36) のラグランジュ双対問題を導くと問題 (3.37) になることを練習問題として確かめられたい．

する 2 次関数 (3.34) を制約 $x_l \geqq 0$ のもとで最小化するので，

$$x_l \leftarrow \max\left\{0, \frac{1}{A_{ll}}\Bigl(b_l - \sum_{j \neq l} A_{lj}x_j\Bigr)\right\}$$

である．この更新を繰り返して双対問題 (3.36) の最適解 $\boldsymbol{x}$ が得られれば，主問題 (3.37) の最適解は

$$\boldsymbol{z} = -Q^{-1}(G^\top \boldsymbol{x} + \boldsymbol{c})$$

として計算できる．

第 3 章　練習問題

3.1 次の関数の勾配とヘッセ行列を求めよ．

(i) $f(\boldsymbol{x}) = 2{x_1}^3 - {x_1}^2 x_2 + 2{x_2}^2$.

(ii) 3.1.1 節の式 (3.3) の関数 f.

(iii) リッジ回帰 (2.5.1 節) の目的関数 $f(\boldsymbol{x}) = \|A\boldsymbol{x} - \boldsymbol{b}\|_2^2 + \gamma\|\boldsymbol{x}\|_2^2$.

(iv) ロジスティック損失関数 $f(\boldsymbol{x}) = \displaystyle\sum_{j=1}^{n} \log(1 + \exp(-x_j))$.

(v) log-sum-exp 関数 $f(\boldsymbol{x}) = \log\Bigl(\displaystyle\sum_{j=1}^{n} \exp(x_j)\Bigr)$. この関数は，混合正規分布を用いた最尤推定やロジスティック回帰に基づく多クラス分類などに現れる．また，$\|\boldsymbol{x}\|_\infty = \max\{|x_1|, \ldots, |x_n|\}$ を近似する関数としてもしばしば用いられる．

3.2 例 3.11 の設定において，連立 1 次方程式 (3.32) の解と無制約最適化問題 (3.33) の解が一致することを示せ．また，$\nabla^2 f(\boldsymbol{x}) = A$ であることを示せ．

3.3 練習問題 3.1 の (i) および (ii) の関数について，初期点を適当に定め，最急降下法での最初の 2 反復目までを実際に計算してみよ．また，同様に，ニュートン法での最初の 2 反復目までを実際に計算してみよ．

3.4 次の制約付き最適化問題に対する KKT 条件を書け．ただし，$A \in \mathbb{R}^{m \times n}$ は定行列であり，$\boldsymbol{b} \in \mathbb{R}^m$ は定ベクトルである．

(i) 非負制約付き最小 2 乗法：

$$\begin{aligned} \text{Minimize} \quad & \frac{1}{2}\|A\boldsymbol{x} - \boldsymbol{b}\|_2^2 \\ \text{subject to} \quad & \boldsymbol{x} \geqq \boldsymbol{0}. \end{aligned}$$

(ii) 問題

$$\begin{aligned} \text{Minimize} \quad & \sum_{j=1}^{n} x_j \log x_j \\ \text{subject to} \quad & \sum_{j=1}^{n} x_j = 1, \\ & \boldsymbol{x} \geqq \boldsymbol{0}. \end{aligned}$$

この形式の問題は，たとえば**エントロピー最大化**によるノンパラメトリック推定に現れる．

3.5 2 変数の非線形計画問題の例で，局所最適解において 1 次独立制約想定が成り立たないものを作り，その局所最適解で KKT 条件を満たすラグランジュ乗数が存在するかを調べよ．

3.6 ℓ_1 ノルム正則化付き最小 2 乗法

$$\text{Minimize} \quad \frac{1}{2}\left\|\sum_{j=1}^{n} x_j \boldsymbol{a}_j - \boldsymbol{b}\right\|_2^2 + \gamma \sum_{j=1}^{n} |x_j|$$

に対する座標降下法の更新は

$$x_l \leftarrow \frac{1}{\|\boldsymbol{a}_l\|_2^2}\psi\left(\left(\boldsymbol{b} - \sum_{j \neq l} x_j \boldsymbol{a}_j\right)^\top \boldsymbol{a}_l\right)$$

と書けることを示せ．ただし，γ は正の定数であり，

$$\psi(s) = \begin{cases} s - \gamma & (s > \gamma \text{ のとき}), \\ 0 & (|s| \leqq \gamma \text{ のとき}), \\ s + \gamma & (s < -\gamma \text{ のとき}) \end{cases}$$

である．

第 4 章

凸計画

凸計画は，線形計画問題や凸２次計画問題を含むより一般的な枠組みであり，非線形計画問題の一部も含んでいる．非線形計画問題の解法は，一般に，局所最適解を求める手法であることを述べた．実は，凸計画問題では，任意の局所最適解が大域的最適解である．このことから，凸計画問題は，一言でいうと大域的最適解を求めやすいという扱いやすい性質をもつ最適化問題である．一方で，線形計画問題や凸２次計画問題よりも一般的であることから，多くの応用をもっている．本章では，集合と関数に対する凸性の概念について述べた後，代表的な凸計画問題として２次錐計画問題と半正定値計画問題とを紹介する．また，特別な構造をもつ凸計画問題に対する解法のうち，データ解析の分野で多用されるものとして，近接勾配法と交互方向乗数法とについて説明する．

4.1 凸集合と凸関数

集合 $S \subseteq \mathbb{R}^n$ が**凸集合**であるとは，任意の点 $\boldsymbol{x}_1, \boldsymbol{x}_2 \in S$ と条件 $0 \leqq \lambda \leqq 1$ を満たす任意の実数 λ とに対して，条件

$$\lambda \boldsymbol{x}_1 + (1-\lambda)\boldsymbol{x}_2 \in S$$

が成り立つことである．つまり，図 4.1 にみるように，凸集合に含まれる 2 点を線分で結ぶと，線分上の点はすべてその集合に含まれる．直感的にいえば，凸集合とはへこんだところや穴のない集合のことである．

図 4.1 (a) 凸集合の例と (b) 非凸集合の例

例 4.1 全空間 $\mathbb{R}^n$ は凸集合である．

例 4.2 集合 $\{\boldsymbol{x} \in \mathbb{R}^n \mid A\boldsymbol{x} \leqq \boldsymbol{b}\}$ は凸集合である．このように，有限個の 1 次不等式で定まる集合を**多面体**とよぶ．

例 4.3 ベクトルの ℓ_p ノルム $(1 \leqq p \leqq +\infty)$ と非負の定数 r とを用いて定義される集合 $\{\boldsymbol{x} \in \mathbb{R}^n \mid \|\boldsymbol{x}\|_p \leqq r\}$ は，凸集合である．より一般に，集合 $\{\boldsymbol{x} \in \mathbb{R}^n \mid \|A\boldsymbol{x} + \boldsymbol{b}\|_p \leqq \boldsymbol{c}^\top \boldsymbol{x} + r\}$ も凸集合である．

例 4.4 二つの凸集合の交わり (共通部分) は凸集合である．

関数 $f : \mathbb{R}^n \to \mathbb{R}$ が**凸関数**であるとは，任意の点 $\boldsymbol{x}_1, \boldsymbol{x}_2 \in \mathbb{R}^n$ と条件 $0 \leqq \lambda \leqq 1$ を満たす任意の実数 λ とに対して，条件

$$\lambda f(\boldsymbol{x}_1) + (1 - \lambda) f(\boldsymbol{x}_2) \geqq f(\lambda \boldsymbol{x}_1 + (1 - \lambda)\boldsymbol{x}_2) \tag{4.1}$$

が成り立つことである．つまり，図 4.2 にみるように，凸関数のグラフ上の 2 点を線分で結ぶと，その線分がグラフの下を通ることはない．直感的にいえば，凸関数のグラフは下向きにふくらんだ形をしていて，へこんだところがない．

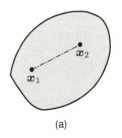

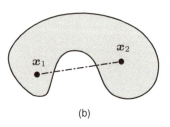

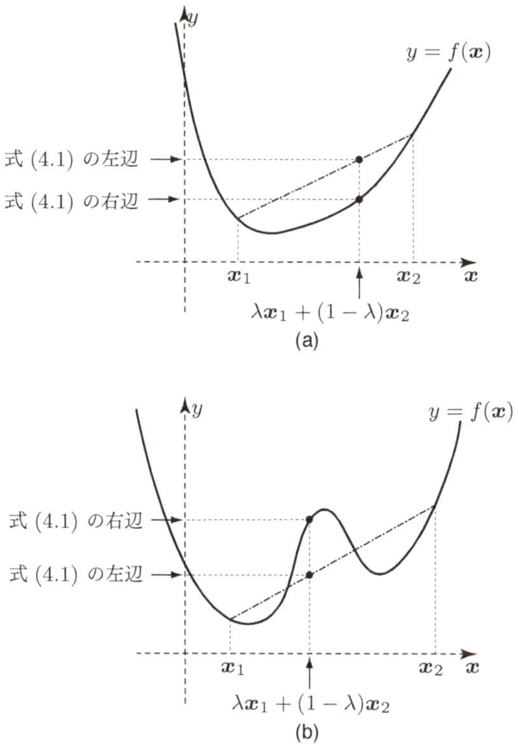

図 4.2　(a) 凸関数の例と (b) 非凸関数の例

例 4.5　2 変数関数の例として，48 ページの図 3.1(a) は凸関数のグラフであり，図 3.1(b) は非凸関数のグラフである．

例 4.6　1 次関数 $f(\boldsymbol{x}) = \boldsymbol{a}^\top \boldsymbol{x} + b$ は凸関数である．

例 4.7　$f_1, f_2 : \mathbb{R}^n \to \mathbb{R}$ が凸関数のとき，正の定数 α および β を用いて $f(\boldsymbol{x}) = \alpha f_1(\boldsymbol{x}) + \beta f_2(\boldsymbol{x})$ で定義される関数 f も凸関数である．

例 4.8 関数 $f(\boldsymbol{x}) = \|\boldsymbol{x}\|_p$ $(1 \leqq p \leqq +\infty)$ は凸関数である．より一般に，$\|A\boldsymbol{x} + \boldsymbol{b}\|_p + c$ も凸関数である．

例 4.9 凸関数 $f_1, f_2 : \mathbb{R}^n \to \mathbb{R}$ を用いて $f(\boldsymbol{x}) = \max\{f_1(\boldsymbol{x}), f_2(\boldsymbol{x})\}$ で定義される関数 f は凸関数である．

関数 $f : \mathbb{R}^n \to \mathbb{R}$ が十分に滑らかであれば，定義 (4.1) を直接用いなくても，勾配 ∇f やヘッセ行列 $\nabla^2 f$ の性質から f の凸性を調べることができる．まず，f が微分可能であるとき，図 4.3 にみるように，凸関数のグラフ上の点 $\begin{bmatrix} \bar{\boldsymbol{x}} \\ f(\bar{\boldsymbol{x}}) \end{bmatrix}$ における接線 (接平面) を考えると，その接線がグラフの上を通ることはない．実際，微分可能な関数 $f : \mathbb{R}^n \to \mathbb{R}$ が凸関数であるための必要十分条件は，任意の点 $\bar{\boldsymbol{x}} \in \mathbb{R}^n$ に対して，条件

$$f(\boldsymbol{x}) \geqq f(\bar{\boldsymbol{x}}) + \langle \nabla f(\bar{\boldsymbol{x}}), \boldsymbol{x} - \bar{\boldsymbol{x}} \rangle, \quad \forall \boldsymbol{x} \in \mathbb{R}^n \tag{4.2}$$

が成り立つことである [*1]．この条件はまた，f が C^2 級 (つまり，2 回連続微分可能) であれば，任意の点 $\bar{\boldsymbol{x}} \in \mathbb{R}^n$ において f のヘッセ行列 $\nabla^2 f(\bar{\boldsymbol{x}})$ が半正定値であることとも等価である [*2]．実際，おおまかに言えば，$\boldsymbol{x} = \bar{\boldsymbol{x}} + \boldsymbol{d}$ (ただし，$\|\boldsymbol{d}\|_2$ は十分に小さいとする) とおいて点 $\bar{\boldsymbol{x}}$ のまわりで $f(\boldsymbol{x})$ をテイラー展開すると

$$f(\boldsymbol{x}) \simeq f(\bar{\boldsymbol{x}}) + \langle \nabla f(\bar{\boldsymbol{x}}), \boldsymbol{x} - \bar{\boldsymbol{x}} \rangle + \frac{1}{2} \langle \nabla^2 f(\bar{\boldsymbol{x}})\, \boldsymbol{d}, \boldsymbol{d} \rangle$$

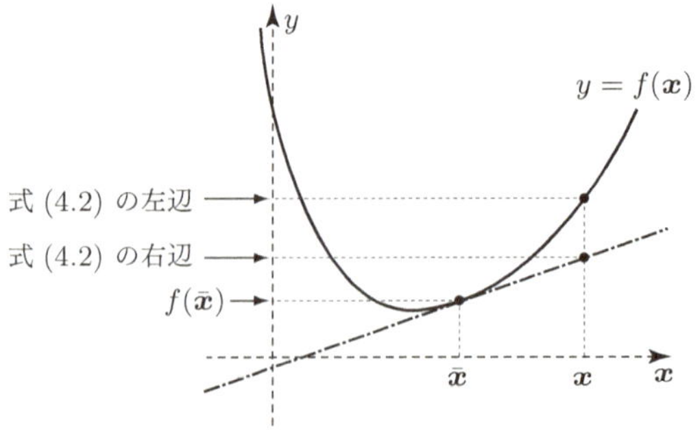

図 4.3 条件 (4.2) が成り立つ例

*1 証明は，たとえば文献 15) の定理 2.29 や文献 6) の命題 3.8 を参照されたい．
*2 証明は，たとえば文献 15) の定理 2.30 や文献 6) の命題 3.9 を参照されたい．

が得られるが，ヘッセ行列 $\nabla^2 f(\bar{\boldsymbol{x}})$ が半正定値ならば右辺の最後の項は 0 以上であるので，式 (4.2) の不等式が満たされる (実際の証明には，平均値の定理の一般化であるテイラーの定理を用いる).

例 4.10 2 変数の 2 次関数

$$f(\boldsymbol{x}) = 5{x_1}^2 + 4x_1x_2 + 2{x_2}^2 + 3x_1 + x_2 + 6$$

は凸関数である．というのも，

$$\nabla^2 f(\boldsymbol{x}) = \begin{bmatrix} 10 & 4 \\ 4 & 4 \end{bmatrix}$$

は 2 と 12 を固有値にもつため，(半) 正定値である.

例 4.11 例 4.10 を一般化した場合として，半正定値対称行列 $Q \in \mathbb{R}^{n \times n}$，ベクトル $\boldsymbol{p} \in \mathbb{R}^n$，スカラー $r \in \mathbb{R}$ を用いて定められる 2 次関数

$$f(\boldsymbol{x}) = \frac{1}{2}\boldsymbol{x}^\top Q \boldsymbol{x} + \boldsymbol{p}^\top \boldsymbol{x} + r$$

は凸関数である.

例 4.12 凸関数 $f : \mathbb{R}^n \to \mathbb{R}$ と定数 $\alpha \in \mathbb{R}$ を用いて定義される集合 $\{\boldsymbol{x} \in \mathbb{R}^n \mid f(\boldsymbol{x}) \leqq \alpha\}$ は凸集合である (空集合も凸集合である).

➤ 4.2 凸計画問題

4.2.1 節では，凸計画問題の定義を述べ，その特徴を大域的最適性の観点から説明する．4.2.2 節および 4.2.3 節では，凸計画の代表例として，2 次錐計画問題および半正定値計画問題について説明する.

4.2.1 定義と大域的最適性

目的関数を $f:\mathbb{R}^n \to \mathbb{R}$ とし，実行可能領域を $S \subseteq \mathbb{R}^n$ で表すと，最適化問題は次のように書ける：

$$\text{Minimize} \quad f(\boldsymbol{x}) \tag{4.3a}$$
$$\text{subject to} \quad \boldsymbol{x} \in S. \tag{4.3b}$$

凸計画問題とは，f が凸関数であり S が凸集合である最適化問題のことである．

例 4.13 線形計画問題や凸 2 次計画問題は，凸計画問題である．

例 4.14 凸関数の無制約最小化問題は，凸計画問題である．

例 4.15 関数 $f, g_1, \ldots, g_m : \mathbb{R}^n \to \mathbb{R}$ は微分可能であるとする．また，$\boldsymbol{a}_1, \ldots, \boldsymbol{a}_r \in \mathbb{R}^n$ を定ベクトルとし，$b_1, \ldots, b_r \in \mathbb{R}$ を定数とする．このとき，問題

$$\text{Minimize} \quad f(\boldsymbol{x}) \tag{4.4a}$$
$$\text{subject to} \quad g_i(\boldsymbol{x}) \leqq 0, \quad i = 1, \ldots, m, \tag{4.4b}$$
$$\boldsymbol{a}_l^\top \boldsymbol{x} = b_l, \quad l = 1, \ldots, r \tag{4.4c}$$

は，$f, g_1, \ldots, g_m$ が凸関数であるならば，凸計画問題である．

例 4.13 にあげた問題は第 2 章で詳しく扱った．例 4.14 で目的関数が微分可能な場合と例 4.15 とは，それぞれ，3.1 節および 3.2 節で扱った問題の特別な場合である．

凸性の概念は，解の大域的最適性を保証するうえで重要な役割を果たす．以下では，このことについて述べる．微分可能な凸関数 $f:\mathbb{R}^n \to \mathbb{R}$ の無制約最小化問題を考える．3.1.2 節の定理 3.1 で述べたように，点 $\bar{\boldsymbol{x}} \in \mathbb{R}^n$ がこの問題の (局所) 最適解であるための必要条件は，条件

$$\nabla f(\bar{\boldsymbol{x}}) = \boldsymbol{0} \tag{4.5}$$

が成り立つことである．このとき，f の凸性より式 (4.2) が成り立つことからただちに

$$f(\boldsymbol{x}) \geqq f(\bar{\boldsymbol{x}}), \quad \forall \boldsymbol{x} \in \mathbb{R}^n$$

が得られる．つまり，任意の局所最適解は大域的最適解である．言い換えると，式 (4.5) は大域的最適性の必要十分条件である．

制約付きの場合でも，同様のことが示せる．つまり，問題 (4.3) において，f が凸関数であり，S が空でない凸集合であるとする．このとき，問題 (4.3) の任意の局所最適解は大域的最適解である [*3]．このことから，目的関数と制約関数が微分可能であるとき，制約想定のもとで KKT 条件 (3.23), (3.24), (3.25) が大域的最適性の必要十分条件となる．そして，制約関数が必ずしも微分可能でない場合でも，次の 4.2.2 節と 4.2.3 節で述べる 2 次錐計画問題や半正定値計画問題に対して大域的最適性の必要十分条件が有用な形で得られている．

目的関数と制約関数とが微分可能な凸計画問題に対しては，第 3 章の最適化手法で大域的最適解が得られる．また，微分可能と限らない問題でも，2 次錐計画問題や半正定値計画問題にうまく帰着できれば，これらに対する解法を用いることで大域的最適解を得ることができる．標語的にいえば，凸計画問題は「きれいに解ける最適化問題」である [*4]．

4.2.2　2 次錐計画問題

n 次元ベクトルの集合

$$\mathcal{K}_n = \left\{ \boldsymbol{s} \in \mathbb{R}^n \;\middle|\; s_1 \geqq \sqrt{{s_2}^2 + \cdots + {s_n}^2} \right\}$$

を，n 次元の **2 次錐**とよぶ．例として，$n = 3$ の場合を図 4.4 に示すが，これは凸集合である．一般の n に対しても，2 次錐は凸集合である．

次に，$\boldsymbol{x} \in \mathbb{R}^n$ に関する不等式制約

$$\boldsymbol{p}^\top \boldsymbol{x} + r \geqq \|A\boldsymbol{x} + \boldsymbol{b}\|_2 \tag{4.6}$$

[*3] 証明は，たとえば文献 15) の定理 3.1 を参照されたい．

[*4] 凸集合，凸関数，凸計画問題やその双対問題の性質を調べる体系は，**凸解析**とよばれている．凸解析の教科書に，文献 15) などがある．

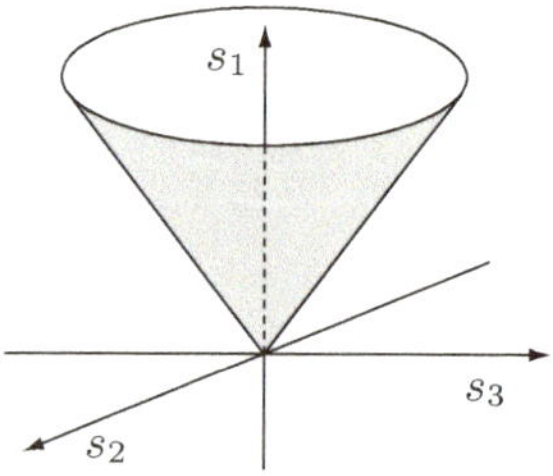

図 4.4 3 次元の 2 次錐 $\mathcal{K}_3$

を考える．ただし，$A \in \mathbb{R}^{m \times n}$ は定行列であり，$\boldsymbol{b} \in \mathbb{R}^m$ および $\boldsymbol{p} \in \mathbb{R}^n$ は定ベクトルであり，$r \in \mathbb{R}$ は定数である．制約 (4.6) は，

$$\boldsymbol{s} = \begin{bmatrix} \boldsymbol{p}^\top \boldsymbol{x} + r \\ A\boldsymbol{x} + \boldsymbol{b} \end{bmatrix}$$

とおくことで $\boldsymbol{s} \in \mathcal{K}_{m+1}$ と表せる．そこで，式 (4.6) の形の制約を **2 次錐制約**とよぶ．2 次錐制約を満たす変数の集合は，凸集合である．なお，線形不等式制約

$$\boldsymbol{p}^\top \boldsymbol{x} + r \geqq 0$$

は，1 次元の 2 次錐制約 $\boldsymbol{p}^\top \boldsymbol{x} + r \in \mathcal{K}_1$ とみなす．つまり，線形不等式制約は 2 次錐制約の特別な場合である．

いくつかの 2 次錐制約のもとで線形の目的関数を最小化する問題を，**2 次錐計画問題**とよぶ．つまり，2 次錐計画問題とは次のような最適化問題である：

$$\begin{aligned} &\text{Minimize} && \boldsymbol{c}^\top \boldsymbol{x} && \text{(4.7a)} \\ &\text{subject to} && \boldsymbol{p}_i^\top \boldsymbol{x} + r_i \geqq \|A_i \boldsymbol{x} + \boldsymbol{b}_i\|_2, \quad i = 1, \ldots, m. && \text{(4.7b)} \end{aligned}$$

ここで，行列 A_i とベクトル $\boldsymbol{b}_i$ の行数は i ごとに異なっていてもよい．

2 次錐計画問題は，凸計画問題である．また，線形計画問題や凸 2 次計画問題を特別な場合として含んでいる．

例 4.16 r 個のデータ $\boldsymbol{s}_l \in \mathbb{R}^d$ $(l = 1, \ldots, r)$ が与えられているとき，ある意味でこのデータの中心とみなせる点 $\boldsymbol{v} \in \mathbb{R}^d$ を求めることを考える．このために，データ点からの**ユークリッド** (Euclid) **距離** $\|\boldsymbol{v} - \boldsymbol{s}_l\|_2$

の総和が最小になる点を求めることにする．この問題は，次の 2 次錐計画問題として定式化できる：

$$\begin{aligned} \text{Minimize} \quad & \sum_{l=1}^{r} z_l \\ \text{subject to} \quad & z_l \geqq \|\boldsymbol{v} - \boldsymbol{s}_l\|_2, \quad l = 1, \ldots, r. \end{aligned}$$

ただし，変数は $\boldsymbol{v} \in \mathbb{R}^d$ および $z_1, \ldots, z_r \in \mathbb{R}$ である．

例 4.17　行列 $A \in \mathbb{R}^{m \times n}$ $(m > n)$ とベクトル $\boldsymbol{b} \in \mathbb{R}^m$ が与えられているとき，**平方根 LASSO** とよばれるデータ解析法 [*5] では次の最適化問題を解く：

$$\text{Minimize} \quad \|A\boldsymbol{x} - \boldsymbol{b}\|_2 + \gamma\|\boldsymbol{x}\|_1. \tag{4.9}$$

ただし，$\gamma > 0$ は定数である．この問題は，次の 2 次錐計画問題に帰着できる：

$$\begin{aligned} \text{Minimize} \quad & z + \sum_{j=1}^{n} \gamma w_j \\ \text{subject to} \quad & z \geqq \|A\boldsymbol{x} - \boldsymbol{b}\|_2, \\ & w_j \geqq |x_j|, \quad j = 1, \ldots, n. \end{aligned}$$

ただし，変数は $\boldsymbol{x} \in \mathbb{R}^n$ および $z, w_1, \ldots, w_n \in \mathbb{R}$ である [*6]．

2 次錐計画問題の双対問題は，やはり 2 次錐計画問題である．また，緩い仮定のもとで，線形計画問題や凸 2 次計画問題の場合と同様の双対性が成り立つ．そして，この双対性に基づく**主双対内点法**とよばれる解法が，2 次錐計画問題の代表的な解

[*5] たとえば，次の文献を参照されたい．
- Belloni, A., Chernozhukov, V., Wang, L. (2011), Square-root lasso: pivotal recovery of sparse signals via conic programming, *Biometrika*, **98**, pp. 791–806.

[*6] 制約 $w_j \geqq |x_j|$ は，2 次元の 2 次錐制約 $(w_j, x_j) \in \mathcal{K}_2$ である．また，2 本の線形不等式制約 $w_j - x_j \geqq 0$, $w_j + x_j \geqq 0$ に書き直してもよい (前述のように，線形不等式制約は 2 次錐制約の特別な場合である)．

法である[*7].

Python 上で実際に 2 次錐計画問題を解く際には，線形計画の場合と同様に，凸計画のモデリングツール CVXPY (MATLAB 版は CVX) を利用するのが便利である．次の例 4.18 と例 4.19 は，その具体例である．

例 4.18 例 4.16 の具体例として，$r = 5, d = 2$ の場合を考える．データを

$$\boldsymbol{s}_1 = \begin{bmatrix} 2 \\ 4 \end{bmatrix}, \quad \boldsymbol{s}_2 = \begin{bmatrix} 4 \\ 2 \end{bmatrix}, \quad \boldsymbol{s}_3 = \begin{bmatrix} 5 \\ 3 \end{bmatrix}, \quad \boldsymbol{s}_4 = \begin{bmatrix} 1 \\ 3 \end{bmatrix}, \quad \boldsymbol{s}_5 = \begin{bmatrix} 3 \\ 1 \end{bmatrix}$$

とすると，CVXPY では次のように実装すればよい：

```
import cvxpy as cp
import numpy as np
S = np.array([
    [2.0, 4.0, 5.0, 1.0, 3.0],
    [4.0, 2.0, 3.0, 3.0, 1.0] ])
d, r = S.shape[0], S.shape[1]
v, z = cp.Variable(d), cp.Variable(r)
obj = cp.Minimize( cp.sum(z) )
cons = []
for l in range(0,r):
    cons += [
        z[l] >= cp.norm(v - S[:,l])
    ]
P = cp.Problem(obj, cons)
P.solve(verbose=True)
print(v.value)
```

例 4.19 例 4.17 の具体例を考える．$m = 10, n = 5, \gamma = 0.1$ として，A および $\boldsymbol{b}$ の成分は乱数で決めることにすると，CVXPY では次のように実装すればよい：

[*7] 文献 6), 11), 14), 23) などを参照されたい．

```
1  import cvxpy as cp
2  import numpy as np
3  m, n, g = 10, 5, 0.1
4  np.random.seed(1)
5  A, b = np.random.randn(m,n), 10 * np.random.randn(m)
6  x = cp.Variable(n)
7  z = cp.Variable()
8  w = cp.Variable(n)
9  obj = cp.Minimize( z + (g * cp.sum(w)) )
10 cons = [z >= cp.norm(A @ x - b),
11         w >= cp.abs(x)]
12 P = cp.Problem(obj, cons)
13 P.solve(verbose=True)
14 print(x.value)
```

実は，CVXPY では，より簡潔に，問題 (4.9) の形式で記述することもできる (1 行目から 5 行目までは，上の実装と共通である)：

```
6  x = cp.Variable(n)
7  obj = cp.Minimize( cp.norm(A @ x - b) \
8                    + (g * cp.norm(x,1) )
9  P = cp.Problem(obj)
10 P.solve(verbose=True)
11 print(x.value)
```

この場合，2 次錐計画問題への変換は CVXPY が行ってくれる．

4.2.3 半正定値計画問題

対称な定行列 $A_1, \ldots, A_m, C \in \mathbb{R}^{n \times n}$ と変数 $y_1, \ldots, y_m \in \mathbb{R}$ を用いて作られる行列 $C - y_1 A_1 - \cdots - y_m A_m$ は，対称行列である．この行列が半正定値であることを，

$$C - y_1 A_1 - \cdots - y_m A_m \succeq O \tag{4.11}$$

と書く[*8]．式 (4.11) は $\boldsymbol{y} = (y_1, \ldots, y_m)^\top$ に関する制約とみなせるが，この形の制約を**線形行列不等式**とよぶ．線形行列不等式を満たす変数 $\boldsymbol{y}$ の集合は，凸集合である[*9]．なお，$n = 1$ のとき，$A_1, \ldots, A_m, C$ はスカラーであり，式 (4.11) は 1 次不等式である．つまり，1 次不等式は線形行列不等式の特別な場合である．また，二つの線形行列不等式

$$C^{(j)} - \sum_{i=1}^{m} y_i A_i^{(j)} \succeq O, \quad j = 1, 2$$

は，一つの線形行列不等式

$$\left[\begin{array}{c|c} C^{(1)} & O \\ \hline O & C^{(2)} \end{array}\right] - \sum_{i=1}^{m} y_i \left[\begin{array}{c|c} A_i^{(1)} & O \\ \hline O & A_i^{(2)} \end{array}\right] \succeq O$$

にまとめることができる．三つ以上の線形行列不等式があるときも，同様に，一つにまとめることができる．

線形行列不等式の制約のもとで線形の目的関数を最適化する問題を，**半正定値計画問題**とよぶ．つまり，半正定値計画問題とは $y_1, \ldots, y_m \in \mathbb{R}$ を (決定) 変数とする次のような問題である：

$$\text{Maximize} \quad \sum_{i=1}^{m} b_i y_i \tag{4.13a}$$

$$\text{subject to} \quad C - \sum_{i=1}^{m} y_i A_i \succeq O. \tag{4.13b}$$

実は，この問題の形式は，一般に半正定値計画問題の等式標準形の双対問題とよばれているものである．これに対して，主問題は対称行列 $X \in \mathbb{R}^{n \times n}$ を (決定) 変数

*8 半正定値計画問題は等式標準形よりもその双対問題の形式のほうが直感的に理解しやすいため，ここで双対問題を先に紹介する．このため，ここでは最適化の (決定) 変数として，$x_1, \ldots, x_n$ ではなくあえて $y_1, \ldots, y_m$ を用いている．

*9 簡単のため，$m = 1$ として集合 $\{y \in \mathbb{R} \mid C - yA \succeq O\}$ が凸集合であることを示す．これには，$y^{(1)}, y^{(2)} \in \mathbb{R}$ が $C - y^{(j)}A \succeq O$ $(j = 1, 2)$ を満たすと仮定し，任意の λ $(0 \leqq \lambda \leqq 1)$ に対して $z = \lambda y^{(1)} + (1 - \lambda) y^{(2)}$ が条件 $C - zA \succeq O$ を満たすことを示せばよい．2 次形式を考えると

$$\boldsymbol{u}^\top (C - zA) \boldsymbol{u} = \lambda \boldsymbol{u}^\top (C - y^{(1)} A) \boldsymbol{u} + (1 - \lambda) \boldsymbol{u}^\top (C - y^{(2)} A) \boldsymbol{u} \tag{4.12}$$

と変形できるが，仮定より $C - y^{(j)}A$ $(j = 1, 2)$ の 2 次形式は 0 以上であるから，式 (4.12) の右辺も 0 以上である．一般の m の場合にも，同様に示せる．

とする次の形の問題である：

$$
\begin{aligned}
&\text{Minimize} && C \bullet X && \text{(4.14a)}\\
&\text{subject to} && A_i \bullet X = b_i, \quad i = 1, \ldots, m, && \text{(4.14b)}\\
& && X \succeq O. && \text{(4.14c)}
\end{aligned}
$$

ここで，記号 $C \bullet X$ は行列 $C = (C_{jl})$ と行列 $X = (X_{jl})$ との**内積**

$$
C \bullet X = \sum_{j=1}^{n} \sum_{l=1}^{n} C_{jl} X_{jl}
$$

を表している．$A_i \bullet X$ についても同様である．なお，双対問題 (4.13) は主問題 (4.14) の形式に変形することができるし，主問題を双対問題の形式に変形することもできる [*10]．

半正定値計画問題は，凸計画問題である．また，非常に豊かな表現力をもっており，線形計画問題，凸 2 次計画問題，2 次錐計画問題はすべて半正定値計画問題の特別な場合である．ただし，たとえば線形計画で解ける問題を半正定値計画で解くようなことは，通常は計算コストをいたずらに増やすだけであるので，避けるべきである．

例 4.20　平面上に r 個のデータ $\boldsymbol{s}_l \in \mathbb{R}^2$ $(l = 1, \ldots, r)$ があり，そのそれぞれにラベル $t_l \in \{-1, 1\}$ が付けられている．この平面上に楕円を描き，ラベルが 1 のデータは楕円の外に，ラベルが -1 のデータは楕円の中にあるようにしたい．いま，楕円のパラメータを $Q, \boldsymbol{p}, r$ とすると，この条件は

$$
\begin{aligned}
&\boldsymbol{s}_l^\top Q \boldsymbol{s}_l + \boldsymbol{p}^\top \boldsymbol{s}_l + r > 0 \quad (t_l = 1 \text{ のとき}),\\
&\boldsymbol{s}_l^\top Q \boldsymbol{s}_l + \boldsymbol{p}^\top \boldsymbol{s}_l + r < 0 \quad (t_l = -1 \text{ のとき})
\end{aligned}
$$

と書ける．ただし，$Q \in \mathbb{R}^{2\times 2}$ は (データを分離する曲線が楕円であるため) 正定値対称行列であり，$\boldsymbol{p} \in \mathbb{R}^2$, $r \in \mathbb{R}$ である．いま，2 種

[*10] 具体的な変形の方法は，たとえば文献 6) の 5.1 節を参照されたい．

類のデータを完全に分離する楕円が存在する場合には，条件

$$t_l(\boldsymbol{s}_l^\top Q\boldsymbol{s}_l+\boldsymbol{p}^\top\boldsymbol{s}_l+r)\geqq 1,\quad l=1,\dots,r,$$
$$Q-I\succeq O$$

を満たす $Q,\boldsymbol{p},r$ を求めればよい *11．ただし，I は単位行列である．

次に，そのような楕円が存在しない場合には，誤った側にあるデータ点に対して何らかのペナルティ (損失) を与え，そのペナルティが最小の楕円を求めることが考えられる．損失関数としてたとえばヒンジ損失関数 $\max\{1-x,0\}$ を採用すると，この問題は半正定値計画問題 *12

$$\text{Minimize}\quad \sum_{l=1}^{r} z_l \tag{4.15a}$$
$$\text{subject to}\quad t_l(\boldsymbol{s}_l^\top Q\boldsymbol{s}_l+\boldsymbol{p}^\top\boldsymbol{s}_l+r)\geqq 1-z_l,\quad l=1,\dots,r, \tag{4.15b}$$
$$Q-I\succeq O, \tag{4.15c}$$
$$z_l\geqq 0,\quad l=1,\dots,r \tag{4.15d}$$

として定式化できる．ただし，$z_1,\dots,z_r\in\mathbb{R}$ はヒンジ損失関数を扱うために導入した変数である．

半正定値計画についても，線形計画と同様の双対性が成り立つ．また，半正定値計画問題の主な解法は，主双対内点法である *13．実際に問題を解く際には，Python 上の凸計画のモデリングツール CVXPY (MATLAB 版は CVX) が利用できる．

なお，本書で取り上げた以外にも，データ解析に関連するさまざまな問題が 2 次錐計画問題や半正定値計画問題として定式化できる．文献 27) の 4.6 節，第 6, 7, 8 章や文献 28) の第 10, 11, 13 章では，豊富な例が紹介されている．その他の理工学の諸問題への応用は，文献 6) や文献 24) などを参照されたい．

*11 条件 $\boldsymbol{s}_l^\top Q\boldsymbol{s}_l+\boldsymbol{p}^\top\boldsymbol{s}_l+r>0$ は条件 $\boldsymbol{s}_l^\top Q\boldsymbol{s}_l+\boldsymbol{p}^\top\boldsymbol{s}_l+r\geqq 1$ と置き換えてよい．というのも，$\epsilon>0$ に対して $\boldsymbol{s}_l^\top Q\boldsymbol{s}_l+\boldsymbol{p}^\top\boldsymbol{s}_l+r=\epsilon$ であれば，$(1/\epsilon)Q$, $(1/\epsilon)\boldsymbol{p}$, $(1/\epsilon)r$ を改めて Q, $\boldsymbol{p}$, r とおくと，左辺は 1 になる．同様の理由で，Q が正定値であるという条件は，$Q-I$ が半正定値であるという条件に置き換えてよい．

*12 制約 (4.15b) は $(t_l\boldsymbol{s}_l\boldsymbol{s}_l^\top)\bullet Q+(t_l\boldsymbol{s}_l)^\top\boldsymbol{p}+t_lr\geqq 1-z_l$ と書き直せるので，Q, $\boldsymbol{p}$, r, z_l に関する 1 次不等式であることに注意する．

*13 文献 6), 11), 14), 23) などを参照されたい．

4.3　特別な構造をもつ問題の解法

データ解析の分野では，特別な構造をもつ凸計画問題の解法が注目を集めている．4.3.1 節で述べる近接勾配法は，目的関数が二つの凸関数の和で表せ，その一方がごく簡単な形をしている場合に有用な解法である．また，4.3.2 節で述べる交互方向乗数法は，変数のうちの一部を固定すると最適化が容易になるような問題に対して有用な解法である．

4.3.1　近接勾配法

近接勾配法は，必ずしも微分可能でないような凸関数の最小化にも適用できる解法である．$f, h : \mathbb{R}^n \to \mathbb{R}$ を凸関数として，最適化問題

$$\text{Minimize} \quad f(\boldsymbol{x}) + h(\boldsymbol{x}) \tag{4.16}$$

を考える [*14]．ただし，f は微分可能であるとする．

近接勾配法は，一言でいうと，まず f についての最急降下方向に進み，得られた点に h の**近接作用素** [*15] とよばれるものを適用することを繰り返す．ここで，h の近接作用素とは，点 $\boldsymbol{s} \in \mathbb{R}^n$ を与えるとそれを $\mathbb{R}^n$ 上のある 1 点に移すもの (写像) であり，移った先の点を $\mathbf{prox}_h(\boldsymbol{s}) \in \mathbb{R}^n$ で表すと

$$\mathbf{prox}_h(\boldsymbol{s}) = \operatorname*{arg\,min}_{\boldsymbol{z}} \left\{ h(\boldsymbol{z}) + \frac{1}{2}\|\boldsymbol{z} - \boldsymbol{s}\|_2^2 \right\} \tag{4.17}$$

で定義されるものである [*16]．$\alpha_k > 0$ をステップ幅とすると，近接勾配法の一反復

---

*14 簡単のため，ここでは凸関数の無制約最適化問題に対する近接勾配法について説明する．制約付き最適化問題 (4.3) は，関数 h を

$$h(\boldsymbol{x}) = \begin{cases} 0 & (\boldsymbol{x} \in S \text{ のとき}), \\ +\infty & (\text{それ以外のとき}) \end{cases}$$

のように定めることで近接勾配法を適用できる．このことについては，文献 25) の第 5 章や下記の文献を参照されたい．

- Parikh, N., Boyd, S. (2014), Proximal algorithms, *Foundations and Trends in Optimization*, **1**, pp. 127–239.

*15 近接作用素は，proximal operator の訳語である．近接写像 (proximal mapping) とよばれることもある．

*16 式 (4.17) は，決定変数 $\boldsymbol{z}$ に関する関数 $h(\boldsymbol{z}) + \frac{1}{2}\|\boldsymbol{z} - \boldsymbol{s}\|^2$ の最小化問題の最適解を $\mathbf{prox}_h(\boldsymbol{s})$ とする，という意味である．

では点 $\boldsymbol{x}_k \in \mathbb{R}^n$ を次のように更新する [17]：

$$\boldsymbol{x}_{k+1} \leftarrow \mathbf{prox}_{\alpha_k h}(\boldsymbol{x}_k - \alpha_k \nabla f(\boldsymbol{x}_k)). \tag{4.18}$$

h が定数関数ならば，定義 (4.17) より任意の $\boldsymbol{s} \in \mathbb{R}^n$ に対して $\mathbf{prox}_{\alpha h}(\boldsymbol{s}) = \boldsymbol{s}$ が成り立つから，式 (4.18) は

$$\boldsymbol{x}_{k+1} \leftarrow \boldsymbol{x}_k - \alpha_k \nabla f(\boldsymbol{x}_k)$$

となる．これは，最急降下法にほかならない．一方で，h の微分可能性は仮定していないので [18]，近接勾配法は最急降下法を微分可能とは限らない目的関数に対して拡張したものであるといえる．

ところで，解の更新 (4.18) を行うには，式 (4.17) の右辺のような変数 $\boldsymbol{z}$ に関する最小化問題を解かなくてはならない．したがって，近接勾配法が有用であるのは，式 (4.17) の最小化が容易に解ける場合 (特に，最適解が解析的に得られる場合) に限られる．式 (4.17) の目的関数は h に凸 2 次関数を加えたものであるから，結局，h が「簡単な」関数であることが要求されることになる．実は，データ解析に関連する最適化問題に現れるいくつかの関数について，近接作用素が解析的に求められている．このため，近接勾配法は近年，注目を集めている．

例 4.21 1 変数の関数 $h(x) = |x|$ に対して，正の定数 $\alpha \in \mathbb{R}$ を乗じた $\alpha h(x) = \alpha|x|$ の近接作用素 $\mathbf{prox}_{\alpha h}(x)$ を求めてみる．近接作用素の定義 (4.17) より，与えられた x に対して関数

$$\begin{aligned} q(z) &= \alpha|z| + \frac{1}{2}(z-x)^2 \\ &= \begin{cases} \dfrac{1}{2}[z-(x-\alpha)]^2 - \dfrac{1}{2}\alpha^2 + \alpha x & (z \geqq 0 \text{ のとき}), \\ \dfrac{1}{2}[z-(x+\alpha)]^2 - \dfrac{1}{2}\alpha^2 - \alpha x & (z < 0 \text{ のとき}) \end{cases} \end{aligned}$$

を最小にする z を求めればよい．この q のグラフは，x の大きさによって場合分けをすると，図 4.5 のように放物線を二つくっつけた

---

[17] ここで，$\mathbf{prox}_{\alpha_k h}$ は関数 $\alpha_k h$ の近接作用素であり，$\mathbf{prox}_{\alpha_k h}(\boldsymbol{s}) = \arg\min_{\boldsymbol{z}} \left\{ \alpha_k h(\boldsymbol{z}) + \frac{1}{2}\|\boldsymbol{z}-\boldsymbol{s}\|_2^2 \right\}$ という意味である．

[18] 実際，近接勾配法 (4.18) では ∇h が用いられていないことに注意する．

形であることがわかる．これより，q を最小にする z を求めると

$$\mathbf{prox}_{\alpha h}(x) = \begin{cases} x-\alpha & (x \geqq \alpha \text{ のとき}), \\ 0 & (|x| < \alpha \text{ のとき}), \\ x+\alpha & (x \leqq -\alpha \text{ のとき}) \end{cases} \tag{4.19}$$

となる．後の都合のため，この関数を

$$\mathrm{sthr}_{\alpha}(x) = \mathbf{prox}_{\alpha h}(x) \tag{4.20}$$

と書くことにする．

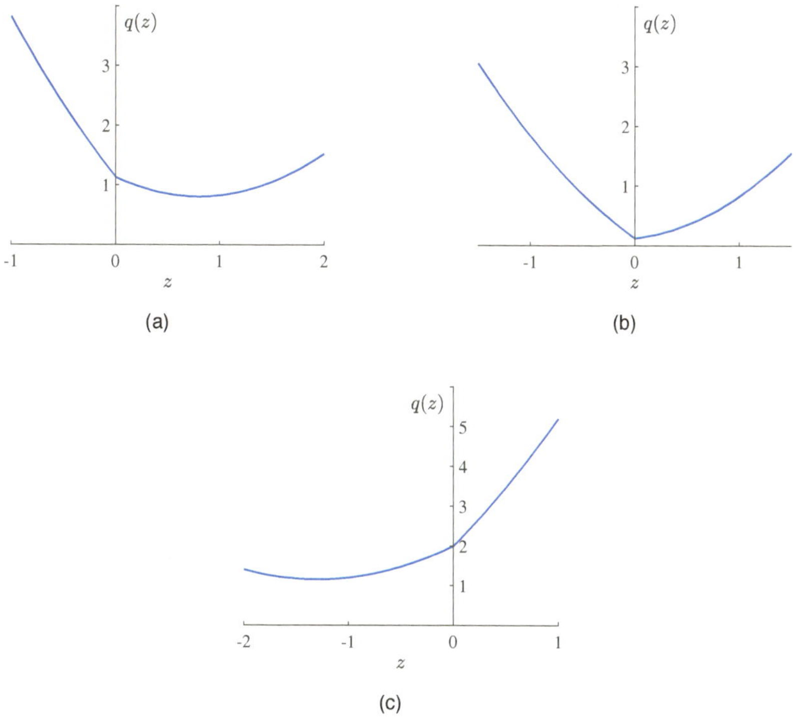

図 4.5　例 4.21 の関数 q のグラフ ($\alpha = 0.7$)．(a) $x \geqq \alpha$ のとき ($x = 1.5$)，(b) $|x| < \alpha$ のとき ($x = 0.5$)，(c) $x \leqq -\alpha$ のとき ($x = -2$)

例 4.22 n 変数の関数 $h(\boldsymbol{x}) = \|\boldsymbol{x}\|_1$ に対して，$\mathbf{prox}_{\alpha h}(\boldsymbol{x})$ を求める．記号の簡単のため，$\boldsymbol{z}^* = \mathbf{prox}_{\alpha h}(\boldsymbol{x})$ とおく．$\boldsymbol{x}$ が与えられたとき，近接作用素の定義 (4.17) より，$\boldsymbol{z}^*$ は $\boldsymbol{z}$ の関数

$$\alpha\|\boldsymbol{z}\|_1 + \frac{1}{2}\|\boldsymbol{z} - \boldsymbol{x}\|_2^2 \tag{4.21}$$

の最小化問題の最適解である．この関数は，z_j と $z_j - x_j$ の項だけからなる (たとえば $z_j z_l$ $(j \neq l)$ のような項は存在しない) ので，その最小化は $\boldsymbol{z}$ の成分ごとに独立に行える．つまり，ベクトル $\boldsymbol{z}^*$ の成分 z_j^* は関数

$$\alpha|z_j| + \frac{1}{2}(z_j - x_j)^2$$

の最小化問題の最適解である．したがって，例 4.21 により

$$z_j^* = \mathrm{sthr}_\alpha(x_j), \quad j = 1, \ldots, n$$

が得られる．つまり，$\mathbf{prox}_{\alpha h}(\boldsymbol{x})$ の計算は $\boldsymbol{x}$ の成分ごとに式 (4.19) を適用すればよい．

例として，$n = 2$, $\alpha = 0.7$ の場合を図 4.6 に示す．ここで，$\mathbf{prox}_{\alpha h}$ は "●" で示す点を "■" で示す点に移す写像である．このよ

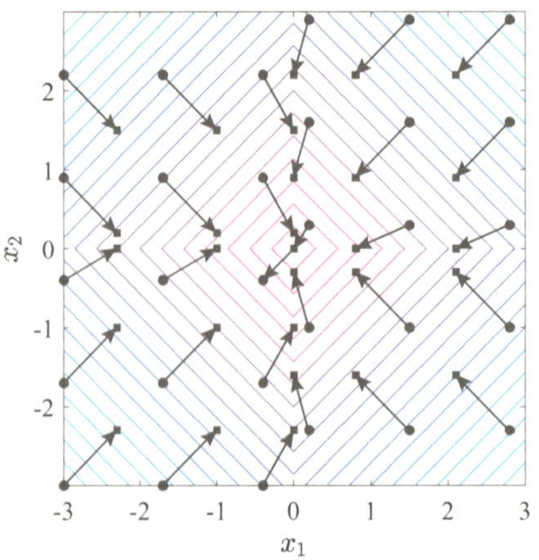

図 4.6 例 4.22 の関数 $\alpha\|\boldsymbol{x}\|_1$ の近接作用素 $(\alpha = 0.7)$

うに，$\mathbf{prox}_{\alpha h}$ は h の値が小さくなる方向に点を移動させる．ここで，α は 式 (4.21) の最小化において $\frac{1}{2}\|\boldsymbol{z}-\boldsymbol{x}\|_2^2$ に対する $h(\boldsymbol{z})$ の重みとみなせるので，α が大きくなれば移動する距離は大きくなり h の減少量も大きくなる．

例 4.23　ℓ_1 ノルム正則化付き最小 2 乗法 (LASSO)

$$\text{Minimize} \quad \frac{1}{2\gamma}\|A\boldsymbol{x}-\boldsymbol{b}\|_2^2+\|\boldsymbol{x}\|_1$$

に近接勾配法を適用してみる．ただし，$\gamma > 0$ は定数である．近接勾配法の枠組みにのせるために，関数 f と h を

$$f(\boldsymbol{x})=\frac{1}{2\gamma}\|A\boldsymbol{x}-\boldsymbol{b}\|_2^2, \quad h(\boldsymbol{x})=\|\boldsymbol{x}\|_1$$

とおく．f の勾配は

$$\nabla f(\boldsymbol{x})=\frac{1}{\gamma}A^\top A\boldsymbol{x}-\frac{1}{\gamma}A^\top\boldsymbol{b}$$

であり，$\mathbf{prox}_{\alpha h}(\boldsymbol{x})$ は例 4.22 で求めたとおりである．したがって，近接勾配法はアルゴリズム 4.1 のようになる．ただし，簡単のためステップ幅 α_k は α (>0) に固定している [*19]．また，ベクトル $\boldsymbol{x}_{k+1}$ および $\boldsymbol{z}_k$ の第 j 成分を $x_{k+1,j}$ および $z_{k,j}$ で表している．このアルゴリズムの一反復では，主な計算コストは $\boldsymbol{d}_k$ を求めるための行列とベクトルとの積で生じるものである [*20]．

[*19] ここでの α の値の決め方や，α_k の値を反復ごとに変える方法については，文献 28) の 12.3.3 節を参照されたい．

[*20] 一反復の計算コストは非常に小さいが，近接勾配法は関数の 2 階微分の情報を用いない手法であるので，一般に収束は遅い．ただし，後述のように，収束を加速する手法も提案されている．

アルゴリズム 4.1　LASSO に対する近接勾配法

Require: $\boldsymbol{x}_0 \in \mathbb{R}^n$, $\alpha > 0$.

for $k = 0, 1, 2, \ldots$ **do**

$\quad \boldsymbol{d}_k \leftarrow -(1/\gamma)(A^\top A\boldsymbol{x}_k - A^\top \boldsymbol{b})$.

$\quad \boldsymbol{z}_k \leftarrow \boldsymbol{x}_k + \alpha \boldsymbol{d}_k$.

$\quad x_{k+1,j} \leftarrow \mathrm{sthr}_\alpha(z_{k,j})\ (j = 1, \ldots, n)$.

end for

例 4.24　アルゴリズム 4.1 を直感的に理解するために，f を例 4.10 の 2 次関数とし，$h(\boldsymbol{x}) = \|\boldsymbol{x}\|_1$ として $f(\boldsymbol{x}) + h(\boldsymbol{x})$ の最小化を考える．この目的関数の等高線を図 4.7 に示す．これは，図 4.8(a) に示す $f(\boldsymbol{x})$ と図 4.8(b) に示す $\|\boldsymbol{x}\|_1$ を足し合わせたものである．$\boldsymbol{x}_0 = \begin{bmatrix} 1.5 \\ -2 \end{bmatrix}$ とおくと，アルゴリズム 4.1 ではまず関数 f に対して最急降下法の一反復を適用して $\boldsymbol{z}_0$ を生成する．これを 図 4.8(a) に示す．次に，$\boldsymbol{z}_0$ を $\mathbf{prox}_{\alpha h}$ で移した点を $\boldsymbol{x}_1$ とする．これを図 4.8(b) に示す．

例 4.23 で示した LASSO に対する近接勾配法は，**ISTA** (iterative shrinkage-thresholding algorithm) ともよばれている．また，ISTA にネステロフの加速法 (3.1.3 節 d 項) を組み込んだものは **FISTA** (fast ISTA) とよばれ広く知られている [*21]．TFOCS という MATLAB のツールボックスには，FISTA を含め，データ解析に関連のあるさまざまな最適化問題に対する近接勾配法が実装されている．

4.3.2　交互方向乗数法

交互方向乗数法 (**ADMM**: alternating direction method of multipliers) は，乗数法 [*22] から派生した方法であり，1970 年代半ばから研究されてきた．近年では，統計的学習で生じる大規模な最適化問題に対する解法として広く用いられている．

交互方向乗数法は，$\boldsymbol{x} \in \mathbb{R}^n$ および $\boldsymbol{z} \in \mathbb{R}^m$ を変数とする次の形式の凸計画問題

[*21] FISTA は，下記の論文で提案されたものであるが，文献 28) の 12.3.3 節にも解説がある．

- Beck, A., Teboulle, M. (2009), A fast iterative shrinkage-thresholding algorithm for linear inverse problems, *SIAM Journal on Imaging Sciences*, **2**, pp. 183–202.

[*22] 乗数法については，102 ページで簡単に説明する．

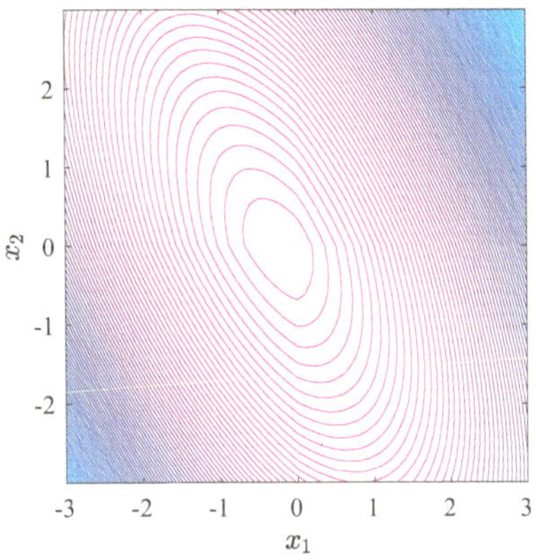

図 4.7　例 4.24 の目的関数と等高線

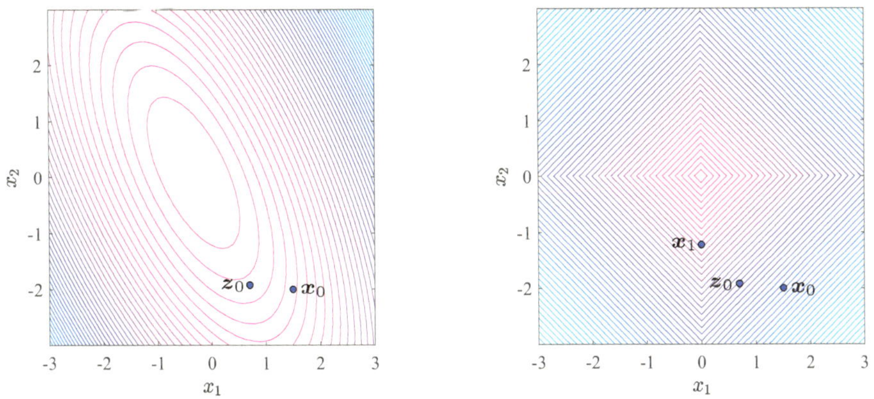

(a)　(b)

図 4.8　例 4.24 の一反復

を解く手法である：

$$\text{Minimize} \quad f(\boldsymbol{x}) + g(\boldsymbol{z}) \tag{4.22a}$$

$$\text{subject to} \quad S\boldsymbol{x} + T\boldsymbol{z} = \boldsymbol{p}. \tag{4.22b}$$

ただし，$f : \mathbb{R}^n \to \mathbb{R}$ および $g : \mathbb{R}^m \to \mathbb{R}$ は凸関数であり，$S \in \mathbb{R}^{l \times n}$ および $T \in \mathbb{R}^{l \times m}$ は定行列であり，$\boldsymbol{p} \in \mathbb{R}^l$ は定ベクトルである．ここで，目的関数は $\boldsymbol{x}$ に依存する項と $\boldsymbol{z}$ に依存する項とに分離できていることに注意する．

問題 (4.22) に対して，

$$L_\rho(\boldsymbol{x},\boldsymbol{z};\boldsymbol{\lambda}) = f(\boldsymbol{x}) + g(\boldsymbol{z}) + \boldsymbol{\lambda}^\top(S\boldsymbol{x}+T\boldsymbol{z}-\boldsymbol{p}) + \frac{\rho}{2}\|S\boldsymbol{x}+T\boldsymbol{z}-\boldsymbol{p}\|_2^2 \tag{4.23}$$

で定義される関数を**拡張ラグランジュ** (Lagrange) **関数**とよぶ．ただし，$\boldsymbol{\lambda} \in \mathbb{R}^l$ はラグランジュ乗数 (双対変数) であり，$\rho > 0$ はペナルティパラメータとよばれる [*23]．次に，後の記述を簡潔にするために $\boldsymbol{v} = \boldsymbol{\lambda}/\rho$ とおくと，式 (4.23) は

$$L_\rho(\boldsymbol{x},\boldsymbol{z};\boldsymbol{v}) = f(\boldsymbol{x}) + g(\boldsymbol{z}) + \frac{\rho}{2}\|S\boldsymbol{x}+T\boldsymbol{z}-\boldsymbol{p}+\boldsymbol{v}\|_2^2 - \frac{\rho}{2}\|\boldsymbol{v}\|_2^2 \tag{4.24}$$

と書き直せる．交互方向乗数法の k 回目の反復では，現在の点 $\boldsymbol{x}_k$, $\boldsymbol{z}_k$, $\boldsymbol{v}_k$ を次の順序で更新する：

$$\boldsymbol{x}_{k+1} \leftarrow \arg\min_{\boldsymbol{x}} L_\rho(\boldsymbol{x},\boldsymbol{z}_k;\boldsymbol{v}_k), \tag{4.25}$$

$$\boldsymbol{z}_{k+1} \leftarrow \arg\min_{\boldsymbol{z}} L_\rho(\boldsymbol{x}_{k+1},\boldsymbol{z};\boldsymbol{v}_k), \tag{4.26}$$

$$\boldsymbol{v}_{k+1} \leftarrow \boldsymbol{v}_k + S\boldsymbol{x}_{k+1} + T\boldsymbol{z}_{k+1} - \boldsymbol{p}. \tag{4.27}$$

式 (4.25) は，$\boldsymbol{z}_k$ と $\boldsymbol{v}_k$ を固定し $\boldsymbol{x}$ のみについての最小化をした解を $\boldsymbol{x}_{k+1}$ とすることを意味している．式 (4.26) では，$\boldsymbol{v}_k$ とともに式 (4.25) で得られた $\boldsymbol{x}_{k+1}$ を用い，$\boldsymbol{z}$ のみについての最小化をしていることに注意する．式 (4.27) は，双対問題に対して最急降下法を適用することに相当している [*24]．

なお，(交互方向乗数法のもととなっている) **乗数法**は，解を

$$(\boldsymbol{x}_{k+1},\boldsymbol{z}_{k+1}) \leftarrow \arg\min_{\boldsymbol{x},\boldsymbol{z}} L_\rho(\boldsymbol{x},\boldsymbol{z};\boldsymbol{v}_k), \tag{4.28}$$

$$\boldsymbol{v}_{k+1} \leftarrow \boldsymbol{v}_k + S\boldsymbol{x}_{k+1} + T\boldsymbol{z}_{k+1} - \boldsymbol{p} \tag{4.29}$$

と更新する [*25]．つまり，乗数法では $\boldsymbol{x}$ と $\boldsymbol{z}$ を同時に更新するのに対して，交互方

[*23] $\rho = 0$ とすると，式 (4.23) は通常のラグランジュ関数になる．

[*24] 文献 26) を参照されたい．なお，双対変数 $\boldsymbol{v}$ の更新に最急降下法を用いているので，交互方向乗数法の収束は一般に速くない．

[*25] 乗数法の詳細は，文献 13) の 10.4 節や文献 6) の 2.3.5 節などを参照されたい．

向乗数法では $\boldsymbol{x}$ と $\boldsymbol{z}$ を順番に更新する点が異なっている．したがって，交互方向乗数法を用いる利点があるのは，式 (4.28) の計算に比べて式 (4.25) および式 (4.26) の計算のほうがずっと容易であるような場合に限られる．これは，元の問題 (4.22) でいえば，「仮に $\boldsymbol{z}$ を固定したとき $\boldsymbol{x}$ のみについて最小化することは容易であり，仮に $\boldsymbol{x}$ を固定したとき $\boldsymbol{z}$ のみについて最小化することも容易であるが，$\boldsymbol{x}$ と $\boldsymbol{z}$ の両方について同時に最小化することは難しい」という構造をこの問題がもっていることに (ほぼ) 相当する．実は，データ解析で生じるさまざまな最適化問題がこのような特徴をもつことが明らかにされており，交互方向乗数法が注目を集めている [*26]．

例 4.25　ℓ_1 ノルム正則化付き最小 2 乗法 (LASSO)

$$\text{Minimize} \quad \frac{1}{2\gamma}\|A\boldsymbol{x}-\boldsymbol{b}\|_2^2 + \|\boldsymbol{x}\|_1$$

に交互方向乗数法を適用してみる．この問題を (あえて変数を増やして) 次のように書き直す [*27]：

$$\text{Minimize} \quad \frac{1}{2\gamma}\|A\boldsymbol{x}-\boldsymbol{b}\|_2^2 + \|\boldsymbol{z}\|_1 \tag{4.30a}$$

$$\text{subject to} \quad \boldsymbol{x}-\boldsymbol{z}=\boldsymbol{0}. \tag{4.30b}$$

問題 (4.30) に対する拡張ラグランジュ関数は (式 (4.24) の形式で)

$$L_\rho(\boldsymbol{x},\boldsymbol{z};\boldsymbol{v}) = \frac{1}{2\gamma}\|A\boldsymbol{x}-\boldsymbol{b}\|_2^2 + \|\boldsymbol{z}\|_1 + \frac{\rho}{2}\|\boldsymbol{x}-\boldsymbol{z}+\boldsymbol{v}\|_2^2 - \frac{\rho}{2}\|\boldsymbol{v}\|_2^2$$

である．この関数を用いて，式 (4.25), (4.26), (4.27) に従って $\boldsymbol{x}_k$, $\boldsymbol{z}_k$, $\boldsymbol{v}_k$ を更新する．まず，$\boldsymbol{x}_k$ の更新は

[*26] 交互方向乗数法の収束性などの詳細は，文献 26) や文献 25) の 5.4 節などを参照されたい．

[*27] 問題 (4.22) と対応させると，$f(\boldsymbol{x}) = \frac{1}{2\gamma}\|A\boldsymbol{x}-\boldsymbol{b}\|_2^2$, $g(\boldsymbol{z}) = \|\boldsymbol{z}\|_1$, $S=I$, $T=-I$, $\boldsymbol{p}=\boldsymbol{0}$ とおいたことになる．つまり，元の問題を凸 2 次関数 f と ℓ_1 ノルム g という「簡単な」二つの関数に分解することで，(f と g の和を直接最小化するのは難しいが) 式 (4.25) および式 (4.26) が容易に計算できる状況を作っている．これが，交互方向乗数法を適用する際の要点である．

$$
\begin{aligned}
&\mathop{\arg\min}_{\boldsymbol{x}}\{L_\rho(\boldsymbol{x}, \boldsymbol{z}_k; \boldsymbol{v}_k)\} \\
&\quad = \mathop{\arg\min}_{\boldsymbol{x}} \left\{ \frac{1}{2\gamma}\|A\boldsymbol{x} - \boldsymbol{b}\|_2^2 + \frac{\rho}{2}\|\boldsymbol{x} - (\boldsymbol{z}_k - \boldsymbol{v}_k)\|_2^2 \right\} \\
&\quad = \mathop{\arg\min}_{\boldsymbol{x}} \left\{ \frac{1}{2\gamma}\left\langle A^\top A\boldsymbol{x} + \rho\boldsymbol{x}, \boldsymbol{x}\right\rangle - \left\langle A^\top \boldsymbol{b} + \rho(\boldsymbol{z}_k - \boldsymbol{v}_k), \boldsymbol{x}\right\rangle \right\} \\
&\quad = \gamma(A^\top A + \rho I)^{-1}[A^\top \boldsymbol{b} + \rho(\boldsymbol{z}_k - \boldsymbol{v}_k)]
\end{aligned}
$$

となる (凸 2 次関数の無制約最小化である). $\boldsymbol{z}_k$ の更新については,

$$
\begin{aligned}
&\mathop{\arg\min}_{\boldsymbol{z}}\{L_\rho(\boldsymbol{x}_{k+1}, \boldsymbol{z}; \boldsymbol{v}_k)\} \\
&\qquad = \mathop{\arg\min}_{\boldsymbol{z}} \left\{ \|\boldsymbol{z}\|_1 + \frac{\rho}{2}\|\boldsymbol{z} - (\boldsymbol{x}_{k+1} + \boldsymbol{v}_k)\|_2^2 \right\}
\end{aligned}
$$

より, 例 4.22 と同様に考えれば

$$
z_{k+1,j} \leftarrow \mathrm{sthr}_{1/\rho}(x_{k+1,j} + v_{k,j}), \quad j = 1, \ldots, n
$$

となることがわかる. 最後に, $\boldsymbol{v}_k$ の更新は

$$
\boldsymbol{v}_{k+1} \leftarrow \boldsymbol{v}_k + \boldsymbol{x}_{k+1} - \boldsymbol{z}_{k+1}
$$

である. 以上をまとめると, アルゴリズム 4.2 のようになる. ここで $\boldsymbol{x}_{k+1}$ を定める際に連立 1 次方程式を解くが, この方程式の係数行列は反復に依存しない (反復に従って変化するのは右辺ベクトルである). そこであらかじめ, この行列にコレスキー (Cholesky) 分解

アルゴリズム 4.2　**LASSO に対する交互方向乗数法**

Require: $\boldsymbol{z}^0 \in \mathbb{R}^n$, $\boldsymbol{y}^0 \in \mathbb{R}^n$, $\rho > 0$.

for $k = 0, 1, 2, \ldots$ **do**

　$(A^\top A + \rho I)\,\boldsymbol{x} = \gamma[A^\top \boldsymbol{b} + \rho(\boldsymbol{z}_k - \boldsymbol{v}_k)]$ の解を $\boldsymbol{x}_{k+1}$ とする.

　$z_{k+1,j} \leftarrow \mathrm{sthr}_{1/\rho}(x_{k+1,j} + v_{k,j})$ $(j = 1, \ldots, n)$.

　$\boldsymbol{v}_{k+1} \leftarrow \boldsymbol{v}_k + \boldsymbol{x}_{k+1} - \boldsymbol{z}_{k+1}$.

end for

を施した結果を保持しておけば，この方程式の解は後退代入 (つまり，ガウス (Gauss) の消去法の最後のステップと同様の操作) により小さい計算コストで求めることができる．

例 4.26 **グラフィカル LASSO**[*28] とよばれるデータ解析法では，n 次の半正定値対称行列 X を変数とする次の形の最適化問題を解く：

$$\underset{X \succeq O}{\text{Minimize}} \quad -\log(\det X) + C \bullet X + \gamma \|X\|_1. \tag{4.31}$$

ここで，$\|X\|_1$ は X の成分 X_{ij} の絶対値の和 (つまり，$\sum_{i=1}^{n} \sum_{j=1}^{n} |X_{ij}|$) を表す．また，$C$ は対称な定行列であり，$\gamma > 0$ は定数である．問題 (4.31) を (あえて変数を増やして) 次のように書き直す：

$$\begin{aligned} &\underset{X \succeq O, Z}{\text{Minimize}} && -\log(\det X) + C \bullet X + \gamma \|Z\|_1 \\ &\text{subject to} && X - Z = O. \end{aligned}$$

この問題に対しても，交互方向乗数法が適用されている[*29]．

例 4.27 データを表す行列 $D \in \mathbb{R}^{m \times n}$ が与えられているとき，**ロバスト主成分分析**とよばれる手法は，行列 $L \in \mathbb{R}^{m \times n}$ および行列 $S \in \mathbb{R}^{m \times n}$ を変数とする次の問題を解く：

$$\begin{aligned} &\text{Minimize} && \|L\|_* + \gamma \|S\|_1 \\ &\text{subject to} && L + S = D. \end{aligned}$$

ただし，$\|L\|_*$ は行列 L の特異値の和であり，L の核ノルムとよば

[*28] 詳細は，次の文献を参照されたい．

- Friedman, J., Hastie, T., Tibshirani, R. (2008), Sparse inverse covariance estimation with the graphical lasso, *Biostatistics*, **9**, pp. 432–441.

[*29] 具体的には，文献 26) の 6.5 節を参照されたい．

れる．また，$\|S\|_1$ は行列 S の各成分の絶対値の和である．ここで，S はデータに含まれるノイズを表す疎な行列を表し，L は (ノイズを除いた後の) データの特徴を表す低ランク行列であると考えられる (というのも，核ノルムを小さくすることにより，その行列のランクを小さくできることが知られているからである)．この問題にも，交互方向乗数法が有効であることが知られている [*30]．

➤ 第 4 章　練習問題

4.1 第 3 章の練習問題 3.1 で考えた関数について，それぞれが凸関数であるか否かを調べよ．

4.2 次の関数が凸関数であることを示せ．ただし，c は正の定数とする．

(i) ヒンジ損失関数 $f(x) = \max\{c - x, 0\}$.

(ii) 指数損失関数 $f(x) = \mathrm{e}^{-cx}$.

4.3 次の最適化問題を 2 次錐計画問題 (4.7) の形に直せ．ただし，γ は正の定数とする．

(i) ℓ_1 ノルム正則化付き最小 2 乗法 (LASSO)[*31]：

$$\text{Minimize} \quad \|A\boldsymbol{x} - \boldsymbol{b}\|_2^2 + \gamma\|\boldsymbol{x}\|_1.$$

(ii) ℓ_2 ノルム正則化付き ℓ_1 ノルム回帰：

$$\text{Minimize} \quad \|A\boldsymbol{x} - \boldsymbol{b}\|_1 + \gamma\|\boldsymbol{x}\|_2.$$

[*30] 詳細は，次の文献を参照されたい．

- Candès, E. J., Li, X., Ma, Y., Wright, J. (2011), Robust principal component analysis? *Journal of the ACM*, **58**, Article No. 11.

[*31] スカラー y とベクトル $\boldsymbol{z}$ に関する制約 $y \geqq \|\boldsymbol{z}\|_2^2$ は，2 次錐制約

$$y + 1 \geqq \left\| \begin{bmatrix} y - 1 \\ 2\boldsymbol{z} \end{bmatrix} \right\|_2$$

と等価であることを用いるとよい．

(iii) 変数 $\boldsymbol{x}_l \in \mathbb{R}^{n_l}$ $(l = 1, \ldots, r)$ に関する最適化問題：

$$\text{Minimize} \quad \frac{1}{2}\left\|\sum_{l=1}^{r} A_l \boldsymbol{x}_l - \boldsymbol{b}\right\|_2^2 + \gamma \sum_{l=1}^{r} \|\boldsymbol{x}_l\|_2. \tag{4.32}$$

この問題を用いたデータ解析法は，**グループ LASSO** とよばれる [*32].

4.4 次の問いに答えよ．

(i) 関数 $h(\boldsymbol{x}) = \|\boldsymbol{x}\|_2$ の近接作用素 $\mathbf{prox}_h$ を求めよ．

(ii) グループ LASSO (4.32) に近接勾配法を適用したときの解の更新方法を示せ．

4.5 行列 $A \in \mathbb{R}^{m \times n}$ とベクトル $\boldsymbol{b} \in \mathbb{R}^m$ が与えられたとき，次の問いに答えよ．

(i) $m > n$ のとき，最小 2 乗法における ℓ_2 ノルムの代わりに ℓ_1 ノルムを用いた問題

$$\text{Minimize} \quad \|A\boldsymbol{x} - \boldsymbol{b}\|_1 \tag{4.33}$$

を考える [*33]．この問題は，最小 2 乗法と比べて，最適解がデータに含まれる外れ値の影響を受けにくい [*34]．交互方向乗数法を適用するために，問題 (4.33) を次のように書き直す：

$$\begin{aligned} &\text{Minimize} && \|\boldsymbol{z}\|_1 \\ &\text{subject to} && A\boldsymbol{x} - \boldsymbol{b} - \boldsymbol{z} = \boldsymbol{0}. \end{aligned}$$

この問題に対する交互方向乗数法の一反復が，次のように書けることを示せ：

$$\begin{aligned} \boldsymbol{x}_{k+1} &\leftarrow (A^\top A)^{-1} A(\boldsymbol{z}_k - \boldsymbol{v}_k - \boldsymbol{b}), \\ z_{k+1,j} &\leftarrow \mathrm{sthr}_{1/\rho}\bigl((A\boldsymbol{x}_{k+1} + \boldsymbol{v}_k - \boldsymbol{b})_j\bigr), \quad j = 1, \ldots, n, \\ \boldsymbol{v}_{k+1} &\leftarrow \boldsymbol{v}_k + A\boldsymbol{x}_{k+1} - \boldsymbol{z}_{k+1} - \boldsymbol{b}. \end{aligned}$$

[*32] 文献 19) の 3.8.4 節を参照されたい．
[*33] 問題 (4.33) は，線形計画問題に帰着することもできる (練習問題として試みられたい)．
[*34] 文献 27) の第 6 章を参照されたい．

ただし，$(A\boldsymbol{x}_{k+1}+\boldsymbol{v}_k-\boldsymbol{b})_j$ は ベクトル $A\boldsymbol{x}_{k+1}+\boldsymbol{v}_k-\boldsymbol{b}$ の第 j 成分を表す．また，$\mathrm{sthr}_{1/\rho}$ は式 (4.19) および式 (4.20) で定義されている．

(ii) 基底追跡の問題 (2.4) に交互方向乗数法を適用するため，次のように書き直す：

$$\begin{aligned} \underset{\boldsymbol{x}:A\boldsymbol{x}=\boldsymbol{b},\ \boldsymbol{z}}{\text{Minimize}} \quad & \|\boldsymbol{z}\|_1 \\ \text{subject to} \quad & \boldsymbol{x}-\boldsymbol{z}=\boldsymbol{0}. \end{aligned}$$

この問題に対する交互方向乗数法の一反復が

$$\begin{aligned} \boldsymbol{x}_{k+1} &\leftarrow \arg\min_{\boldsymbol{x}}\{\|\boldsymbol{x}-(\boldsymbol{z}^k-\boldsymbol{v}^k)\|_2^2 \mid A\boldsymbol{x}=\boldsymbol{b}\}, \\ z_{k+1,j} &\leftarrow \mathrm{sthr}_{1/\rho}\big((A\boldsymbol{x}_{k+1}+\boldsymbol{v}_k)_j\big), \quad j=1,\ldots,n, \\ \boldsymbol{v}_{k+1} &\leftarrow \boldsymbol{v}_k+A\boldsymbol{x}_{k+1}-\boldsymbol{z}_{k+1} \end{aligned}$$

と書けることを示せ．次に，$\boldsymbol{x}_k$ の更新は

$$\boldsymbol{x}_{k+1} \leftarrow \big[I-A^\top(AA^\top)^{-1}A\big](\boldsymbol{z}_k-\boldsymbol{v}_k)+A^\top(AA^\top)^{-1}\boldsymbol{b}$$

と書けることを示せ．

第 5 章 ネットワーク計画

ネットワーク計画は，一言でいうと，グラフの上での最適化である．グラフとは，事物の接続関係の抽象化である．直感的にいうと，ネットワーク計画は，流れを扱う．それは水やガス，電気の流れであったり，人や車の移動であったり，物流であったりする．このときに，流れの移動コストや移動時間を最小化することを考える．このようなネットワーク計画問題のなかには，実は線形計画問題として定式化できるものもある．しかし，問題の構造の特殊性から，一般の線形計画問題よりも簡単に解ける場合が多い．本章では，そのようなネットワーク計画問題の代表例について述べる．また，それらのクラスタリングや回帰分析への応用も取り上げる．

5.1 グラフ

グラフは，いくつかの**点**とそれらを結ぶ**辺**とで構成される．図 5.1(a) は，6 個の点 $v_1, \ldots, v_6$ が 7 個の辺 $e_1, \ldots, e_7$ で結ばれたグラフの例である．グラフの点は，位置の情報をもたない．たとえば，図 5.1(b) のグラフも図 5.1(a) のグラフと同じものとして扱われる．点は，**頂点**や**節点**ともよばれる．また，辺は，**枝**や**弧**ともよばれる．辺 e が点 v_i と点 v_j を結ぶとき，$e = (v_i, v_j)$ と書く．図 5.1(a) の例では，$e_1 = (v_1, v_2)$, $e_2 = (v_2, v_3)$ などである．辺が結ぶ二つの点を，その辺の**端点**とよぶ．図 5.1(a) の例では，たとえば辺 e_4 の端点は点 v_1 と点 v_4 である．点の集合を**点集合**とよび，V で表す．また，辺の集合を**辺集合**とよび，E で表す．そして，点

の数を $|V|$ で表し，辺の数を $|E|$ で表す．図 5.1(a) の例では，$V = \{v_1, \ldots, v_6\}$, $E = \{e_1, \ldots, e_7\}$, $|V| = 6$, $|E| = 7$ である．点集合 V と辺集合 E からなるグラフを，$G = (V, E)$ で表す．

同一の点を結ぶ辺を，**ループ**とよぶ (図 5.2(a))．また，二つの点を結ぶ辺が 2 本以上あるとき，**多重辺**とよぶ (図 5.2(b))．以降では，特に断らない限り，ループや多重辺をもたないグラフを考える．

辺に向きの区別があるグラフを**有向グラフ**とよび，区別がないグラフを**無向グラフ**とよぶ．図 5.1 や図 5.2 は，無向グラフの例である．有向グラフの例を，図 5.3 に示す．有向グラフでは，点 v_i から点 v_j へ向かう辺があるとき，その辺を (v_i, v_j) で表す．このときの (v_i, v_j) は，順序対 (v_i と v_j の順番に意味があるペア) として扱われる．そして，v_i を辺 (v_i, v_j) の**始点**とよび，v_j を**終点**とよび，点 v_j は点 v_i に**隣接**しているという．たとえば，(v_1, v_2) は図 5.3 のグラフの辺であるが，(v_2, v_1) はそうではない．また，(v_3, v_4) と (v_4, v_3) はともに図 5.3 のグラフの辺である[*1]．無向グラフの場合は，辺は点の非順序対である．たとえば，図 5.1(a) のグラフでは，$e_1 = (v_1, v_2)$ と書いてもよいし $e_1 = (v_2, v_1)$ と書いてもよい．このとき，点

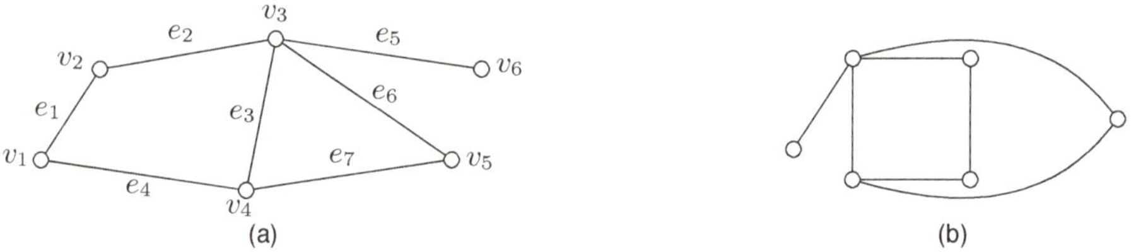

図 5.1　グラフの例

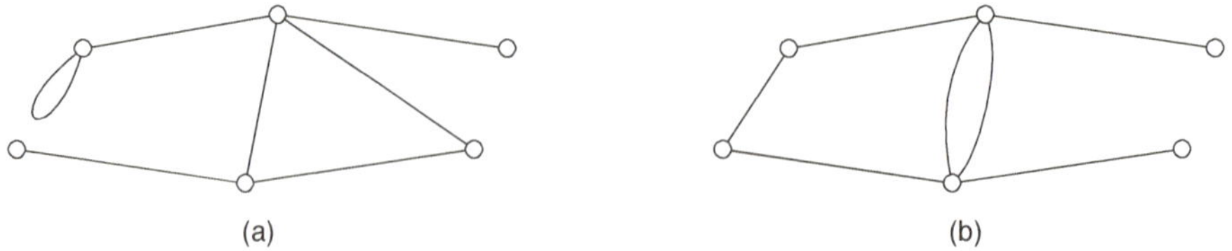

図 5.2　(a) ループをもつグラフの例と (b) 多重辺をもつグラフの例

*1 有向グラフでは，向きの異なる辺は区別されているので，図 5.3 のグラフは多重辺をもたないとみなされる．

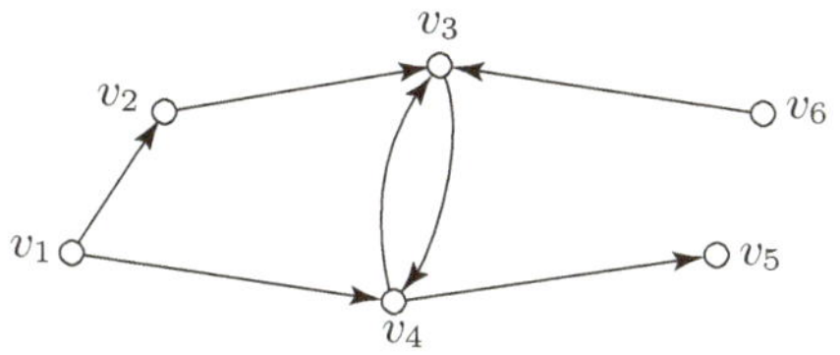

図 5.3　有向グラフの例

v_1 は点 v_2 に**隣接**しているという (同時に，点 v_2 は点 v_1 に隣接している).

これ以降，特に断らない限り，無向グラフのことを単にグラフとよぶことにする.

グラフ $G = (V, E)$ とグラフ $G' = (V', E')$ に対して，G' の点がすべて V に含まれ，G' の辺がすべて E に含まれるとき (つまり，$V' \subseteq V$ かつ $E' \subseteq E$ であるとき)，G' は G の**部分グラフ**であるという.

グラフの辺をいくつか並べたもののうち，$(v_{i_1}, v_{i_2}), (v_{i_2}, v_{i_3}), \ldots, (v_{i_{k-1}}, v_{i_k})$ という形をしたものを，(点 v_{i_1} から点 v_{i_k} までの) **道**とよぶ. 道は，しばしば $v_{i_1} \to v_{i_2} \to v_{i_3} \to \cdots \to v_{i_{k-1}} \to v_{i_k}$ のように表される. 直感的にいうと，道はある点からある点までの行き方のことである. たとえば，図 5.1(a) のグラフは $v_1 \to v_2 \to v_3$ という道をもつが，$v_1 \to v_3$ という道はない. 道が同じ辺を 2 回以上通らないとき，**初等的**であるという. 最初の点と最後の点が同じで，少なくとも 1 本の辺をもつ初等的な道を，**閉路**とよぶ. たとえば，図 5.1(a) において，$v_3 \to v_4 \to v_5 \to v_3$ や $v_1 \to v_2 \to v_3 \to v_5 \to v_4 \to v_1$ は閉路である. 最初の点と最後の点を除いて同じ点を 2 回以上通らない閉路を，**単純閉路**とよぶ.

グラフ $G = (V, E)$ の任意の 2 点 $v_i, v_j \in V$ に対して v_i から v_j への道が存在するとき，G は**連結**であるという. 図 5.1 のグラフは連結である. 一方，図 5.4(a) のグラフは連結ではない. 連結でないグラフは，いくつかの連結な部分グラフにわけられる. 最小の個数の連結な部分グラフにわけたとき，その部分グラフを元のグ

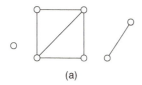

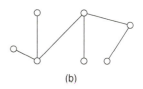

図 5.4　グラフの連結性.　(a) 非連結なグラフの例と (b) 木の例

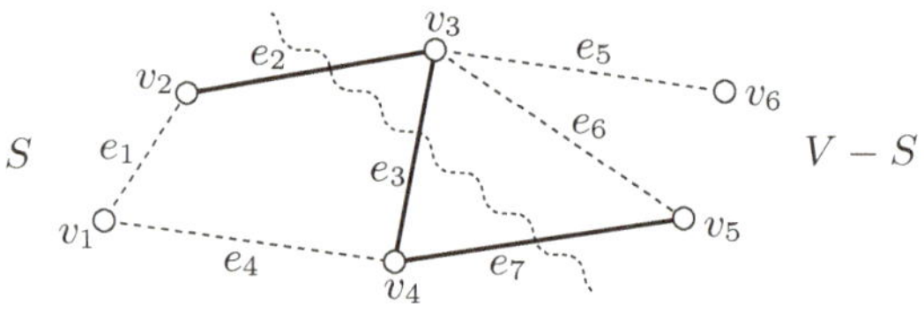

図 5.5　図 5.1 のグラフのカットの例

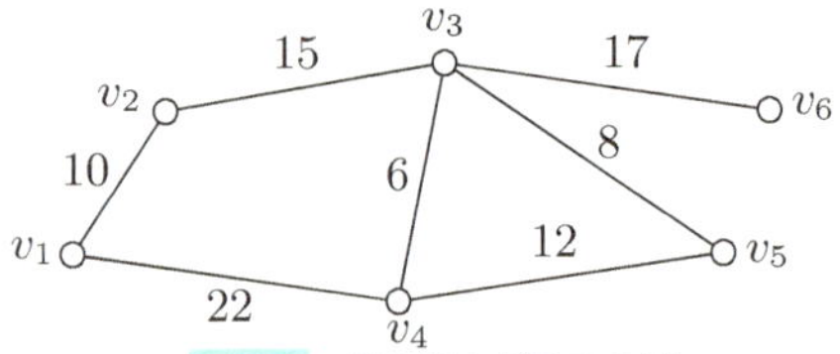

図 5.6　重み付きグラフの例

ラフの**連結成分**とよぶ．図 5.4(a) のグラフは，三つの連結成分をもつ．連結なグラフのうち閉路をもたないものを，**木**とよぶ．図 5.4(b) は，木の例である．グラフ $G=(V,E)$ が与えられたとき，G の部分グラフのうち V を点集合とする木のことを，G の**全域木**とよぶ [*2]．

点集合 V の部分集合 $S \subseteq V$ に対して，V に属するが S に属さない点の集合 (つまり，V から S を引いた差集合) を $V-S$ で表す [*3]．ただし，S と $V-S$ とは空集合ではないとする．グラフ $G=(V,E)$ において，S に含まれる点と $V-S$ に含まれる点とを結ぶ辺の集合を G の**カット**とよび，$(S, V-S)$ で表す：

$$(S, V-S) = \{(v,w) \in E \mid v \in S,\ w \in V-S\}.$$

例として，図 5.1 のグラフにおいて $S=\{v_1,v_2,v_4\}$ とおくと $V-S=\{v_3,v_5,v_6\}$ であるので，対応するカットは $(S,V-S)=\{e_2,e_3,e_7\}$ である (図 5.5)．

グラフの各辺に対して，ある実数値を割り当てた状況を考えることも多い．図 5.6 はその例であり，割り当てられた実数値をその辺の**重み**とよぶ．たとえば，グラフが交通網のモデルであるとすると，辺の重みは 2 地点間の道のりや所要時間，移動コストなどに対応する．各辺に重みが与えられたグラフを，**重み付きグラフ**とよぶ．辺 $e \in E$ の重みを $c(e)$ とおくと，重み付きグラフのことを $G=(V,E,c)$ と書く．重み付きの (有向または無向) グラフは，**ネットワーク**ともよばれる．あるグラフの重

---

*2 グラフは必ずしも全域木をもつとは限らない (連結でないグラフには全域木は存在しない)．

*3 S は V の部分集合としているから，$V-S$ は S の V における補集合 $V \setminus S$ と同じである．

みとは，そのグラフがもつ辺の重みの総和である．たとえば，図 5.6 において点 v_1 から点 v_5 への道を考えたとき，道 $v_1 \to v_2 \to v_3 \to v_5$ の重みは $10+15+8=33$ であり，道 $v_1 \to v_4 \to v_5$ の重みは $22+12=34$ である．

5.2 最短路問題

重み付き有向グラフ $G=(V,E,c)$ において，2 点 $s,t \in V$ が指定されたとき，s から t への道のうち重みが最小のもの (これを**最短路**とよぶ) を求める問題を**最短路問題**という [*4]．ただし，辺の重みはすべて非負であるとする．ここで，s を始点とよび，t を終点とよぶ．図 5.7 は，最短路問題の問題設定の例である．

最短路問題は，多くの人が日常的に利用している乗換案内などの経路探索サービスで解かれている最適化問題の，最も基本的な形といえる [*5]．

最短路問題の解法を考えるにあたって，最短路がもつ次の性質が鍵となる．点 s から点 t への最短路を P で表す (図 5.8(a))．この P 上の点を一つ任意に選んでそれを v とすると，P は v の前後の二つの道に分解される．その前半 (点 s から点 v まで) を P_1 で表し，後半 (点 v から点 t まで) を P_2 で表す (図 5.8(b))．すると，P_1 は点 s から点 v までの最短路である．というのも，もし点 s から点 v までの別の道 P_1' が P_1 よりも小さい重みをもつとすれば，P_1' と P_2 とを使って点 s から点 t まで移動するほうが P_1 と P_2 を使うよりも重みが小さくなるが，これは P が点 s から点 t への最短路であることに反するからである．これと同様に，P_2 は点 v から点 t への最短路になっている．また，一般に，最短路のどの一部分を取り出しても，それはその両端の点を結ぶ最短路になっている．このような性質は，**最適性の原理**とよばれている．

[*4] 最短路問題は，特定の 2 点間だけでなく，G に含まれるすべての 2 点間の最短路を求めることを指すこともある．また，本節では有向グラフの場合について考えているが，無向グラフの場合にはそれぞれの辺を 2 本の相異なる向きをもった辺に置き換えることで同様に扱える．

[*5] たとえば，地点 s から地点 t まで自動車で移動するとき，グラフが道路網を表し辺の重みは二つの地点の間の道のりを表すとすると，最短路問題は道のりの総和が最小になる経路を探す問題となる．あるいは，s 駅から t 駅まで鉄道を乗り継いで行く問題で所要時間が最短となる経路を求めたい場合もある．ただし，この場合は乗り継ぎの際の待ち時間が鉄道の時刻表に依存するので，最短路問題を発展させたより難しい問題ということになる．

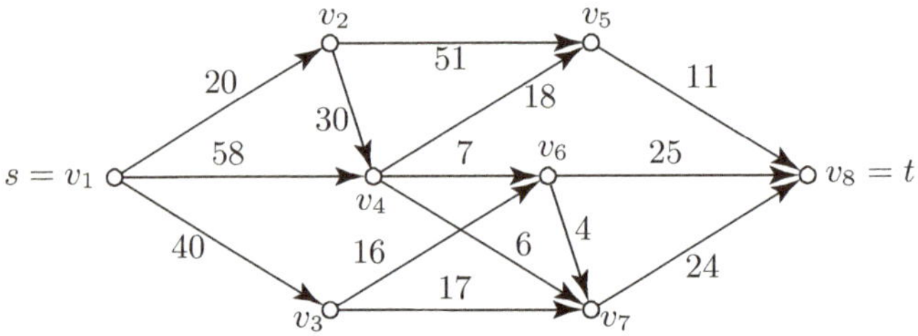

図 5.7　最短路問題の例

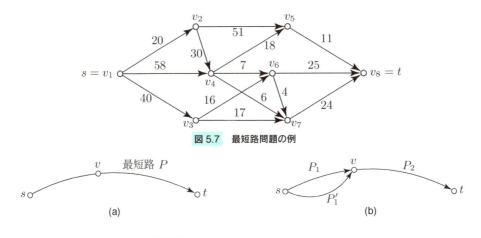

図 5.8　最短路問題における最適性の原理

例 5.1　図 5.7 の例では，最短路は実は $s \to v_2 \to v_4 \to v_5 \to t$ である．いま，点 v_4 の前後でこの最短路を二つに分割したとする．始点 s から点 v_4 への別の道には $s \to v_4$ があるが，この道の重みは $s \to v_2 \to v_4$ の重みよりも大きい．また，点 v_4 から終点 t への別の道には $v_4 \to v_6 \to t$ や $v_4 \to v_7 \to t$ などがあるが，これらの道の重みは $v_4 \to v_5 \to t$ の重みよりも大きい．

例 5.2　例 5.1 からさらに考察を進めると，次のことがわかる．例として，点 s から点 v_5 への最短路を求めることを考える．まず，点 v_5 にたどり着く一歩手前を考えると，$v_2 \to v_5$ と $v_4 \to v_5$ の二つの候補がある．ここで，点 s から点 v_2 へは一つの道 (重みが 20) しかないので，$v_2 \to v_5$ を採用すると点 s から点 v_5 までは重み $20 + 51 = 71$ でたどり着く．一方，点 s から点 v_4 までの道には，$s \to v_2 \to v_4$ と $s \to v_4$ の二つの候補がある．このうち，重みが大きいほうは，最短路の一部にはなり得ない．そこで，点 s から点 v_4 までは $s \to v_2 \to v_4$ を用いることになるから，$v_4 \to v_5$ を採用すると点 s から点 v_5 までは重み $20 + 30 + 18 = 68$ でたどり着く．以上より，点 s から点 v_5 への最短路は $s \to v_2 \to v_4 \to v_5$ であることがわかる．

例 5.2 より，始点 s からある点 (例では v_5) までの最短路を求める際には，その一つ手前にあたる点 (例では v_2 と v_4) それぞれについての s からの最短路の長さがわかっていればよいことがわかる．逆に，おおまかにいえば，始点 s に近い点のほうから順に，s からその点までの最短路 (の長さ) は確定していくことができる．このようなことを実行して最短路を求める方法は，**ダイクストラ** (Dijkstra) **法**として知られている．

ダイクストラ法を記述すると，アルゴリズム 5.1 のようになる．なお，$V - S$ は V の元のうち S に含まれないものの集合を表し，$c_{(\bar{v},w)}$ は辺 $(\bar{v}, w)$ の重みを表す．また，表記の簡単のため始点 s を v_1 としている．ダイクストラ法では，特定の終点までの最短路だけではなく，グラフの各点までの最短路がすべて求められる．集合 S は，始点 v_1 からの最短路が確定した点の集合であり，一反復ごとに S にグラフの点が一つずつ追加されていく．また，各反復において，$d(v)$ と $p(v)$ は，始点 v_1 から点 v までの道のうちその時点までにみつかった重みが最小のものに関する情報 ($d(v)$ はそのような道の重みであり，$p(v)$ はその道の中で点 v の一つ手前の点) である．アルゴリズム 5.1 が終了した時点では，$d(v)$ は始点 v_1 から点 v への最短路の重みとなる．

アルゴリズム 5.1　**ダイクストラ法**

$S \leftarrow \emptyset$, $d(v_1) \leftarrow 0$, $d(v) \leftarrow \infty$ $(\forall v \neq v_1)$.
for $k = 1, 2, \ldots, |V| - 1$ **do**
　点 $v \in V - S$ のうち $d(v)$ の値が最小のものを $\bar{v}$ とおく．
　$S \leftarrow S \cup \{\bar{v}\}$.
　for $\bar{v}$ に隣接する各点 $w \in V - S$ **do**
　　if $d(w) > d(\bar{v}) + c_{(\bar{v},w)}$ **then**
　　　$d(w) \leftarrow d(\bar{v}) + c_{(\bar{v},w)}$.
　　　$p(w) \leftarrow \bar{v}$.
　　end if
　end for
end for

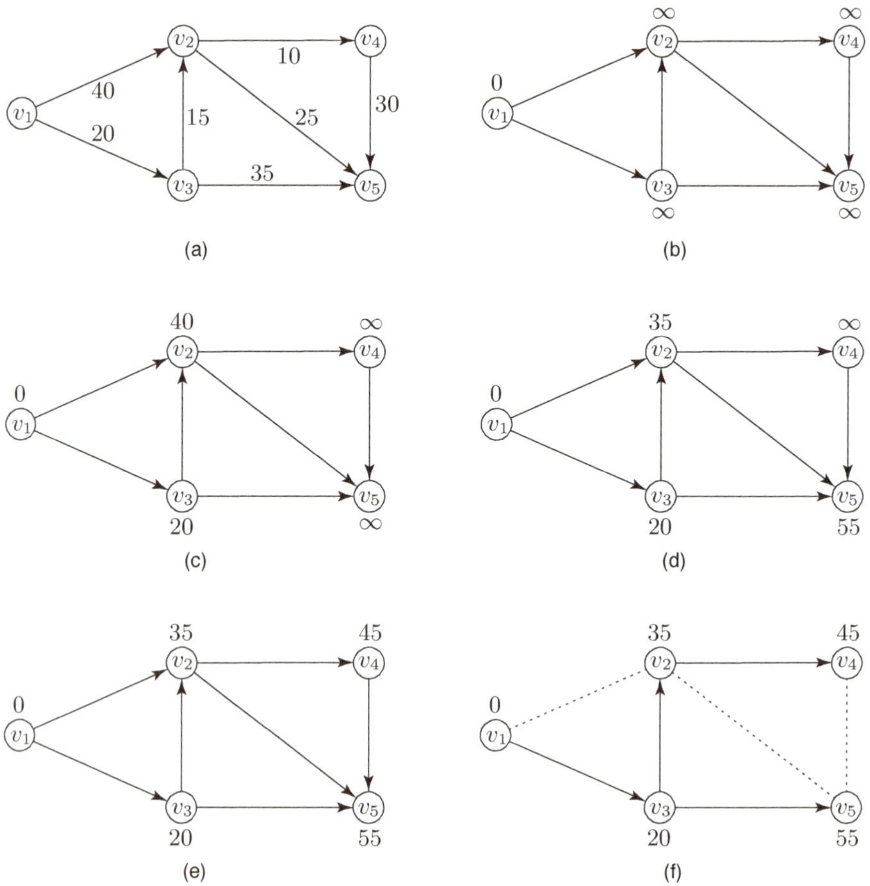

図 5.9　ダイクストラ法の動作

例 5.3　図 5.9(a) のグラフにダイクストラ法を適用してみる．

- $k = 1$ のとき．$V - S = V$ であり，$d(v)$ の値は図 5.9(b) の数字のとおりであるから，$\bar{v} \leftarrow v_1$ とする．点 v_1 に隣接するのは点 v_2 と点 v_3 であり，これらの $d(v)$ の値を更新すると図 5.9(c) のようになる．また，$p(v_2) = v_1$, $p(v_3) = v_1$ である．

- $k = 2$ のとき．図 5.9(c) で $V - S = \{v_2, v_3, v_4, v_5\}$ のうち

$d(v)$ が最小のものを選ぶと $\bar{v} \leftarrow v_3$ となる．点 v_3 に隣接するのは点 v_2 と点 v_5 であり，これらの $d(v)$ の値を更新すると図 5.9(d) のようになる．また，$p(v_2) = v_3, p(v_5) = v_3$ である．

- $k = 3$ のとき．図 5.9(d) で $V - S = \{v_2, v_4, v_5\}$ のうち $d(v)$ が最小のものを選ぶと $\bar{v} \leftarrow v_2$ となる．点 v_2 に隣接するのは点 v_4 と点 v_5 であり，$d(v_4) = 45, p(v_4) = v_2$ と更新される．一方，$d(v_5) < d(v_2) + c_{(v_2,v_5)} = 35 + 25 = 60$ であるから，$d(v_5)$ と $p(v_5)$ は変更しない (図 5.9(e))．

- $k = 4$ のとき．図 5.9(e) で $V - S = \{v_4, v_5\}$ のうち $d(v)$ が最小のものを選ぶと $\bar{v} \leftarrow v_4$ となる．点 v_4 に隣接するのは点 v_5 であるが，$d(v_5) < d(v_4) + c_{(v_4,v_5)} = 45 + 30 = 75$ であるから，$d(v_5)$ と $p(v_5)$ は変更しない (図 5.9(e))．

図 5.9(f) は，以上で得られた $d(v)$ の値と辺 $(p(v), v)$ とを表しており，これらが始点 v_1 から各点までの最短路である．

例 5.4　Python では，NetworkX というライブラリにダイクストラ法が実装されており，容易に利用することができる．たとえば，図 5.9(a) のグラフに適用して点 v_1 から点 v_4 までの最短路を出力するには，次のようなコードを用いればよい．

```
import networkx as nx
G = nx.DiGraph()
G.add_nodes_from([ 'v1','v2','v3','v4','v5' ])
G.add_weighted_edges_from([ ('v1','v2',40.0), \
     ('v1','v3',20.0), ('v2','v4',10.0), \
     ('v2','v5',25.0), ('v3','v2',15.0), \
     ('v3','v5',35.0), ('v4','v5',20.0) ])
print( nx.dijkstra_path(G,'v1','v4') )
```

ここで，ダイクストラ法の計算効率について考えるために，**計算複雑度**の概念を簡単に解説する[*6]．計算複雑度は，問題を解くのに要する計算の手間 (**計算量**) とメモリの量 (**領域量**) からなる．本書では，計算量に限って議論する．

たとえば最短路問題について，グラフの点の数や辺の配置，辺の重みなどをさまざまに変えた問題を考えることができる．その具体的な一つひとつの問題設定を**問題例**とよび，問題例の集合を総称して**問題**とよぶ．ある問題の**アルゴリズム**とは，その問題のすべての問題例を有限回の**基本演算** (四則演算，比較演算，代入演算) で解く手続きのことである．そして，この基本演算の総数のことを，そのアルゴリズムの**計算量**という．計算量は問題例の**サイズ** (最短路問題の例では，グラフの点や辺の数) に依存するし，たとえサイズが同じであっても問題例によって異なり得る．そこで，問題例のサイズを N としたときに，サイズが N の問題例のうちで最も基本演算の数が大きくなるものを考え，その演算の数を $f(N)$ のように N の関数として表す．そして，サイズ N が大きくなるにつれて演算の数がどのように増えるのかをみるために，関数 $f(N)$ の**オーダー** $\mathrm{O}(f(N))$ を議論する．オーダーとは，簡単にいえば，関数の最も高次の項のことで，その項の係数は無視したものである．例として $f_1(N) = 2N^3 + 5N^2 + N$, $f_2(N) = 1000N^2 + 200N + 4$, $f_3(N) = 2^N + 6N^8$ の三つを考えると，それぞれのオーダーは $f_1(N) = \mathrm{O}(N^3)$, $f_2(N) = \mathrm{O}(N^2)$, $f_3(N) = \mathrm{O}(2^N)$ である．

あるアルゴリズムの計算量のオーダー $\mathrm{O}(f(N))$ が定数 k を用いて N^k のように N のべき乗で表せる ($N \log N$ のように $\log N$ を含んでもよい) とき，その計算量は**多項式時間**であるという[*7]．また，計算量が多項式時間であるアルゴリズムのことを，**多項式時間アルゴリズム**とよぶ．たとえば，線形計画問題に対する内点法は，多項式時間アルゴリズムとして知られている．これに対して，$f(N)$ が (たとえば 2^N や $N!$ などのように) N の多項式関数では表せない場合は，N が少し大きくなるだけで $f(N)$ の値は爆発的に増加する．したがって，通常，計算量が多項式時間であるアルゴリズムはそうでないアルゴリズムよりも効率の良いアルゴリズムとされている．以下では，計算量のオーダー $\mathrm{O}(f(N))$ のことを，単に計算量とよぶ．

一般に，多項式時間アルゴリズムが存在する問題は**クラス P** に属するという[*8]．

[*6] 文献 10) など，アルゴリズムの教科書に詳しい解説がある．

[*7] 計算量のオーダーを正確に求めることが難しい場合には，それをより大きく見積もったものが N のべき乗で表せることを示せば，その計算量は多項式時間であるとしてよい．たとえば，計算量が $f(N) = 2N^3 + 5N^2 + N$ である場合に，そのオーダーを $\mathrm{O}(N^4)$ と見積もったとしても，多項式時間であることの判定には差し支えない．

[*8] P は polynomial time の略である．

実は，本章で扱う問題は，すべてクラス P に属する．一方で，巡回セールスマン問題 (1.2 節) や第 6 章で扱うナップサック問題などは，多項式時間アルゴリズムが存在しそうにないと考えられており，**NP 困難**とよばれるクラスに分類されている [*9]．多くの離散最適化問題が NP 困難であることが，これまでにわかっている．

ところで，最短路問題では，グラフ G のそれぞれの辺について，その辺を最短路の一部として採用するかしないかの 2 通りの選択肢がある．そのような組合せをすべて考えると，$2^{|E|}$ 個ある．このうち，始点 s から終点 t までの道になっていて，かつ重み最小のものを選べば，それが最適解である．この単純な列挙法は計算量が $\mathrm{O}(2^{|E|})$ であり，効率の悪いアルゴリズムということになる．次に，ダイクストラ法の計算量を考えてみる．アルゴリズム 5.1 の 3 行目では，たかだか $|V|$ 個の点について $d(v)$ の値を比較している．そこで，アルゴリズム全体を通してこの比較に費やされる計算量は $\mathrm{O}(|V|^2)$ である．次に，5 行目から 10 行目について考える．ここでの辺 $(\bar{v}, w)$ の選び方に注目すると，グラフの各辺はアルゴリズムを通じてたかだか 1 回だけ処理される．したがって，5 行目から 10 行目の計算量は $\mathrm{O}(|E|)$ である．以上よりアルゴリズム全体の計算量は $\mathrm{O}(|V|^2) + \mathrm{O}(|E|)$ となる．さらに，グラフは多重辺をもたないとしているから，$|E|$ は $|V|^2$ 以下である．したがって，計算量は結局のところ $\mathrm{O}(|V|^2)$ となり，ダイクストラ法は多項式時間アルゴリズムであることがわかる．

5.3　最小木問題と階層的クラスタリング

最小木問題は，貪欲算法とよばれる非常に簡単な解法が存在する問題である．本節では，その解法とクラスタリングへの応用について述べる．

5.3.1　最小木問題

連結な重み付き無向グラフ $G = (V, E, c)$ に対して，重みが最小の全域木を**最小木** (または，**最小全域木**) とよぶ．簡単のため，辺の重みはすべて異なるものとする．**最小木問題**は，G が与えられたときにその最小木を求める問題である．図 5.10 に，最小木問題の例を示す (図 5.10(b) の全域木の重みは 21 である)．

G の全域木を T で表すと，T には次の性質がある．

[*9] NP は nondeterministic polynomial time の略である．

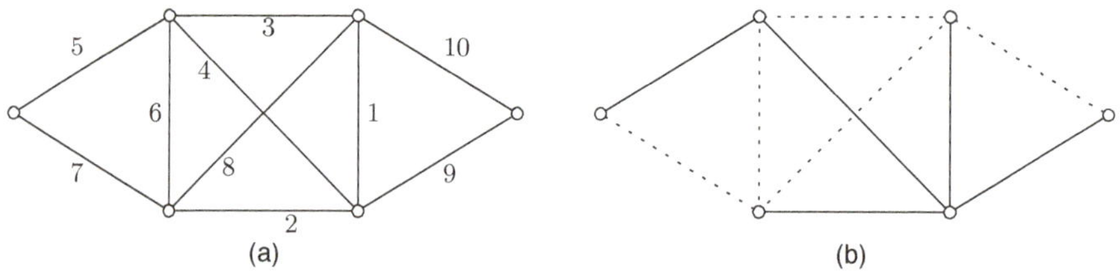

図 5.10　最小木問題．(a) 問題設定の例と (a) 全域木の例

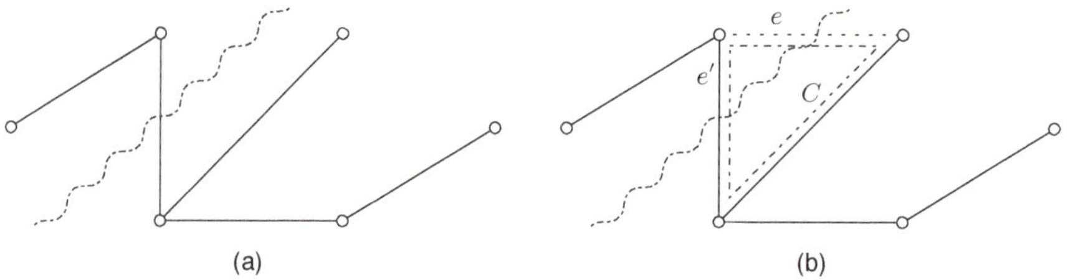

図 5.11　最小木の性質 (定理 5.1)

- T は $|V|-1$ 本の辺をもつ．
- T の任意の一つの辺を取り除くと，二つの連結成分に分解される．
- T の隣接していない二つの点を結ぶ辺を加えると，閉路が一つできる．

簡単のため，以降では，G の辺の重みはすべて互いに異なるものとする．最小木には，次の性質がある．

定理 5.1　重み付きグラフ $G=(V,E,c)$ の任意のカット $(S,V-S)$ に含まれる辺のうち重み最小のものは，G の最小木 T に含まれる．

証明　カットの辺のうち重み最小のものを e とおき，これが T に含まれないとする (図 5.11(a))．T に e を加えると，閉路が一つできる (図 5.11(b))．この閉路を C とおくと，閉路はカット上に少なくとも 2 本の辺をもつので，C に含まれる辺のうちカット $(S,V-S)$ にも含まれる e 以外の辺 e' が存在する．辺 e を加えた代わりに，この e' を取り除くと全域木が得られ，かつその重みは T よりも小さくなる． ■

G の辺を重みが小さい順に並べて，それを順に $e_1, e_2, \ldots, e_{|E|}$ とおいたとする．いま，e_1 を含む G の任意のカットを考えると，e_1 はそのカットの重み最小の辺であるから，e_1 は最小木に含まれる．次に，G のカットのうち，e_2 を含み e_1 を含まないようなものが存在する．そのカットの重み最小の辺は e_2 であるから，e_2 も最小木に含まれる．さらに e_3 について考えると，e_1, e_2, e_3 のみで閉路ができる場合を除けば，G には e_3 を含み e_1 と e_2 を含まないカットが存在する．そのような場合には，e_3 も最小木に含まれる．以上の考察を繰り返すと，最小木はアルゴリズム 5.2 により得られることがわかる (アルゴリズムが終了した時点での T が最小木である)．この解法は，**クラスカル** (Kruskal) **のアルゴリズム**とよばれている．

アルゴリズム 5.2　**クラスカルのアルゴリズム**

G の辺を重みが小さい順に並べ，それを $e_1, e_2, \ldots, e_{|E|}$ とする．
$T \leftarrow \emptyset$, $k \leftarrow 1$.
while $|T| < |V| - 1$ **do**
　　if $T \cup \{e_k\}$ が閉路をもたない **then**
　　　　$T \leftarrow T \cup \{e_k\}$.
　　end if
　　$k \leftarrow k + 1$.
end while

例 5.5　Python のライブラリ NetworkX には，クラスカルのアルゴリズムも実装されている．たとえば，図 5.10(a) のグラフには次のようなコードで適用できる．

```
import networkx as nx
G = nx.Graph()
G.add_nodes_from([ 1,2,3,4,5,6 ])
G.add_weighted_edges_from([ (1,2,5.0), (1,3,7.0), \
      (2,3,6.0), (2,4,3.0), (2,5,4.0), (3,4,8.0), \
      (3,5,2.0), (4,5,1.0), (4,6,10.0), (5,6,9.0) ])
T = nx.minimum_spanning_tree(G)
print( T.edges(data=True) )
```

別の解法として，全域木は G のすべての点を含むので，まず点 $v \in V$ を任意に選ぶ．この点 v とそれ以外の点との間のカットを考えると，それに含まれる重み最小の辺は最小木に含まれる．次に，いま得られた辺の端点と G のそれ以外の点との間のカットを考えると，それに含まれる重み最小の辺も最小木に含まれる．これらを繰り返して最小木を得る解法がアルゴリズム 5.3 であり，**プリム** (Prim) **のアルゴリズム**とよばれている．プリムのアルゴリズムもクラスカルのアルゴリズムも，多項式時間アルゴリズムであることが知られている．

アルゴリズム 5.3　**プリムのアルゴリズム**

1: 点 $v \in V$ を選ぶ．
2: $T \leftarrow \emptyset$, $S \leftarrow \{v\}$.
3: **while** $|T| < |V| - 1$ **do**
4: 　　カット $(S, V - S)$ の辺のうち重み最小のものを e とする．
5: 　　$T \leftarrow T \cup \{e\}$.
6: 　　S に e の端点を加える．
7: **end while**

クラスカルのアルゴリズムは，重みの小さい順に辺を選び，閉路ができない限りその辺を付け加えることを繰り返すことで最小木を得るというものである．このように，解を段階的に構成するような解法で，その時点で最良と思われる構成要素から順に追加していくものは，**貪欲算法** (または，**欲張り法**) と総称される [*10].

5.3.2 階層的クラスタリング

データ解析への最小木問題の応用例として，1.2 節で簡単に紹介したクラスタリングを取り上げる．与えられた多くのデータ点を，似たものどうし集めていくつかのグループに分ける．こうしてできるグループを**クラスター**とよび，データをクラスターに分けることを**クラスタリング**とよぶ．

図 5.12 は，15 個の点として与えられたデータを 3 個のクラスターに分けた例である．この例では，似た点どうしは平面上の距離 (ユークリッド距離) が近く，似ていない点どうしは距離が遠いものとする．このように，二つのデータ点の似ていな

[*10] 最小木問題は，このような貪欲算法で最適解が得られることが保証されている問題である．最適化問題が特別な性質をもっていない限り，一般に，貪欲算法で最適解を得ることはできない．

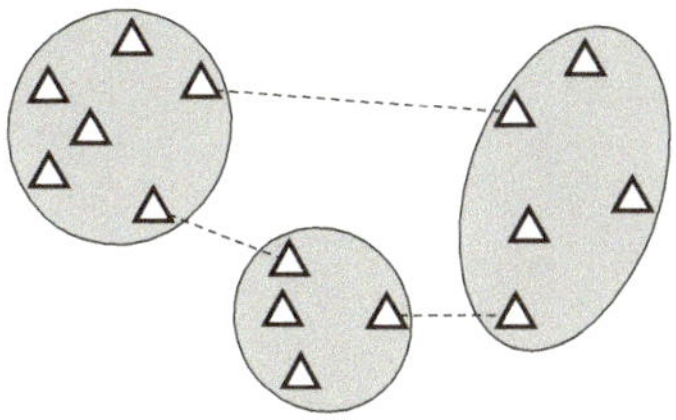

図 5.12　$m = 15$ 個のデータ点を $k = 3$ 個のクラスターに分けた例

い度合いを図る尺度を，クラスタリングでは**距離** (または**非類似度**) とよぶ．この距離は，物理的な距離とは異なるものでよい．たとえば，生物学における種（しゅ）のクラスタリングでは，進化の過程でそれぞれの種が分化してから現在までの時間を距離とすることなどが考えられる．いま，データ点を $\boldsymbol{s}_1, \ldots, \boldsymbol{s}_m \in \mathbb{R}^n$ で表し，これを k 個のクラスター $C_1, \ldots, C_k$ に分けるとする．このとき，任意の二つのデータ点 $\boldsymbol{s}_l$ と $\boldsymbol{s}_h$ に対して距離 $\rho(\boldsymbol{s}_l, \boldsymbol{s}_h)$ が数値として与えられており，それが条件

$$\rho(\boldsymbol{s}_l, \boldsymbol{s}_l) = 0, \quad \rho(\boldsymbol{s}_l, \boldsymbol{s}_h) = \rho(\boldsymbol{s}_h, \boldsymbol{s}_l) > 0 \quad (l \neq h)$$

を満たすことだけ仮定する．

近くにある点どうしを同じクラスターに入れるということは，異なるクラスターどうしがなるべく遠くにあるようにするということでもある．ここで，クラスター間の距離の定め方にはいくつかの候補があり，以下ではそのうちの一つ (最近隣距離) を用いる．つまり，二つのクラスター C_i と C_j に対して，それぞれのクラスターに属する点どうしで最も近いものの距離を，C_i と C_j の距離と定義する：

$$D(C_i, C_j) = \min\{\rho(\boldsymbol{s}_l, \boldsymbol{s}_h) \mid \boldsymbol{s}_l \in C_i,\ \boldsymbol{s}_h \in C_j\}.$$

図 5.12 の例では，点線で示した線分の長さがクラスター間の距離に対応する．このとき，クラスター間の距離 $D(C_i, C_j)$ のうち最小のものができるだけ大きくなるように $C_1, \ldots, C_k$ を定めたい．以下では，このようなクラスタリングを**最大間隔 k-クラスタリング**とよぶことにする．

具体例として，図 5.13(a) に示す 10 個の点からなるデータを考える．この例では，データ点どうしの距離は平面上の物理的な距離 (つまり，ユークリッド距離) であるとする．図 5.13(a) の状態は，それぞれが 1 個の点だけからなる 10 個のクラスターが存在しているとみることもできる．ここで，最も近くにある 2 点 $\boldsymbol{s}_7$ と $\boldsymbol{s}_9$

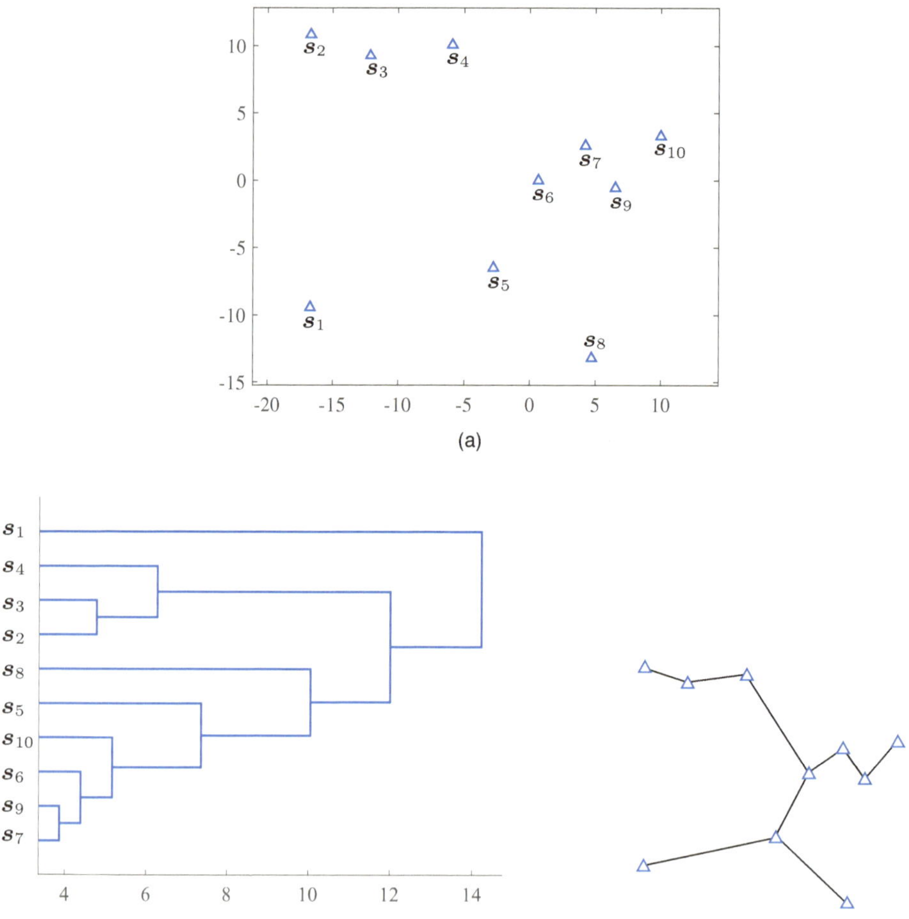

図 5.13 単リンク法 (最大間隔 k-クラスタリング) によるクラスタリングの例．(a) 平面上のデータ，(b) デンドログラムと (c) 最小木

を一つのクラスターとする．すると，データは 9 個のクラスターに分けられたことになる．次に近い 2 点の組は $\boldsymbol{s}_6$ と $\boldsymbol{s}_7$ である．ここで $\boldsymbol{s}_7$ と $\boldsymbol{s}_9$ はすでに同じクラスターに入っているので，今度は $\{\boldsymbol{s}_6, \boldsymbol{s}_7, \boldsymbol{s}_9\}$ で一つのクラスターとする．すると，データは 8 個のクラスターに分けられたことになる．このような操作を繰り返しクラスター数を一つずつ減らしていくと，図 5.13(b) のような関係図が得られる．こ

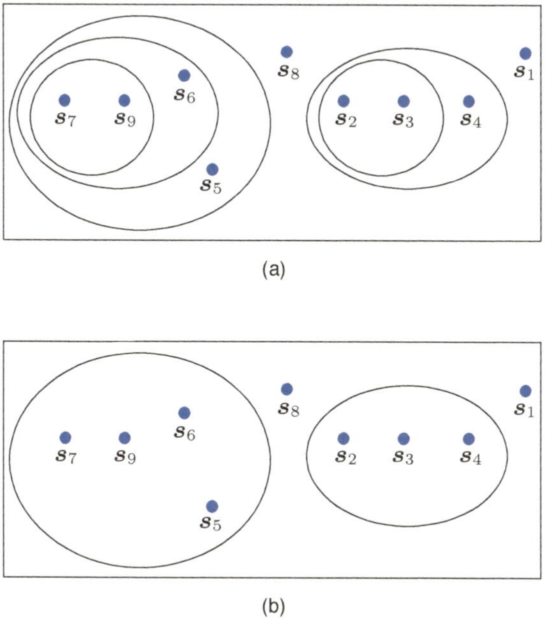

図 5.14　**2 種類のクラスタリング．(a) 階層的クラスタリングと (b) 非階層的クラスタリング**

こで，図の縦軸はデータ点を表し，横軸はクラスター間の距離 $D(C_i, C_j)$ を表し，互いに線で結ばれている点は同じクラスターに属していることを表している．このような図は，**デンドログラム** (樹形図) とよばれる．また，このクラスタリングの手法では，それぞれの点がどの順序でどのようにクラスターに分けられていくかという途中経過が出力されている．したがって，たとえば図 5.13(b) の横軸の値が 8.0 のあたりで鉛直な線を引くと，4 本の横線と交わるのに対応してデータ点が 4 個のクラスターに分けられた状態が得られる．これより横軸の値が小さいところでのクラスタリングも同様にして抽出すると，図 5.14(a) に示すようなクラスターの包含関係が得られる．このようなクラスターの分析法を，**階層的クラスタリング**とよぶ (これに対して，図 5.14(b) のようにクラスター分けのみが得られる分析法を**非階層的クラスタリング**とよぶが，こちらについては 6.3 節で扱う)．さらに，階層的クラスタリングのうちで，データ点それぞれが個々のクラスターである状態から順次クラスターが併合されていく手法は，**凝集型**とよばれる[*11]．クラスター間の距離を本節のように定義したときの階層的凝集型クラスタリングは，**単リンク法**とよばれている．

最大間隔 k-クラスタリングは，最小木と深いつながりがある．いま，データ点の集合 $\{\boldsymbol{s}_1, \ldots, \boldsymbol{s}_m\}$ を点集合とみなし，任意の 2 点間に辺をもち，データ点間の距離を辺の重みとするグラフ $G = (V, E, c)$ を考える．図 5.13 の例では，図 5.13(a) のデータに対応するグラフ G の最小木は，図 5.13(c) である．G の最小木と最大間隔 k-クラスタリングとの間には，次の関係が成り立つ．

定理 5.2 G の最小木から重みの大きい順に $k-1$ 本の辺を除いて得られるグラフ $\bar{G}$ の連結成分 $C_1, \ldots, C_k$ は，最大間隔 k-クラスタリングである．

証明 クラスカルのアルゴリズムを実行して，辺が $|V| - k$ 本だけ得られた状態で停止すると，そのときに得られているグラフが $\bar{G}$ である．また，クラスカルのアルゴリズムでその次に加えられる辺の重みを c^* とおくと，c^* はクラスタリング $C_1, \ldots, C_k$ における最も近いクラスター間の距離に等しい．そこで，$C_1, \ldots, C_k$ とは異なる k-クラスタリング $\tilde{C}_1, \ldots, \tilde{C}_k$ を考えると，その中の最も近いクラスター間の距離は c^* 以下であることを示せばよい．

いま，クラスタリング $C_1, \ldots, C_k$ とクラスタリング $\tilde{C}_1, \ldots, \tilde{C}_k$ が異なることから，前者では同じクラスターに属する 2 点で後者では異なるクラスターに属するものが存在する．そこで，2 点 $\boldsymbol{s}_l$, $\boldsymbol{s}_{l'}$ がクラスター C_i に属するとし，$\boldsymbol{s}_l$ は $\tilde{C}_u$ に属し $\boldsymbol{s}_{l'}$ は $\tilde{C}_v$ に属するものとする (図 5.15)．点 $\boldsymbol{s}_l$ と点 $\boldsymbol{s}_{l'}$ は $\bar{G}$ の連結成分 C_i

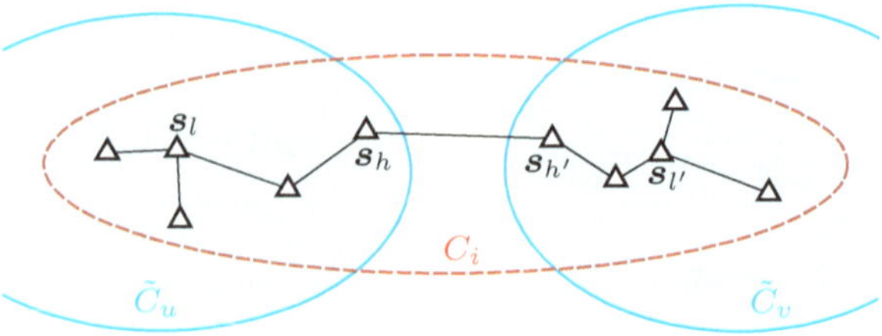

図 5.15 定理 5.2 の証明で用いる図

[*11] これに対して，すべてのデータ点が一つのクラスターに属する状態から順次クラスターを分割していく手法は，**分割型**とよばれる．

に属することから，クラスカルのアルゴリズムを停止した時点で $\boldsymbol{s}_l$ から $\boldsymbol{s}_{l'}$ への道が得られており，その道に属する任意の辺の重みは c^* 以下である．この道の辺のうち，二つの端点がそれぞれ $\tilde{C}_u$ と $\tilde{C}_v$ に属するものがある (図 5.15 では，$\boldsymbol{s}_h$ と $\boldsymbol{s}_{h'}$ を結ぶ辺がこれにあたる)．その辺の重みも c^* 以下であるから，クラスター $\tilde{C}_u$ とクラスター $\tilde{C}_v$ との距離も c^* 以下である． ■

定理 5.2 の証明の中で述べたように，単リンク法の各階層におけるクラスタリングは，クラスカルのアルゴリズムに従って辺を一つずつ追加したときに得られるグラフの連結成分にほかならない．

5.4　最小費用流問題と単調回帰

ネットワーク計画問題のなかには，線形計画問題としても定式化できるが，その問題に固有の性質を利用すればより効率よく解けるという問題も多い．実は，最短路問題 (5.2 節) は，そのような問題の一つである．本節では，最小費用流問題を取り上げ，その線形計画問題としての定式化を説明する．また，この問題の応用として，単調回帰を取り上げる．

5.4.1　最小費用流問題

重み付き有向グラフ (つまり，ネットワーク) $G = (V, E, c)$ が与えられたとき，このネットワークに沿ってある点から別の点まで，あるものを決められた量だけ送る (または，流す) ことを考える．たとえば，水道管やガス管などのネットワークに水やガスを流すことを想定すれば，わかりやすい．ここで，出発点を**ソース**とよび，到着点を**シンク**とよぶ．辺 $(i, j) \in E$ の重み $c_{(i,j)}$ は，その辺に流せるものの量の上限値を意味するとする．そこで，本節では重み $c_{(i,j)}$ のことを**容量**とよぶことにする．次に，辺 $(i, j) \in E$ に水などを 1 単位の量だけ流す際に生じる**コスト** $w_{(i,j)}$ が与えられているとする．つまり，この辺の流量 (その辺に流れるものの量) を非負の変数 $f_{(i,j)}$ で表すと，その辺で生じるコストは $w_{(i,j)} f_{(i,j)}$ である．このとき，ネットワーク全体でのコストの総和が最小になるように各辺の流量 $f_{(i,j)}$ を求める問題が，**最小費用流問題**である．

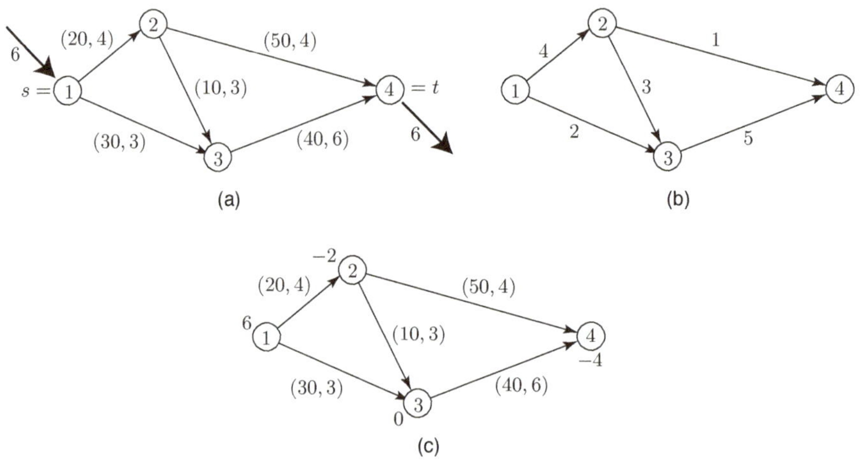

図 5.16　最小費用流問題の例．(a) ソースとシンクが一つずつの例，(b) そのフローの例と (c) シンクが複数ある例

例 5.6　図 5.16(a) の例では，各辺の横にコストと容量を示している．たとえば，辺 $(1, 2)$ のコストは 20 で容量は 4 である．ソース s (点 1) からシンク t (点 4) まで流す量を 6 とする．ソース s から流れ出る先は点 2 と点 3 であるので，条件

$$f_{(1,2)} + f_{(1,3)} = 6$$

が満たされなければならない．次に，点 2 について考えると，流れ込む元は点 1 であり流れ出る先は点 3 と点 4 であるから，条件

$$f_{(2,3)} + f_{(2,4)} - f_{(1,2)} = 0$$

が満たされなければならない．点 3 と点 4 についても同様に考えると，条件

$$f_{(3,4)} - f_{(1,3)} - f_{(2,3)} = 0,$$
$$-f_{(2,4)} - f_{(3,4)} = -6$$

が得られる．最後に，$f_{(i,j)}$ は各辺の容量以下であり，かつ (辺を逆

流することは許されないので) 0 以上である．図 5.16(b) は，以上の条件を満たす $f_{(i,j)}$ の組の例であり，そのコストの総和は 420 である．このコストの総和を最小にする $f_{(i,j)}$ の組を求める問題が，最小費用流問題である．

例 5.6 の問題を一般的な形で書くと，次のようになる：

$$\text{Minimize} \quad \sum_{(i,j)\in E} w_{(i,j)} f_{(i,j)} \tag{5.1a}$$

$$\text{subject to} \quad \sum_{j\in V} f_{(v,j)} - \sum_{i\in V} f_{(i,v)} = b_v, \quad v \in V, \tag{5.1b}$$

$$0 \leqq f_{(i,j)} \leqq c_{(i,j)}, \qquad (i,j) \in E. \tag{5.1c}$$

ここで，式 (5.1b) の二つの総和は，それぞれ，点 v から出る G の辺と点 v に入る G の辺について和をとることを表すものとする．また，b_v は定数で，点 v がソースであれば正の値をとり，シンクであれば負の値をとる．ソースでもシンクでもない点は**通過点**とよばれ，$b_v = 0$ である．図 5.16(c) の例では，b_v の値を点の横の数字で表している．この例では，点 1 がソースであり，点 2 と点 4 がシンクであり，点 3 が通過点である．このように，ソースやシンク，通過点はそれぞれ複数個あってもよい．ただし，ネットワーク全体で供給量と需要量の間に過不足があってはならない (過不足があれば，実行可能解が存在しない) ので，b_v は条件

$$\sum_{v\in V} b_v = 0$$

を満たすように与える必要がある．制約 (5.1b) は，各点 v における流入量と流出量が等しいという条件を表したものであり，**流量保存則**とよばれる．また，制約 (5.1c) は**容量制約**とよばれる．そして，この二つの制約を満たす $f_{(i,j)}$ $(\forall(i,j) \in E)$ のことを**フロー**とよぶ．最小費用流問題は，フローのうちでコストが最小になるものを求める問題であると言い換えることができる．

問題 (5.1) は，線形計画問題である．特に，問題の特別な構造を利用すると，単体法を非常に効率的に実行できることが知られている．また，線形計画としてのアプローチ以外に，グラフの性質を利用した多項式時間アルゴリズムも知られている [*12]．

[*12] たとえば，文献 4), 12), 16), 17) などを参照されたい．

例 5.7 Python のライブラリ NetworkX には，単体法を用いた最小費用流問題の解法が実装されている．たとえば，図 5.16(c) の問題設定には次のようなコードで適用できる．ソースとシンクにおける供給量と需要量の正負が，NetworkX での設定と本書での説明とで逆になっていることに注意が必要である．

```python
import networkx as nx
G = nx.DiGraph()
G.add_node('v1', demand = -6.0)
G.add_node('v2', demand = 2.0)
G.add_node('v3', demand = 0.0)
G.add_node('v4', demand = 4.0)
G.add_edge('v1', 'v2', weight = 20.0, capacity = 4.0)
G.add_edge('v1', 'v3', weight = 30.0, capacity = 3.0)
G.add_edge('v2', 'v3', weight = 10.0, capacity = 3.0)
G.add_edge('v2', 'v4', weight = 50.0, capacity = 4.0)
G.add_edge('v3', 'v4', weight = 40.0, capacity = 6.0)
flowDict = nx.min_cost_flow(G)
print(flowDict)
```

5.4.2 単調回帰

単調回帰[*13] は，回帰分析の手法の一つである．回帰分析は，2.5.1 節でも扱った．そこでの手法は，目的変数が説明変数に対してどのような形の関数で表されるか (たとえば，1 次関数なのか 2 次関数なのか) をあらかじめ決めてから，その関数の係数や定数項を決定するものであった．これに対して，単調回帰はそのような具体的な関数形を仮定しない手法 (**ノンパラメトリック手法**とよばれる手法) の一つである．ただし，まったく何の仮定も設けないというのではなく，たとえば目的変数が説明変数に対して単調増加であるというような先験的な前提[*14] を用いるのが，単調回帰の特徴である．

いま，2.5.1 節と同様に，データ $(\sigma_1, \tau_1), \ldots, (\sigma_r, \tau_r)$ が得られているとして，σ

[*13] 単調回帰は，isotonic regression の訳語である．

[*14] たとえば，夏季の冷房使用量を気温から予測するような場面を想定すると，理解しやすい．

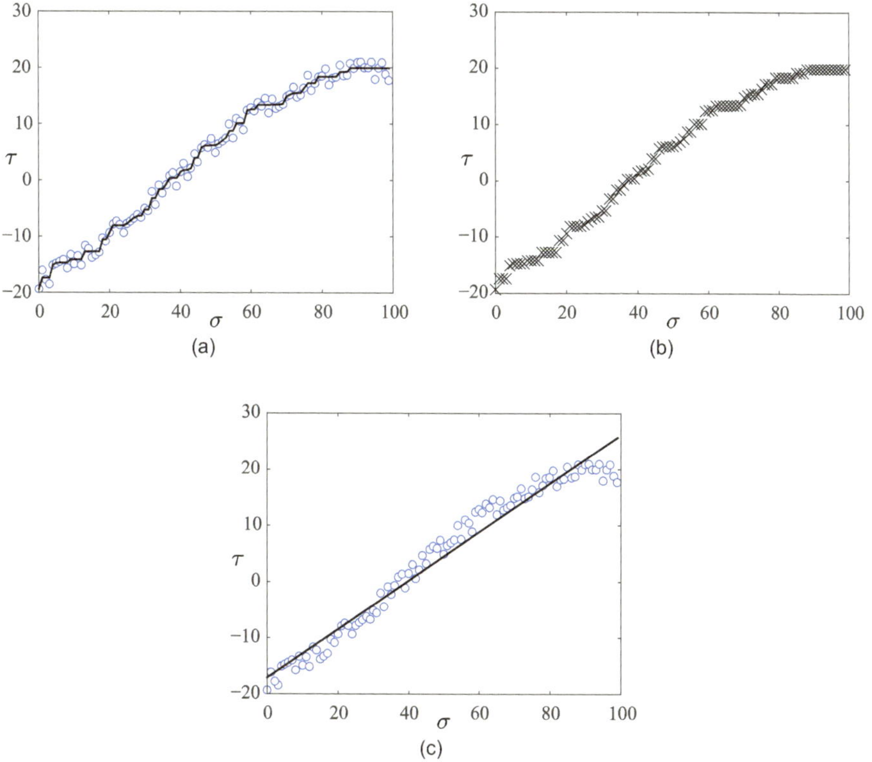

図 5.17　単調回帰の例．(a) および (b) 単調回帰と (c) 最小 2 乗法による線形回帰

を説明変数とし τ を目的変数とする [*15]．例として，図 5.17(a) の “◦” がデータである．データは σ の昇順，つまり，

$$\sigma_1 < \sigma_2 < \cdots < \sigma_r$$

を満たす順に並んでいるとする．ここで，σ_l における τ の予測値を x_l とおく．つまり，x_l が τ_l に近い値になるように $x_1, \ldots, x_r$ を決めたい．ただし，τ は σ に対して単調増加 (より正確には，単調非減少) であるという前提をおけるものとし，この前提に対応して条件

[*15] 2.5.1 節では説明変数を s とおき目的変数を t とおいたが，本節では s と t はネットワークのソースとシンクを表すのに用いているので，少し記号を変えている．

$$x_1 \leqq x_2 \leqq \ldots \leqq x_r$$

を満たすように $x_1, \ldots, x_r$ を決める[*16]．予測値の観測値からのずれの尺度として，たとえば差の絶対値和 $\sum_{l=1}^{r} |x_l - \tau_l|$ を用いることが考えられる．以下では，これを少し一般化した重み付きの絶対値和を用いることにすると，回帰問題は次の最適化問題として定式化できる：

$$\text{Minimize} \quad \sum_{l=1}^{r} \rho_l |x_l - \tau_l| \tag{5.2a}$$

$$\text{subject to} \quad x_1 \leqq x_2 \leqq \ldots \leqq x_r. \tag{5.2b}$$

ただし，$\rho_1, \ldots, \rho_r$ は重みを表す正の定数である．

図 5.17(a) のデータに対する問題 (5.2) の最適解を，図 5.17(b) に示す ($\rho_1 = \cdots = \rho_r = 1$ とした)．図 5.17(a) の実線は，図 5.17(b) の解を結んで得られたものである．

問題 (5.2) は，線形計画問題に帰着することができる．このことを理解するために，まずは x_l を固定し，二つの決定変数 e_l^+ と e_l^- に関する次の最適化問題を考える：

$$\begin{aligned} \text{Minimize} \quad & \rho_l(e_l^+ + e_l^-) \\ \text{subject to} \quad & e_l^+ \geqq x_l - \tau_l \geqq -e_l^-, \\ & e_l^+ \geqq 0, \quad e_l^- \geqq 0. \end{aligned}$$

この問題の最適値は，$\rho_l |x_l - \tau_l|$ になる．というのも，$x_l - \tau_l \geqq 0$ の場合は，$e_l^+ = x_l - \tau_l$ および $e_l^- = 0$ が最適解となる．また，$x_l - \tau_l < 0$ の場合は，$e_l^+ = 0$ および $e_l^- = -(x_l - \tau_l)$ が最適解となるからである．以上の考察から，問題 (5.2) を次の問題に書き換えることができる：

$$\text{Minimize} \quad \boldsymbol{\rho}^\top (\boldsymbol{e}^+ + \boldsymbol{e}^-) \tag{5.3a}$$

$$\text{subject to} \quad x_1 \leqq x_2 \leqq \ldots \leqq x_r, \tag{5.3b}$$

$$\boldsymbol{e}^+ \geqq \boldsymbol{x} - \boldsymbol{\tau} \geqq -\boldsymbol{e}^-, \tag{5.3c}$$

$$\boldsymbol{e}^+ \geqq \boldsymbol{0}, \quad \boldsymbol{e}^- \geqq \boldsymbol{0}. \tag{5.3d}$$

[*16] 本節で述べる手法は，$x_j \leqq x_{j+1}$ の形の不等式制約に限らず，より一般に $x_j \leqq x_l$ の形の不等式制約が扱える (つまり，$l = j + 1$ の場合に限らなくてよい)．

これは，$\boldsymbol{x} \in \mathbb{R}^r$, $\boldsymbol{e}^+ \in \mathbb{R}^r$, $\boldsymbol{e}^- \in \mathbb{R}^r$ を変数とする線形計画問題である．

問題 (5.3) の双対問題は，次のように得られる [*17]：

$$
\begin{aligned}
\text{Maximize}\quad & \boldsymbol{\tau}^\top(\boldsymbol{u}-\boldsymbol{v}) && \text{(5.4a)}\\
\text{subject to}\quad & u_1 = v_1 + z_{1,2}, && \text{(5.4b)}\\
& u_l + z_{l-1,l} = v_l + z_{l,l+1}, \quad l = 2,\dots,r-1, && \text{(5.4c)}\\
& u_r + z_{r-1,r} = v_r, && \text{(5.4d)}\\
& \boldsymbol{\rho} \geqq \boldsymbol{u} \geqq \boldsymbol{0}, && \text{(5.4e)}\\
& \boldsymbol{\rho} \geqq \boldsymbol{v} \geqq \boldsymbol{0}, && \text{(5.4f)}\\
& z_{l,l+1} \geqq 0, \quad l = 1,\dots,r-1. && \text{(5.4g)}
\end{aligned}
$$

ただし，変数は $\boldsymbol{u} \in \mathbb{R}^r$, $\boldsymbol{v} \in \mathbb{R}^r$, $z_{l,l+1} \in \mathbb{R}$ $(l = 1,\dots,r-1)$ である．ここで，最小費用流問題との対応をみるために，変数を

$$
f_{(s,l)} = u_l, \quad f_{(l,t)} = v_l, \quad f_{(l,l+1)} = z_{l,l+1}
$$

とおきなおす．また，目的関数に -1 を乗じることで最大化から最小化に変換すると，問題 (5.4) は次のように書き直すことができる：

$$
\begin{aligned}
\text{Minimize}\quad & \sum_{l=1}^{r} \tau_l f_{(l,t)} - \sum_{l=1}^{r} \tau_l f_{(s,l)} && \text{(5.5a)}\\
\text{subject to}\quad & f_{(s,1)} = f_{(1,t)} + f_{(1,2)}, && \text{(5.5b)}\\
& f_{(s,l)} + f_{(l-1,l)} = f_{(l,t)} + f_{(l,l+1)}, \quad l = 2,\dots,r-1, && \text{(5.5c)}\\
& f_{(s,r)} + f_{(r-1,r)} = f_{(r,t)}, && \text{(5.5d)}\\
& 0 \leqq f_{(s,l)} \leqq \rho_l, \quad l = 1,\dots,r, && \text{(5.5e)}\\
& 0 \leqq f_{(l,t)} \leqq \rho_l, \quad l = 1,\dots,r, && \text{(5.5f)}\\
& 0 \leqq ff_{(l,l+1)}, \quad l = 1,\dots,r-1. && \text{(5.5g)}
\end{aligned}
$$

問題 (5.5) は，図 5.18 のネットワークに対する最小費用流問題である (図は $r = 3$ の場合である)．このネットワークは，次のように定められるものである．まず，点

[*17] 練習問題として，25 ページの脚注 22 を参照しながら確認されたい．

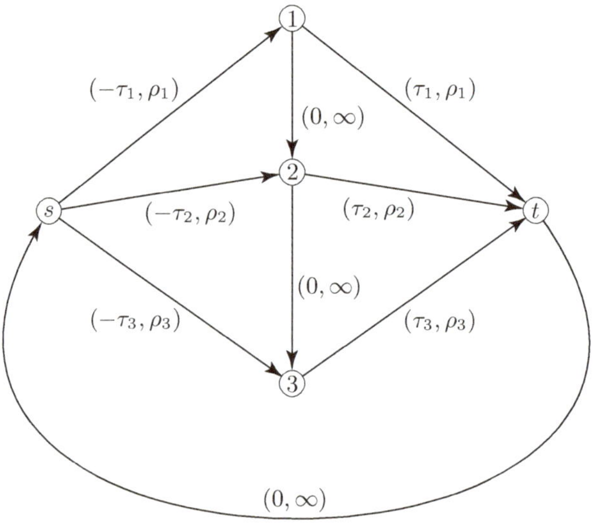

図 5.18 問題 (5.5) のネットワーク ($r = 3$ の場合)

$1, \ldots, r$ を用意し，単調回帰問題の不等式制約 (5.2b) に対応する表現として点 l から点 $l+1$ への辺を引く (図 5.18 の鉛直下向きの二つの辺がこれにあたる)．これらの辺は，コストが 0 で容量が無限大であるとする．次に，新たに点 s と点 t を加える．点 s から各点 l への辺を引き，コストを $-\tau_l$ とし容量を ρ_l とする．また，各点 l からは点 t へと辺を引き，コストを τ_l とし容量を ρ_l とする．最後に，点 t から点 s への辺を引き，そのコストを 0 とし容量を無限大とする [*18]．このようにして，図 5.18 が得られる．このネットワークに対する最小費用流問題を解き，線形計画問題の最適性条件を用いることで主問題 (5.3) の最適解を求めれば，単調回帰問題 (5.2) の解が得られたことになる．

5.5 その他の代表的な問題

これまでみてきた最短路問題，最小木問題，最小費用流問題は，効率の良い解法が存在する問題であった．本節では，このように効率の良い解法が知られているネッ

[*18] この辺は，制約 (5.4b), (5.4c), (5.4d) を辺々加えることで得られる条件 $\sum_{l=1}^{r} f_{(s,l)} = \sum_{l=1}^{r} f_{(l,t)}$ に由来する．

トワーク計画問題を，さらに二つ紹介する．

5.5.1 最大流問題

重み付き有向グラフ $G = (V, E, c)$ が与えられている．最小費用流問題の場合と同様に，辺 $(i, j) \in E$ の重み $c_{(i,j)}$ はその辺の容量を表す．ただし，辺にコストは与えられていないとする．G の点のうち，1 点はソース s に指定されており，別の 1 点がシンク t に指定されている．このとき，このネットワークに沿って s から t まで流すことができる流量の最大値を求める問題が，**最大流問題**である．

例 5.8　例として，図 5.19 のネットワークを考える．基本的に最小費用流問題の例 5.6 と同様に考えられるが，ソース s から流し入れる量が未知数である (この量を最大化したい) ということが異なっている．辺 $(i, j) \in E$ の流量を $f_{(i,j)}$ とおき，ソース s から流し入れる量を g とおくと，s からは点 1 と点 2 へ流れ出すので，条件

$$f_{(s,1)} + f_{(s,2)} = g$$

が満たされなければならない．点 1 と点 2 についても同様に，その点から流出する量とその点へ流入する量の差を考えることで，条件

$$f_{(1,2)} + f_{(1,t)} - f_{(s,1)} = 0,$$
$$f_{(2,t)} - f_{(s,2)} - f_{(1,2)} = 0$$

が得られる．最後に，シンク t には総流量 g がたどり着くはずであ

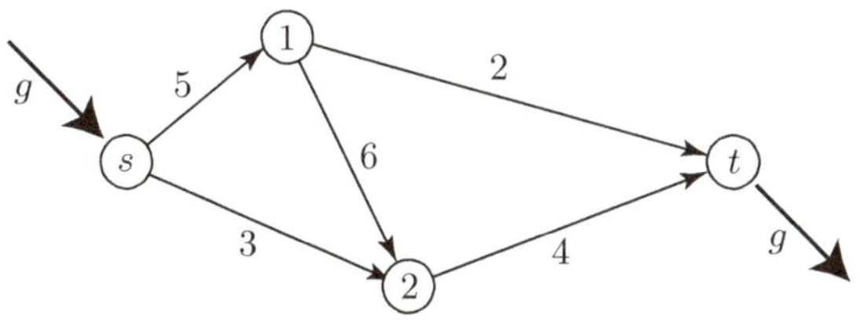

図 5.19　最大流問題の例

るので，条件

$$-f_{(1,t)} - f_{(2,t)} = -g$$

が得られる．以上の等式制約と各辺に関する容量制約のもとで g を最大化する問題が，最大流問題である．

例 5.8 で考えた最適化問題を一般的な形式で記述すると，次のようになる：

$$\begin{aligned}
&\text{Maximize} && g && \text{(5.6a)}\\
&\text{subject to} && \sum_{j \in V} f_{(v,j)} - \sum_{i \in V} f_{(i,v)} = 0, \quad v \in V - \{s,t\}, && \text{(5.6b)}\\
& && \sum_{j \in V} f_{(s,j)} = g, && \text{(5.6c)}\\
& && \sum_{i \in V} f_{(i,t)} = g, && \text{(5.6d)}\\
& && 0 \leqq f_{(i,j)} \leqq c_{(i,j)}, \qquad (i,j) \in E. && \text{(5.6e)}
\end{aligned}$$

ただし，総和記号は，グラフ G に対応する辺があるような点についてのみ和をとるという意味とする．この問題は，$f_{(i,j)} \in \mathbb{R}$ $(\forall (i,j) \in E)$ と $g \in \mathbb{R}$ を決定変数とする線形計画問題である．制約 (5.6b), (5.6c), (5.6d) は流量保存則であり，制約 (5.6e) は容量制約である．

最大流問題も，効率の良いアルゴリズムが知られているネットワーク計画問題である．

最大流問題は，最小費用流問題の特別な場合とみることもできる．例 5.8 のネットワーク (図 5.19) で説明する．このネットワークに，ソース s からシンク t までを直接結ぶ辺を 1 本追加する (図 5.20)．この辺のコストを 1 (あるいは，正の定数であれば何でもよい) とし，容量は十分大きな正の定数 M とする．そして，s から t へと流す流量も M とする．その他の点は，通過点である．そして，元からある辺のコストは 0 とし，容量は元の $c_{(i,j)}$ のままとする．こうして得られる図 5.20 のネットワークに対する最小費用流問題を解くと，新たに追加した辺に流す場合にだけコストが生じるので，全体の流量 M のうち可能な限りは元からある辺を使って流すはずである．つまり，元からある辺の流量の総和が最大化されることになるので，最大流問題が解けたことになる．

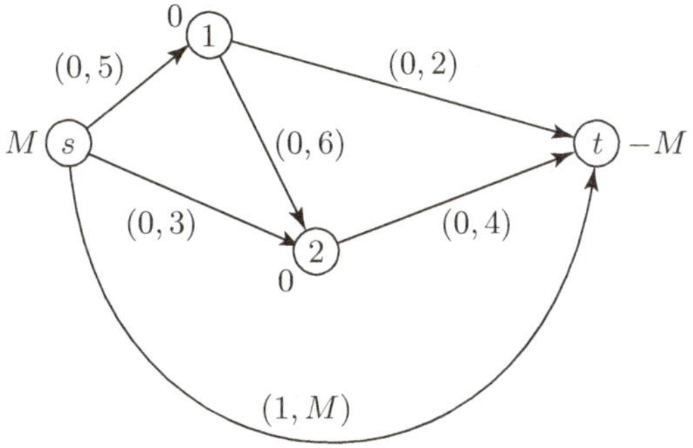

図 5.20　最大流問題の最小費用流問題への帰着

5.5.2　最小重み完全マッチング問題

重み付き無向グラフ $G = (V, E, c)$ が与えられているとする．その辺集合 E の部分集合 M で，M に属する辺の端点がすべて異なっているものを，G の**マッチング**とよぶ．また，V に属する任意の点が，G のマッチング M に含まれるいずれかの辺の端点であるとき，M を**完全マッチング**とよぶ (図 5.21)[*19]．G の完全マッチングのうち重みが最小のものを求める問題が，**最小重み完全マッチング問題**である．この問題にも，効率の良いアルゴリズムが知られている．

特別な場合として，G が重み付きの **2 部グラフ**である場合を取り上げる (図 5.22(a))．ただし，2 部グラフとは，点集合 V が U と W に分割されて，U の 2 点を結ぶ辺や W の 2 点を結ぶ辺は存在しない無向グラフ (言い換えると，任意の

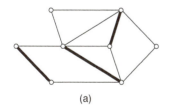

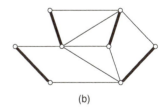

図 5.21　グラフの (a) マッチングの例と (b) 完全マッチングの例 (太線が M に属する辺を表す)

[*19] グラフの完全マッチングは，必ずしも存在するとは限らない．たとえば，点の個数が奇数であるグラフは，完全マッチングをもたない．

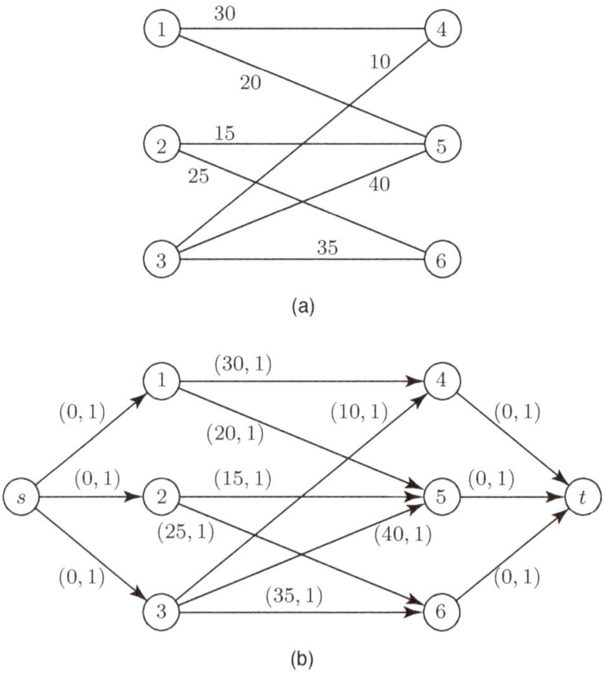

図 5.22　最小重み完全マッチング問題．(a) 2 部グラフ G の例と (b) 最小費用流問題への帰着

辺は U に属する 1 点と W に属する 1 点とを結んでいるような無向グラフ) のことである．図 5.22(a) の例では，$U = \{1, 2, 3\}$, $W = \{4, 5, 6\}$ である．以下では，$|U| = |W|$ である (つまり，U に属する点の数と W に属する点の数は等しい) とする (そうでなければ，完全マッチングは存在しない)．2 部グラフに対する最小重み完全マッチング問題は，最小費用流問題の特別な場合とみることができる．これには，まず，G にソース s とシンク t の 2 点を付け加える (図 5.22(b))．そして，s から U の各点へと辺を結び，W の各点から t へと辺を結ぶ．これらの辺のコストは 0 とし，容量は 1 とする．また，元からある G の辺は，U に属する点から W に属する点へと向きをつけ，容量を 1 とする．このとき，s から t への流量を $|U|$ とした最小費用流問題を考える．すると，その最適解では，U の各点から W に向かう辺はちょうど 1 本ずつ用いられる．ここで選ばれた辺が，最小重み完全マッチング問題の最適解に対応する．

第5章　練習問題

5.1 図 5.7 のグラフにおいて，s から t への最短路を求めよ．

5.2 最小木問題の解法として，クラスカルのアルゴリズムの正当性を示せ．また，プリムのアルゴリズムの正当性を示せ．

5.3 連結な重み付き無向グラフ $G=(V,E,c)$ の全域木のうち，重みが k 番目に小さいものを第 k 最小全域木とよぶ．定義より，第 1 最小全域木は最小木である．第 2 最小全域木を求めるアルゴリズムを考えよ．

5.4 データ点 $s_1,\ldots,s_5$ があり，各点間の距離が図 5.23 のように与えられている．このとき，単リンク法によるクラスタリングを行い，デンドログラムを描け．

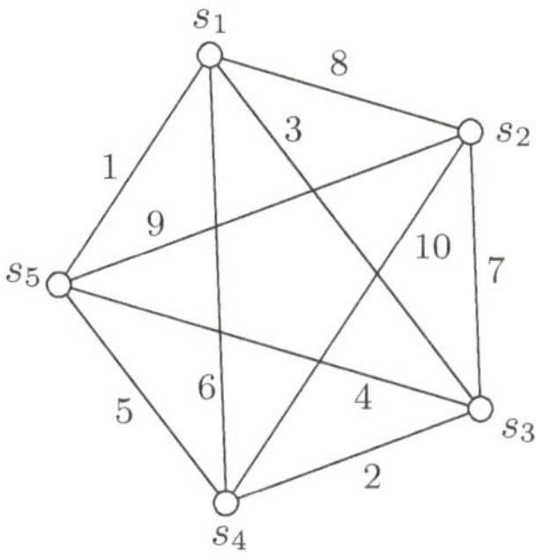

図 5.23　練習問題 5.4 のデータ

5.5 最小費用流問題を利用することで輸送問題 (1.1 節の例 1.2) を解く方法を考えよ．

5.6 2 部グラフのマッチングのうちで辺の数が最大のものを求める問題を，**最大マッチング問題**とよぶ．最大流問題を利用することで最大マッチング問題を解く方法を考えよ．

第6章 近似解法と発見的解法

第５章では，効率の良いアルゴリズムが知られている離散最適化問題をみてきた．一方で，実際の応用に現れる最適化問題の多くはＮＰ困難とよばれ，効率の良いアルゴリズムは存在しそうにないと考えられている．つまり，そのような問題について厳密な意味での最適解を求めようとすると，問題例の大きさに対して計算時間が指数関数的に増加することは避けられない．このため，現実的な計算コストでなるべく質の良い実行可能解を得ることが目標となる．そのための手法として，近似解法や発見的解法などがある．本章では，まずナップサック問題を例として典型的な近似解法を解説し，次にデータ解析の諸問題における近似解法や発見的解法の適用例について述べる．最後に，汎用的な発見的解法として，メタ解法の基本的な考え方を説明する．

6.1 厳密解法，近似解法，発見的解法

5.2 節でも簡単に述べたように，多項式時間アルゴリズムは効率が良いとされ，そうでないアルゴリズムは効率が悪いとされている．というのも，後者のアルゴリズムでは，問題例のサイズが大きくなるにつれて計算時間が爆発的に増加するためである．

第 5 章で取り上げた最適化問題は，すべて多項式時間アルゴリズムが存在する問題である．また，線形計画問題に対する内点法も，多項式時間アルゴリズムである．その意味で，これらの最適化問題は解きやすい問題であるといえる．

一方，多くの離散最適化問題は NP 困難とよばれるクラスに属しており，多項式時間アルゴリズムは存在しそうにないと考えられている．そのような問題に対して，厳密な最適解を求める手法 (これを**厳密解法**という) としては，**分枝限定法**や**動的計画法**とよばれる方法などがある．これらは多項式時間アルゴリズムではないので，扱える問題のサイズに限りがある．本書では，厳密解法のうち，整数計画問題に対する分枝限定法を次の第 7 章で扱う．これに対して，本章では，厳密な意味での最適解を求めることにこだわるのではなく，現実的な計算コストで質の良い (つまり，最小化問題の場合には，目的関数値がそれなりに小さい) 実行可能解を得るという解決策を取り上げる．このような解決策としては，近似解法と発見的解法とが代表的である．

近似解法とは，ある問題に対して，精度 (以下で述べる近似比) が保証された実行可能解 (これを**近似解**という) を求める方法のことである．ある問題例について，その最適値を $\bar{f}$ で表し，ある実行可能解の目的関数値を f° で表す．ただし，$\bar{f} > 0$ および $f^\circ > 0$ が成り立つような最適化問題であることを仮定する．このとき，$f^\circ/\bar{f}$ をその実行可能解の**近似比**とよぶ．最小化問題の場合は，近似比は小さい (1 に近い) 解ほど，良い近似解であるといえる [*1]．そこで，最小化問題の場合に，近似比が α 以下の実行可能解を α-**近似解**とよぶ．また，どのような問題例に対しても α-近似解が得られる多項式時間アルゴリズムのことを，α-**近似解法**とよぶ．言い換えると，α-近似解法で得られる解の目的関数値を $f^\star$ とおくと，$\bar{f} \leqq f^\star \leqq \alpha\bar{f}$ が成り立つことが保証されている．同様に，最大化問題の場合には，近似比が α 以上の実行可能解を α-近似解とよび，そのような解が得られることが保証された多項式時間アルゴリズムをその問題の α-近似解法とよぶ．近似解法は，計算効率が良くて α の値が 1 に近いものが，優れたものということになる．本章の 6.2 節，6.3.1 節，6.4.2 節では，近似解法を扱う．

発見的解法とは，一般に解の精度は保証できないが，多くの場合には良い近似解が得られることが経験的にわかっている手法のことである [*2]．多くの発見的解法は，短い計算時間で実行可能解を得ることができ，解法としてもシンプルで直感的に理解しやすい．

[*1] 最大化問題の場合は，近似比が大きいほど良い．なお，最大化問題の場合の近似比を $\bar{f}/f^\circ$ で定義する場合もある (その場合には，近似比は小さいほど良い)．

[*2] 本書では精度 (近似比) の保証をもつ解法のみを近似解法とよんでいるが，文献によってはより広い意味で近似解法という用語を用いていることもある．広い意味での近似解法は，厳密解法ではない解法を指す (したがって，発見的解法も広い意味での近似解法の一つということになる)．

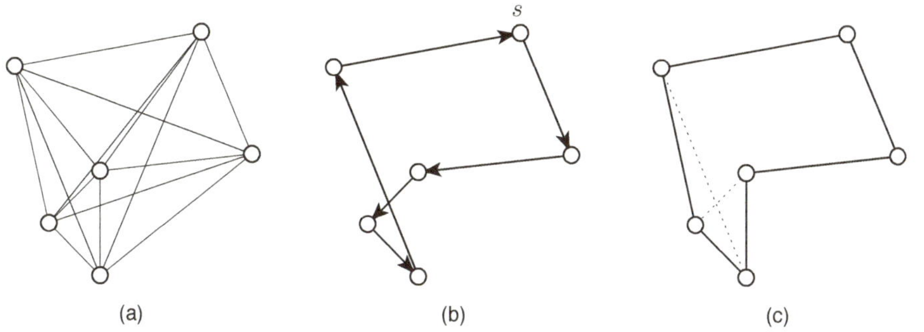

図 6.1　巡回セールスマン問題に対する発見的解法の例．(a) 問題設定，(b) 貪欲算法による解と (c) そこからの局所探索法によって得られる解

発見的解法の例として，巡回セールスマン問題 (1.2 節) に対する手法を取り上げる．巡回セールスマン問題とは，図 6.1(a) のように点 (都市) と各点を結ぶ辺の重み (各都市の間の移動距離) が与えられたとき，各点をちょうど一度ずつ訪れて元の点に戻る閉路 (これを，**巡回路**とよぶ) のうち重みが最小のものを求める問題であった．ここで，次のような簡単な発見的解法を考える．まず点をランダムに選んで出発点 s とし，次に点 s から最も近い点に移動し，その後は今いる点からまだ訪れていない点のうち最も近い点へと移動することを繰り返す．図 6.1(b) は，このようにして得られる解を示している (ただし，各辺の重みは，その辺を表す線分の長さに等しいとしている)．この方法は，各段階で解に加えることができる重み最小の辺を選んでいるという意味で，5.3 節でもみた貪欲算法の一つとみなせる [*3]．

発見的解法は，解の作り方の観点から，**構築法**と**改善法**とに大別される．巡回セールスマン問題に対する貪欲算法のように，解を構成する要素を段階的に付け加えることで最終的に実行可能解を得る形式の解法のことを，構築法とよぶ．これに対して，ある実行可能解から出発し，現在の解を少し修正することを繰り返して解を改善していく方法が，改善法である．代表的な改善法には，**局所探索法**がある．ある実行可能解に対して，その解に少しだけ修正を加えて得られる解の集合のことを，その解の**近傍**とよぶ．局所探索法では，現在の解の近傍により良い解があればその解へと移動することを繰り返す．たとえば，巡回セールスマン問題の例で，現在の巡回

[*3] 最小木問題は良い性質をもつ問題であるため，5.3 節で扱った貪欲算法は最適解を得る保証をもち，厳密解法であるといえる．これに対して，巡回セールスマン問題に対する貪欲算法は，最適解が得られる保証をもたないので，発見的解法である．

路で使われている 2 本の辺を取り除き，新たに別の 2 本の辺を加えて得られる巡回路の集合を近傍として考える[*4]．すると，図 6.1(b) に示す解の近傍には，図 6.1(c) に示す解が含まれる．図 6.1(c) の解のほうが重みが小さいので，局所探索法ではこちらの解に移動することになる．ある解の近傍により良い解が含まれないとき，その解は局所最適解である．局所探索法は，局所最適解が得られたところで終了する．このため，近傍をどのように定義するかは，得られる解の質 (目的関数値) と計算コストとに大きな影響を与える．通常は，より多くの解が含まれる近傍を用いると，得られる解の質は良くなるが計算コストが増す．また，局所探索法で得られる解は，初期解にも依存する．局所探索法の具体例は，本章の 6.3.2 節でも紹介する．

局所探索法は，与えられた初期解から出発して，局所最適解が得られたところで終了する．ここで，初期解をさまざまに変えてみれば，より良い局所最適解が得られる可能性がある．また，一つの局所最適解が得られた後でそれとは別の局所最適解を探索し始めるような工夫があれば，さらに質の良い解がみつけられるかもしれない．このような発想から，発見的解法をさまざまな初期点から実行したり，局所探索法の終了後も探索が続くような工夫を施したりすることで，より広い探索範囲から質の良い解を見つけ出すさまざまな戦略が生まれた．このような戦略のことを総称して，**メタ戦略** (または，**メタヒューリスティクス**) とよぶ[*5]．メタ戦略は，単純な発見的解法よりもずっと大きな計算コストを費やすことで，より質の良い解を得ようとすることが普通である．メタ戦略については，6.5 節で述べる．

6.2 ナップサック問題

n 個の品物のうちのいくつかを選んで，ナップサックに詰め込む．それぞれの品物には，大きさ (サイズ) と価値とが定まっている．また，ナップサックに詰め込める量には制限 (容量) がある．この容量を超えず，かつ価値の総和が最大になるように詰め込む品物を選ぶ問題を，**ナップサック問題**とよぶ．このようにナップサック問題は非常にシンプルな形の最適化問題であるが，さまざまな局面で生じる問題やそれを単純化した問題となっていて，広く研究されている．

[*4] これは，1.3 節でも説明した 2-opt 近傍である．

[*5] 発見的解法は英語で heuristic とよばれるので，メタヒューリスティクスという用語には，単純な発見的解法をさまざまな形で制御や調整をしながら実行したり複数の発見的解法を組合せて使ったりする手法，という語感がある．

例 6.1　品物の数が $n = 5$ の場合のナップサック問題の具体例を，図 6.2 に示す．図 6.2(a) の棒グラフの長さは品物のサイズを表し，$c_1, \ldots, c_5$ の値は品物の価値を表している．また，ナップサックの容量を 7 とする．たとえば，品物 2 と品物 4 をナップサックに詰め込むと図 6.2(b) のようになる．つまり，このときの価値の総和は $32 + 28 = 60$ である．また，サイズの総和は $4 + 2 \leqq 7$ なのでナップサックの容量以下である．

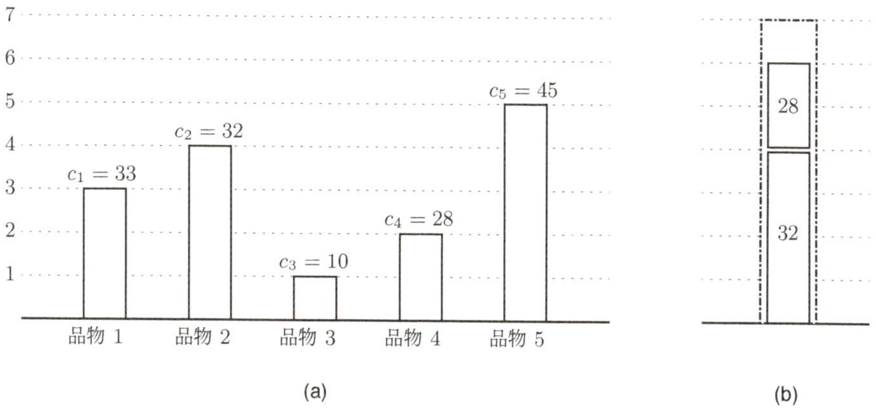

図 6.2　ナップサック問題の具体例 (例 6.1)．(a) 品物のサイズおよび価値と (b) 実行可能解の例

ナップサック問題では，品物それぞれについて，それをナップサックに詰め込むか詰め込まないかを選択する．そこで，品物 j について変数 x_j を

$$x_j = \begin{cases} 1 & (\text{品物 } j \text{ を詰め込むとき}), \\ 0 & (\text{品物 } j \text{ を詰め込まないとき}) \end{cases}$$

と対応させ，$x_1, \ldots, x_n$ を決定する最適化問題として定式化する．品物 j のサイズを a_j で表し，価値を c_j で表す．また，ナップサックの容量を b で表す．サイズ，価値，容量は，すべて正の定数である．このとき，ナップサック問題は次のように

定式化できる [*6]：

$$
\begin{aligned}
\text{Maximize} \quad & \sum_{j=1}^{n} c_j x_j && \text{(6.1a)} \\
\text{subject to} \quad & \sum_{j=1}^{n} a_j x_j \leqq b, && \text{(6.1b)} \\
& x_j = 0 \text{ または } 1, \quad j = 1, \ldots, n. && \text{(6.1c)}
\end{aligned}
$$

ここで，ある品物の単独のサイズがナップサックの容量を超えていれば，その品物は当然ナップサックに入れることはできない．そのような品物は最初から除いておけばよいので，各品物のサイズは $a_j \leqq b$ を満たすものとする．

例 6.2 例 6.1 の具体例 (図 6.2) では，問題 (6.1) は次のようになる．たとえば，図 6.2(b) に示す実行可能解は $x_2 = x_4 = 1, x_1 = x_3 = x_5 = 0$ に対応する．この実行可能解に対して，ナップサックに詰め込んだ品物の価値は

$$
33x_1 + 32x_2 + 10x_3 + 28x_4 + 45x_4 = 32 + 28 = 60
$$

と書ける．また，容量制限は

$$
3x_1 + 4x_2 + x_3 + 2x_4 + 5x_5 = 4 + 2 \leqq 7
$$

と書ける．

以下では，ナップサック問題 (6.1) に対する近似解法を考える．

まず，品物の番号を，条件

$$
\frac{c_1}{a_1} \geqq \frac{c_2}{a_2} \geqq \cdots \geqq \frac{c_n}{a_n}
$$

が成り立つように付け替える (つまり，単位サイズあたりの価値が大きい順に品物を並べ替える)．そして，品物 1 から順にナップサックに詰め込んでいくとき，最初

[*6] 問題 (6.1) のように，決定変数が整数値のみをとる最適化問題のことを，整数計画問題という．一般の整数計画問題に対する解法は，第 7 章で扱う (本節では，話題をナップサック問題に限定する)．

に詰め込めなくなる品物の番号を j° とおく (つまり，品物 1 から品物 $j^\circ - 1$ までは同時にナップサックに詰め込める)．ここで，$\boldsymbol{x}^\star$ を

$$x_j^\star = \begin{cases} 1 & (j = 1, \ldots, j^\circ - 1 \text{ のとき}), \\ \dfrac{1}{a_{j^\circ}}\Bigl(b - \displaystyle\sum_{j=1}^{j^\circ - 1} a_j\Bigr) & (j = j^\circ \text{ のとき}), \\ 0 & (j = j^\circ + 1, \ldots, n \text{ のとき}) \end{cases} \tag{6.2}$$

と定めると，$\sum_{j=1}^{n} a_j x_j^\star = b$ が成り立つ．この $\boldsymbol{x}^\star$ は，品物 1 から順にナップサックに詰め込んでいき，ナップサックの容量がちょうどいっぱいになるように品物 j° の一部を切り取って詰め込んだ状態であると解釈できる．ナップサック問題では品物を切るようなことは許されないので，(たまたま $x_{j^\circ}^\star = 0$ となる場合を除くと) $\boldsymbol{x}^\star$ はナップサック問題の実行可能解ではない．実は，次に述べるように，$\boldsymbol{x}^\star$ はナップサック問題の「0 または 1」という制約 (6.1c) を線形不等式制約で置き換えた問題の最適解になっている．

定理 6.1　式 (6.2) で定義される $\boldsymbol{x}^\star$ は，線形計画問題

$$\text{Maximize} \quad \sum_{j=1}^{n} c_j x_j \tag{6.3a}$$

$$\text{subject to} \quad \sum_{j=1}^{n} a_j x_j \leqq b, \tag{6.3b}$$

$$0 \leqq x_j \leqq 1, \quad j = 1, \ldots, n \tag{6.3c}$$

の最適解である．

証明　問題 (6.3) の最適解を $\tilde{\boldsymbol{x}}$ とおく．ただし，最適解が複数ある場合には，そのうちで $\sum_{j=1}^{n} |\tilde{x}_j - x_j^\star|$ が最小のものを $\tilde{\boldsymbol{x}}$ とする [*7]．以下では，$\tilde{\boldsymbol{x}} \neq \boldsymbol{x}^\star$ を仮定して矛盾を導く．目的関数の係数 c_j はすべて正であるから，$\tilde{\boldsymbol{x}}$ は $\sum_{j=1}^{n} a_j \tilde{x}_j = b$ を満たす [*8]．$\boldsymbol{x}^\star$ も同じ等式を満たし，かつ $\tilde{\boldsymbol{x}}$ とは異なるので，条件

*7 直感的にいえば，最適解のうちで $\boldsymbol{x}^\star$ に最も近いものを $\tilde{\boldsymbol{x}}$ としている．

*8 もし $\sum_{j=1}^{n} a_j \tilde{x}_j < b$ ならば，$\tilde{\boldsymbol{x}}$ の成分 $\tilde{x}_j$ のうち 1 より小さいものを少し大きくすることで，実行可能性を保ったまま目的関数値を大きくできる．

$$k < l: \quad \tilde{x}_k < x_k^\star, \\ \qquad\qquad \tilde{x}_l > x_l^\star$$

を満たす k と l が存在する．十分に小さい $\epsilon > 0$ を用いて，$\tilde{\boldsymbol{x}}$ を少し変更した解 $\tilde{\boldsymbol{x}}'$ を

$$\tilde{x}'_j = \begin{cases} \tilde{x}_k + \epsilon/a_k & (j = k \text{ のとき}), \\ \tilde{x}_l - \epsilon/a_l & (j = l \text{ のとき}), \\ \tilde{x}_j & (\text{それ以外のとき}) \end{cases}$$

で定めると，この $\tilde{\boldsymbol{x}}'$ も実行可能解である．直感的にいえば，$\tilde{\boldsymbol{x}}$ を $\boldsymbol{x}^\star$ に少し近づけたものが $\tilde{\boldsymbol{x}}'$ である．実際，$\tilde{\boldsymbol{x}}'$ の定義より

$$\begin{aligned} \sum_{j=1}^n |\tilde{x}'_j - x_j^\star| &= \sum_{j=1}^n |\tilde{x}_j - x_j^\star| - \epsilon(1/a_k + 1/a_l) \\ &< \sum_{j=1}^n |\tilde{x}_j - x_j^\star| \end{aligned} \tag{6.4}$$

が成り立つ．次に，$k < l$ と品物の番号の付け方より

$$\sum_{j=1}^n c_j \tilde{x}'_j = \sum_{j=1}^n c_j \tilde{x}_j + \epsilon\left(\frac{c_k}{a_k} - \frac{c_l}{a_l}\right) \geqq \sum_{j=1}^n c_j \tilde{x}_j$$

が成り立つ．したがって，もし $c_k/a_k > c_l/a_l$ であれば，$\tilde{\boldsymbol{x}}$ は最適解ではない．一方，もし $c_k/a_k = c_l/a_l$ であれば $\tilde{\boldsymbol{x}}'$ は最適解であることになり，式 (6.4) より $\sum_{j=1}^n |\tilde{x}_j - x_j^\star|$ の最小性に反する． ■

ナップサック問題 (6.1) の最適解を $\bar{\boldsymbol{x}}$ で表し，最適値を $\bar{f} = \boldsymbol{c}^\top \bar{\boldsymbol{x}}$ で表す．ナップサック問題の任意の実行可能解は線形計画問題 (6.3) の実行可能解であるから，不等式 $\bar{f} \leqq \boldsymbol{c}^\top \boldsymbol{x}^\star$ が成り立つ．

次に，ナップサック問題を近似的に解く方法として，単位サイズあたりの価値 c_j/a_j が大きい品物から順に可能な限り詰め込んでいく貪欲算法を考える．こうして得ら

れる実行可能解は，

$$x_j^{\mathrm{g}} = \begin{cases} 1 & (j = 1, \ldots, j^{\circ} - 1 \text{ のとき}), \\ 0 & (j = j^{\circ}, \ldots, n \text{ のとき}) \end{cases}$$

と表せる．ここで，j° は式 (6.2) で用いたものと同じ値である．この解 $\boldsymbol{x}^{\mathrm{g}}$ の目的関数値を $f^{\mathrm{g}} = \boldsymbol{c}^{\top}\boldsymbol{x}^{\mathrm{g}}$ とおく．また，c_j のうち最大のものを $c^{\max} = \max\{c_1, \ldots, c_n\}$ で表す．そして，もう一つの実行可能解として，価値が $c^{\max}$ の品物一つだけを詰め込んだ解を考える．これら二つの実行可能解のうち，目的関数値が大きいほうを近似解として採用することにする．このとき，$\boldsymbol{x}^{\star}$ と $\boldsymbol{x}^{\mathrm{g}}$ の定義より

$$\boldsymbol{c}^{\top}\boldsymbol{x}^{\star} = \sum_{j=1}^{j^{\circ}-1} c_j + c_{j^{\circ}} x_{j^{\circ}}^{\star} = f^{\mathrm{g}} + c_{j^{\circ}} x_{j^{\circ}}^{\star}$$

が成り立つが，$x_{j^{\circ}}^{\star} < 1$ であるので不等式

$$\boldsymbol{c}^{\top}\boldsymbol{x}^{\star} \leqq f^{\mathrm{g}} + c_{j^{\circ}} \leqq f^{\mathrm{g}} + c^{\max}$$

が得られる．このことと $\bar{f} \leqq \boldsymbol{c}^{\top}\boldsymbol{x}^{\star}$ より，条件

$$\frac{\max\{f^{\mathrm{g}}, c^{\max}\}}{\bar{f}} \geqq \frac{\max\{f^{\mathrm{g}}, c^{\max}\}}{f^{\mathrm{g}} + c^{\max}} \geqq \frac{1}{2}$$

が成り立つ．つまり，前述のように定めた近似解は 1/2-近似解である．

例 6.3　例 6.1 の具体例で，品物の番号を c_j/a_j の値が大きい順に付け替えると次のようになる (図 6.3)：

$$\begin{array}{ll} \text{Maximize} & 28x_1 + 33x_2 + 10x_3 + 45x_4 + 32x_5 \\ \text{subject to} & 2x_1 + 3x_2 + x_3 + 5x_4 + 4x_5 \leqq 7, \\ & x_j = 0 \text{ または } 1, \quad j = 1, \ldots, 5. \end{array}$$

品物 1 から順にナップサックに詰め込むと，品物 3 までは詰め込めるがその次の品物 4 は詰め込めない．したがって，$j^{\circ} = 4$ であり，線形計画問題 (6.3) の最適解は

$$\boldsymbol{x}^{\star} = (1, 1, 1, 1/5, 0)^{\top}$$

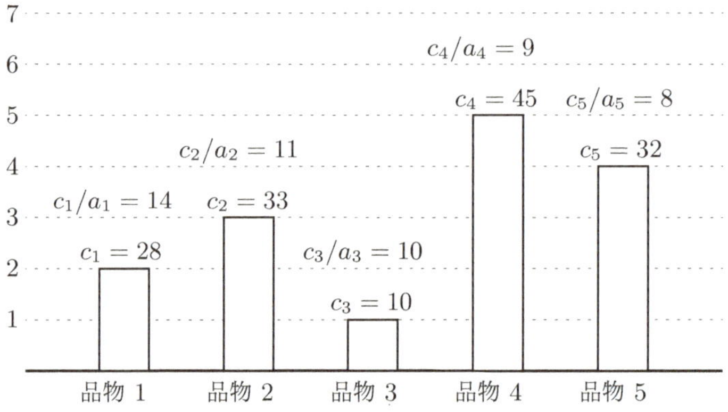

図 6.3 例 6.3 のナップサック問題

である (目的関数値は $f^\star = 80$ である). 次に, 貪欲解は

$$\boldsymbol{x}^{\mathrm{g}} = (1, 1, 1, 0, 0)^\top$$

であり, 目的関数値は $f^{\mathrm{g}} = 71$ である. また, 価値が最大の品物 4 を詰め込む解は目的関数値が $c^{\max} = c_4 = 45$ である. そこで, $\boldsymbol{x}^{\mathrm{g}}$ を近似解として採用する. なお, このナップサック問題の最適解は

$$\bar{\boldsymbol{x}} = (1, 0, 0, 1, 0)^\top$$

であり, 最適値は $\bar{f} = 73$ である [*9]. したがって, 不等式 $f^{\mathrm{g}}/\bar{f} = 71/73 \geqq 1/2$ が確かに成り立っている.

➤ 6.3 非階層的クラスタリング

本節では, 5.3.2 節で扱ったものとは少し異なる二つのクラスタリングの手法について考える. クラスタリングでは, データ点 $\boldsymbol{s}_1, \ldots, \boldsymbol{s}_m \in \mathbb{R}^n$ について, それらの任意の 2 点間に距離 (非類似度) が与えられているとする. このとき, 同じクラスターに属するデータ点どうしの距離は小さく, 異なるクラスターに属するデータ点の間の距離は大きくなるようにクラスター分け (グループ分け) を決めるという問題

[*9] 第 7 章で述べる整数計画を用いると, 最適解を得ることができる.

が，クラスタリングであった．5.3.2 節では，まずすべてのデータ点が異なるクラスターに属するとし (つまり，クラスターが m 個あるとし)，次に二つのクラスターを一つのクラスターとする操作を繰り返した．このように，いくつかのクラスターが集まって大きなクラスターを構成するような構造のあるクラスタリングは，階層的クラスタリングとよばれる．これに対して，本節では，あらかじめクラスターの個数 k $(< m)$ を指定し，ある評価尺度が最も良くなるようにデータ点を分類する手法を扱う．このような手法は，**非階層的クラスタリング**とよばれている．

6.3.1　最遠点クラスタリング法

m 個のデータ点 $\boldsymbol{s}_1, \ldots, \boldsymbol{s}_m \in \mathbb{R}^n$ を k 個のクラスター $C_1, \ldots, C_k$ にわけることを考える．任意の二つのデータ点 $\boldsymbol{s}_l$ と $\boldsymbol{s}_h$ に対して距離 (非類似度) $\rho(\boldsymbol{s}_l, \boldsymbol{s}_h)$ が数値として与えられているとする．ただし，距離は以下の条件を満たすと仮定する：

$$
\begin{aligned}
&\rho(\boldsymbol{s}_l, \boldsymbol{s}_l) = 0, \\
&\rho(\boldsymbol{s}_l, \boldsymbol{s}_h) = \rho(\boldsymbol{s}_h, \boldsymbol{s}_l) > 0 \quad (\ell \neq h), \\
&\rho(\boldsymbol{s}_l, \boldsymbol{s}_h) \leqq \rho(\boldsymbol{s}_l, \boldsymbol{s}_r) + \rho(\boldsymbol{s}_r, \boldsymbol{s}_h).
\end{aligned}
$$

すなわち，同じ点どうし (つまり，$\boldsymbol{s}_l$ から $\boldsymbol{s}_l$ まで) の間の距離は 0 である．また，距離には向きがない (つまり，$\boldsymbol{s}_l$ から $\boldsymbol{s}_h$ までの距離と，$\boldsymbol{s}_h$ から $\boldsymbol{s}_l$ までの距離は等しい)．さらに，任意の三つの点を考えたときに距離は三角不等式を満たす，という三つの条件を仮定する．

近くにあるデータ点どうしを同じクラスターに入れると，クラスターの (ある意味での) 大きさは小さくなると考えられる．そこで，以下では，各クラスターの大きさができるだけ小さくなるようなクラスター分けを求めることを考える [*10]．

クラスターの大きさを表す尺度には，さまざまな選択肢がある．ここでは，クラスターの**直径**とよばれる尺度を用いる．クラスターの直径とは，そのクラスターの中で最も離れている 2 点間の距離のことである．つまり，クラスター C_i の直径は

$$
d(C_i) = \max\{\rho(\boldsymbol{s}_l, \boldsymbol{s}_h) \mid \boldsymbol{s}_l, \boldsymbol{s}_h \in C_i\}
$$

[*10] これに対して，5.3.2 節では，異なるクラスター間の (ある意味での) 距離ができるだけ大きくなるようなクラスター分けを考えた．このように，クラスタリングの良さの評価尺度には，さまざまなものがある．

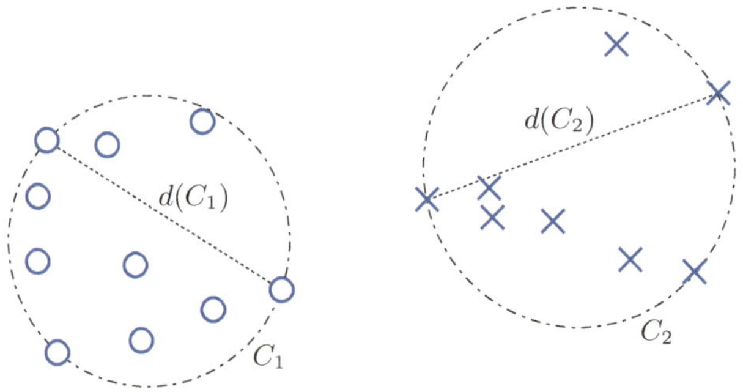

図 6.4　クラスターの直径の定義 ($m = 18$ **個のデータ点を** $k = 2$ **個のクラスターに分けた例)**

で定義される．図 6.4 の例では，点線で表した線分の長さがクラスターの直径である (図中の円の直径とは一般に異なることに注意する)．

クラスター $C_1, \ldots, C_k$ の直径のうち最大のものを最小化する次の問題を考える：

$$\text{Minimize} \quad \max\{d(C_1), \ldots, d(C_k)\}. \tag{6.5}$$

この問題は，厳密に解くのは難しい問題である．

問題 (6.5) には，次のような簡単な近似アルゴリズムが知られている．まず，任意のデータ点を一つ選び，それを $\boldsymbol{s}_1^\star$ とする．次に，データ点のうち $\boldsymbol{s}_1^\star$ から最も遠いものをみつけ，これを $\boldsymbol{s}_2^\star$ とする (図 6.5(a))．その次は，データ点のうちで $\{\boldsymbol{s}_1^\star, \boldsymbol{s}_2^\star\}$ からの距離が最大のものをみつけ，これを $\boldsymbol{s}_3^\star$ とする (図 6.5(b))．ここで，点 $\boldsymbol{s}_l$ と集合 $\{\boldsymbol{s}_1^\star, \boldsymbol{s}_2^\star\}$ との距離とは，点 $\boldsymbol{s}_l$ から点 $\boldsymbol{s}_1^\star$ への距離と点 $\boldsymbol{s}_l$ から点 $\boldsymbol{s}_2^\star$ への距離との小さいほう (つまり，$\min\{\rho(\boldsymbol{s}_l, \boldsymbol{s}_1^\star), \rho(\boldsymbol{s}_l, \boldsymbol{s}_2^\star)\}$) と定義する．このように，これまでに選ばれた点たちから最も遠い点をみつけることを，k 個の点 $\boldsymbol{s}_1^\star, \ldots, \boldsymbol{s}_k^\star$ が得られるまで繰り返す．そして，この k 個の点を，クラスター $C_1, \ldots, C_k$ の代表点とする．最後に，データ集合の各点 $\boldsymbol{s}_l$ $(l = 1, \ldots, m)$ について，点 $\boldsymbol{s}_l$ から最も近い代表点が $\boldsymbol{s}_i^\star$ であるとすると，点 $\boldsymbol{s}_l$ はクラスター C_i に割り当てる．図 6.5(c) は，$k = 4$ の場合を示している．

以上の手続きは**最遠点クラスタリング法**とよばれており，アルゴリズム 6.1 のようにまとめられる．ここで，データ点の集合を $V = \{\boldsymbol{s}_1, \ldots, \boldsymbol{s}_m\}$ とおいている．また，点 $\boldsymbol{s}_l$ から集合 $U \subseteq V$ への距離は，前述のように

$$\rho(\boldsymbol{s}_l, U) = \min\{\rho(\boldsymbol{s}_l, \boldsymbol{s}_h) \mid \boldsymbol{s}_h \in U\} \tag{6.6}$$

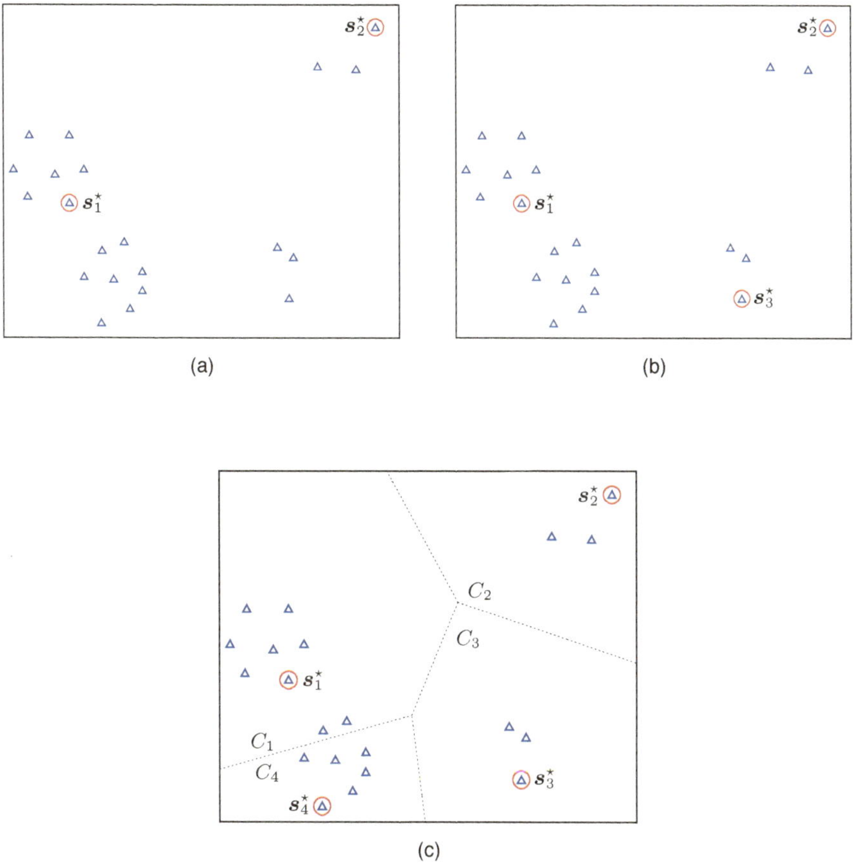

図 6.5　**最遠点クラスタリング法の反復の様子**

で定義している．

最遠点クラスタリング法は，問題 (6.5) に対する貪欲算法の一つとみることができる．さらに，以下のように，2-近似解法であることを示すことができる．

問題 (6.5) の最適解を $\bar{C}_1, \ldots, \bar{C}_k$ とおく．また，アルゴリズム 6.1 で選ばれた代表点の集合を $U^\star = \{\boldsymbol{s}_1^\star, \ldots, \boldsymbol{s}_k^\star\}$ で表し，これに対応するクラスターを $C_1^\star, \ldots, C_k^\star$ で表す．次に，アルゴリズム 6.1 と同じ方法で得られる $k+1$ 個目の代表点を $\boldsymbol{s}_{k+1}^\star$

アルゴリズム 6.1　最遠点クラスタリング法

$C_i \leftarrow \emptyset \ (i = 1, \dots, k)$.
任意の点 $\boldsymbol{s}_1^\star \in V$ を選び，$U \leftarrow \{\boldsymbol{s}_1^\star\}$ とする．
for $i = 2, 3, \dots, k$ **do**
　　$\boldsymbol{s}_i^\star \leftarrow \arg\max\{\rho(\boldsymbol{s}_l, U) \mid \boldsymbol{s}_l \in V\}$.
　　$U \leftarrow U \cup \{\boldsymbol{s}_i^\star\}$.
end for
for $l = 1, \dots, m$ **do**
　　$i^\circ \leftarrow \arg\min\{\rho(\boldsymbol{s}_l, \boldsymbol{s}_i^\star) \mid i \in \{1, \dots, k\}\}$.
　　$C_{i^\circ} \leftarrow C_{i^\circ} \cup \{\boldsymbol{s}_l\}$.
end for

とし，その点と $U^\star$ との距離を $\delta^\star$ で表す：

$$\boldsymbol{s}_{k+1}^\star = \arg\max\{\rho(\boldsymbol{s}_l, U^\star) \mid \boldsymbol{s}_l \in V\},$$
$$\delta^\star = \max\{\rho(\boldsymbol{s}_l, U^\star) \mid \boldsymbol{s}_l \in V\}.$$

このとき，次の主張を示すことができる：

(i) アルゴリズム 6.1 が出力したクラスター $C_1^\star, \dots, C_k^\star$ の直径はいずれも $2\delta^\star$ 以下である．

(ii) 問題 (6.5) の最適解のクラスター $\bar{C}_1, \dots, \bar{C}_k$ のうち，直径が $\delta^\star$ 以上のものが存在する．

まず，(i) に関して，クラスター $C_i^\star$ $(i = 1, \dots, k)$ を考える．$C_i^\star$ に属する任意の点を $\boldsymbol{s}_j$ とすると，点 $\boldsymbol{s}_j$ と代表点 $\boldsymbol{s}_i^\star$ との距離は $\delta^\star$ 以下である (図 6.6(a))．というのも，もし $\delta^\star$ より大きければ，$\boldsymbol{s}_j$ は他のクラスターの代表点として選ばれていたはずだからである．このこととデータ間の距離に関する三角不等式より，$C_i^\star$ に属する任意の 2 点間の距離は $2\delta^\star$ 以下である．次に，(ii) については，点 $\boldsymbol{s}_1^\star, \dots, \boldsymbol{s}_k^\star, \boldsymbol{s}_{k+1}^\star$ がクラスター $\bar{C}_1, \dots, \bar{C}_k$ のいずれに属するかを考える．点の数は $k+1$ 個でありクラスターの数は k 個であるので，いずれかのクラスターには点が少なくとも 2 個含まれる．その 2 個の点を $\boldsymbol{s}_p^\star$ および $\boldsymbol{s}_q^\star$ で表し，これらを含むクラスターを $\bar{C}_r$ で表す (図 6.6(b))．すると，点 $\boldsymbol{s}_p^\star$ と点 $\boldsymbol{s}_q^\star$ の間の距離は $\delta^\star$ 以上である．というの

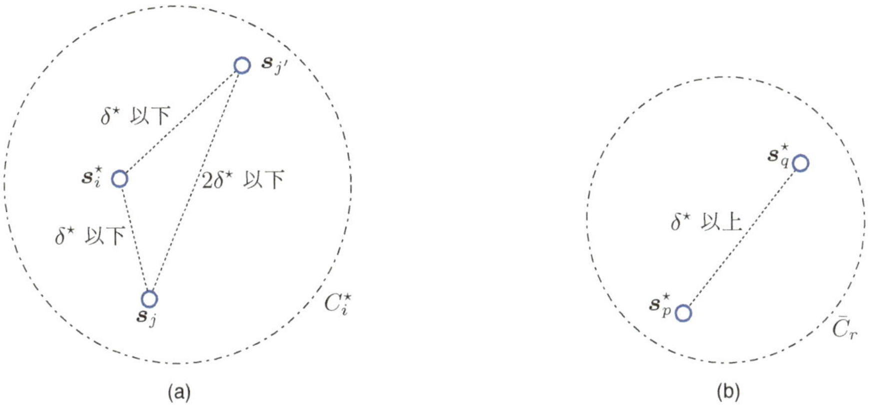

図 6.6　最遠点クラスタリング法の近似比の証明のための図

も，もし $\delta^\star$ より小さければ，$\boldsymbol{s}_p^\star$ と $\boldsymbol{s}_q^\star$ の少なくとも一方は代表点に選ばれなかったはずだからである．

(i) と (ii) より，最遠点クラスタリング法で得られるクラスターは，問題 (6.5) の 2-近似解である．

6.3.2　k-means クラスタリング法

本節では，6.3.1 節とは少し異なる評価尺度を用いたクラスタリングを考える．

まず，二つのデータ点間の距離は，ユークリッド距離

$$\rho(\boldsymbol{s}_l, \boldsymbol{s}_h) = \|\boldsymbol{s}_l - \boldsymbol{s}_h\|_2$$

として定義することにする．次に，クラスター C_i に属するデータ点の座標の平均

$$\boldsymbol{\mu}_i = \frac{1}{|C_i|} \sum_{\boldsymbol{s}_l \in C_i} \boldsymbol{s}_l$$

を，クラスターの**重心**とよぶ．ただし，$|C_i|$ は C_i に含まれるデータ点の数を表す．図 6.7 の例では，重心を "◆" で表している．そして，クラスター C_i の大きさを，重心からクラスターに属する点までの距離の 2 乗和

$$q(C_i) = \sum_{\boldsymbol{s}_l \in C_i} \rho(\boldsymbol{s}_l, \boldsymbol{\mu}_i)^2$$

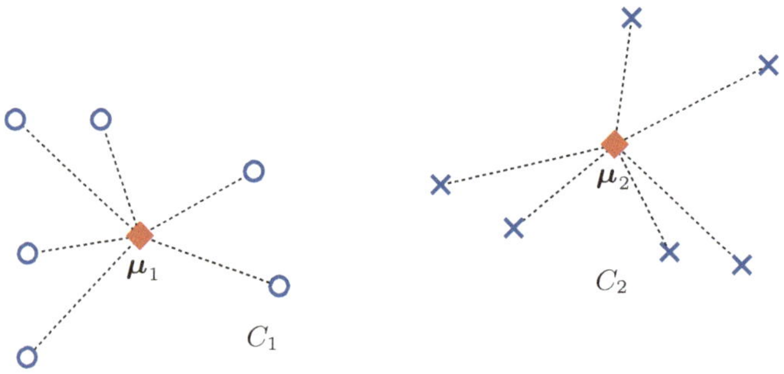

図 6.7　クラスターの重心 ($q(C_i)$ は線分の長さの 2 乗の和)

で定義する．このとき，クラスターの大きさの総和を最小化する問題

$$\text{Minimize} \quad \sum_{i=1}^{k} q(C_i) \tag{6.7}$$

を考える．

この最適化問題 (6.7) に対しては，k-means **クラスタリング法**とよばれるシンプルな発見的解法が知られている（アルゴリズム 6.2）．この方法も，必ずしも大域的最適解が得られる方法ではないが，局所最適解を得ることができる．

アルゴリズム 6.2　k-means クラスタリング法

Require: 重心の初期値 $\boldsymbol{\mu}_1, \ldots, \boldsymbol{\mu}_k \in \mathbb{R}^n$.
1: **for** $j = 0, 1, 2, \ldots$ **do**
2: 　　$C_i \leftarrow \emptyset$ $(i = 1, \ldots, k)$.
3: 　　**for** $l = 1, \ldots, m$ **do**
4: 　　　　点 $\boldsymbol{s}_l$ から最も近い重心 $\boldsymbol{\mu}_{i^\star}$ をみつける．
5: 　　　　$C_{i^\star} \leftarrow C_{i^\star} \cup \{\boldsymbol{s}_l\}$.
6: 　　**end for**
7: 　　**for** $i = 1, \ldots, k$ **do**
8: 　　　　$\boldsymbol{\mu}_i \leftarrow \dfrac{1}{|C_i|} \sum_{\boldsymbol{s}_l \in C_i} \boldsymbol{s}_l$.
9: 　　**end for**
10: 　　$\boldsymbol{\mu}_1, \ldots, \boldsymbol{\mu}_k$ のいずれも変更されていなければ，終了する．
11: **end for**

k-means クラスタリング法ではまず，k 個の点をランダムに発生させ，それらを各クラスターの重心の初期値とする．そして，各データ点 $\boldsymbol{s}_l$ を，最も近い重心に対応するクラスターに割り当てる．すべてのデータ点が属するクラスターが決まれば，各クラスターの重心を計算し直す．あとは，データ点のクラスターへの割り当てと重心の更新とを繰り返す．そして，どの重心も変更されなくなったら，クラスター分けも変化することがないので，アルゴリズムを終了する．この方法は，重心を固定したもとでクラスター分けを変化させるという近傍と，クラスター分けを固定したもとで重心の位置を変化させるという近傍とを交互に探索しているとみなすことができるので，問題 (6.7) に対する局所探索法の一つとみなせる．

k-means クラスタリング法では，クラスタリング $C_1,\ldots,C_k$ が更新されるたびに，問題 (6.7) の目的関数

$$f(C_1,\ldots,C_k;\boldsymbol{\mu}_1,\ldots,\boldsymbol{\mu}_k)=\sum_{i=1}^{k}\sum_{\boldsymbol{s}_l\in C_i}\|\boldsymbol{s}_l-\boldsymbol{\mu}_i\|_2^2 \tag{6.8}$$

の値が減少する．したがって，k-means クラスタリング法が終了した時点で得られているクラスタリングは局所最適解である．目的関数の値が減少することは，次のようにして示すことができる．まず，アルゴリズム 6.2 の 5 行目では，データ点を最も近い重心をもつクラスターに割り当てている．これは，式 (6.8) において $\boldsymbol{\mu}_1,\ldots,\boldsymbol{\mu}_k$ をすべて固定したうえで，関数値が最小になるように $C_1,\ldots,C_k$ を選んでいることに相当するので，この操作で目的関数値は減少する．次に，8 行目で重心を更新する操作は，式 (6.8) において $C_1,\ldots,C_k$ をすべて固定したうえで，関数値が最小になるように $\boldsymbol{\mu}_1,\ldots,\boldsymbol{\mu}_k$ を選ぶことに相当する．というのも，式 (6.8) の関数を $\boldsymbol{\mu}_i$ で偏微分すると

$$\frac{\partial}{\partial\boldsymbol{\mu}_i}f=\sum_{\boldsymbol{s}_l\in C_i}2(\boldsymbol{s}_l-\boldsymbol{\mu}_i)=\sum_{\boldsymbol{s}_l\in C_i}2\boldsymbol{s}_l-2|C_i|\boldsymbol{\mu}_i$$

が得られるが，この値が各 $i=1,\ldots,k$ に対して $\mathbf{0}$ になる条件が 8 行目の更新式にほかならないからである．したがって，クラスターが前の反復から更新されていれば，重心の更新でも目的関数値が減少する．

Python の機械学習ライブラリである scikit-learn には，さまざまなクラスタリング法が実装されている．7.4.3 節では，非階層的クラスタリングの厳密解法を整数計画の観点から取り上げる．

6.4 劣モジュラ最大化問題

劣モジュラ関数は，さまざまな離散最適化問題の記述に利用できる関数である．劣モジュラ関数は連続最適化における関数の凸性と類似した性質をもっており，劣モジュラ関数を最小化する問題は効率的に解くことができる．一方で，劣モジュラ関数を最大化する問題に対しては，簡単な近似解法がしばしば有用であることが知られている．また，この問題には，文書の自動要約問題やパターン識別における特徴選択，画像分割，能動学習など，データ解析に関係するさまざまな応用がある．以下では，まず劣モジュラ関数の定義を述べ，次に劣モジュラ関数を最大化する問題の近似解法を説明する．最後に，応用例として文書要約問題を取り上げる．

6.4.1 劣モジュラ関数

劣モジュラ関数への足がかりとして，まず，1 変数の凹関数で単調増加なものについて考察する (図 6.8)．ただし，関数 h が**凹関数**であるとは $-h$ が凸関数であることである．具体例として，資産が 10 万円のときに賭けをして 1 万円を得た場合と，資産が 1000 万円のときに賭けをして 1 万円を得た場合とを考える．後者の場合もうれしいには違いないが，前者の場合のほうがよりうれしいと感じる (効用がより大きいと感じる) のが自然であろう．つまり，財 (この例では資産) のある増分によってもたらされる効用 (この場合には資産をもつことによる満足感) の増加量は，財が大きいほど減少していく．このような現象は，経済学では**限界効用逓減**(ていげん)**の法則**[*11] とよばれており，現実のさまざまな状況に当てはまるとされている．

図 6.8 では，s は資産が 10 万円の状態を表し，t は資産が 1000 万円の状態を表している．また，Δx が賭けで得られた 1 万円に相当し，$h(x)$ は資産に対する満足感に相当している．限界効用逓減の法則は，任意の $s < t$ と任意の $\Delta x > 0$ に対して，条件

$$h(s + \Delta x) - h(s) \geqq h(t + \Delta x) - h(t) \tag{6.9}$$

が成り立つことであると表現できる．

おおまかにいえば，**劣モジュラ関数**は限界効用逓減の法則に従う**集合関数**である

*11 この「限界」とは marginal の訳語であって微小な増分というような意味であり，限界効用とは効用を表す関数 h の傾き (導関数の値) のことである．

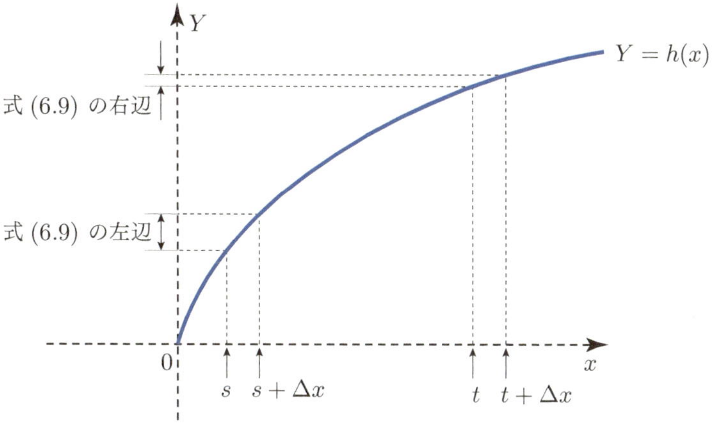

図 6.8　**単調増加な凹関数と限界効用逓減の法則**

といえる．ここで，集合関数とは，ある集合 V の部分集合をすべて考えたときに，その部分集合それぞれに対して一つの実数値を割り当てる関係のことをいう．また，このとき V をその集合関数の**台集合**とよぶ．例として，f が集合 $V = \{a, b, c\}$ を台集合とする集合関数であるとは，

$$
\begin{array}{llll}
f(\emptyset), & f(\{a\}), & f(\{b\}), & f(\{c\}), \\
f(\{a,b\}), & f(\{b,c\}), & f(\{c,a\}), & f(\{a,b,c\})
\end{array}
$$

の 8 個の実数値が定まっていることをいう．ここで，V の部分集合の集合 (上の例では，f の引数になっている 8 個の集合を集めた集合) を V の**べき集合**とよび，2^V で表す．そして，f が V を台集合とする集合関数であるとき，$f : 2^V \to \mathbb{R}$ と書く．

例として，図 6.9(a) のような図形の集合を台集合 V とする集合関数を考える．そして，V の部分集合 S を図 6.9(b) のように箱の中に入れ，箱の中にある異なる図形の種類数を $f(S)$ で表す．図 6.9(b) の場合は，箱の中には三角形，六角形，八角形の 3 種類があるので，$f(S) = 3$ である．このような f は，V を台集合とする集合関数になっている．次に，S を部分集合として含む集合 T $(\subset V)$ を考える (図 6.9(c) および 図 6.9(d) を参照)．また，V の元のうち T に含まれないものを一つ選んで j とおく．そして，この j を S に追加したときの f の値の増加量と，T に追加したときの f の値の増加量とを比較する．図 6.9(c) と 図 6.9(d) の例では，j として V に含まれる四角形を一つ選んでいる．このとき，図 6.9(c) では f

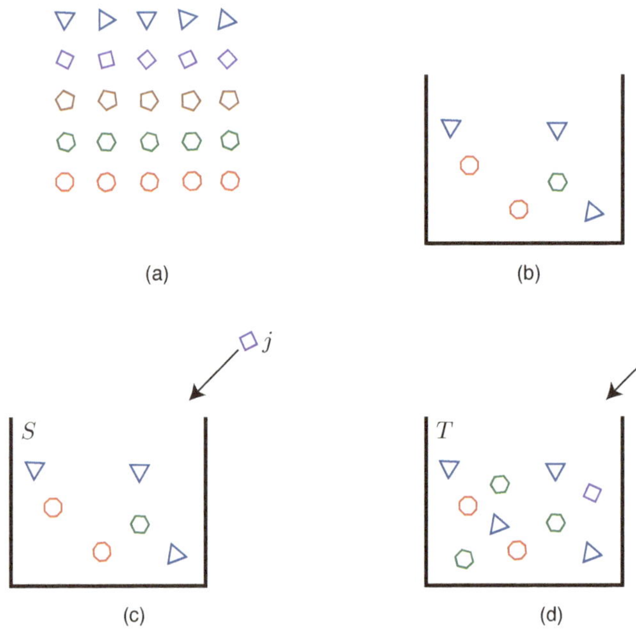

図 6.9 劣モジュラ関数の例．(a) 台集合，(b) 箱の中の図形，(c) (6.10) の左辺と (d) (6.10) の右辺

の値は 3 から 4 へと 1 だけ増加するが，図 6.9(d) では f の値は 4 のままで変化しない．このように，元を一つ追加することでもたらされる関数値の増加量が，追加前の集合が大きくなるにつれて減少するような集合関数のことを，劣モジュラ関数とよぶ．より正確に定義すると，集合関数 $f : 2^V \to \mathbb{R}$ が劣モジュラ関数であるとは，任意の $S \subset T$ $(\subset V)$ と任意の $j \in V - T$ に対して条件

$$f(S \cup \{j\}) - f(S) \geqq f(T \cup \{j\}) - f(T) \tag{6.10}$$

が成り立つことをいう [*12]．

関数 $h : \mathbb{R} \to \mathbb{R}$ を単調増加な凹関数であるとし，集合 $S \subseteq V$ の元の数を $|S|$ で

[*12] これと等価な定義として，劣モジュラ関数は任意の $S, T \subseteq V$ に対して条件

$$f(S) + f(T) \geqq f(S \cup T) + f(S \cap T)$$

を満たすことが知られている．詳細は，文献 5) を参照されたい．

表すとき，

$$f(S) = h(|S|)$$

で定められる集合関数 f は劣モジュラ関数である．この例や 図 6.9 で考察した図形の種類数のように，劣モジュラ関数 $f : 2^V \to \mathbb{R}$ が任意の $S \subset T$ $(\subseteq V)$ に対して条件 $f(S) \leqq f(T)$ を満たすとき，f は**単調**であるという．

さらに別の例として，グラフの**カット容量**も劣モジュラ関数である．ここで，重み付き無向グラフ $G = (V, E, c)$ に対してカット $(S, V-S)$ を考えると，カットに含まれる辺の重みの和をカット容量とよび $g(S)$ で表す [*13]．また，重みのない無向グラフの場合には，カットに含まれる辺の数をカット容量とする．このように定めた関数 g は，劣モジュラ関数である．このことを，図 6.10(a) の重みなしの無向グラフの例でみてみる．図 6.10(b) の "●" で示す二つの点からなる集合を S とおき，図 6.10(c) の "◎" で示す点を j とする．また，図 6.10(d) の "●" で示す三つの点からなる集合を T とおくと，$S \subset T$ かつ $j \in V-T$ が成り立っている．次に，図 6.10(b) で太い実線で示す辺の集合がカット $(S, V-S)$ であるから，$g(S) = 3$ である．図 6.10(c) では，点 j に接続する辺のうち，もともとカット $(S, V-S)$ に含まれていた辺は新たなカットからは除かれ，含まれていなかった辺は新たにカットに追加される．つまり，点 j に接続する辺は 5 本であるが，このうち元のカット $(S, V-S)$ に含まれているものが 1 本あるので，$g(S \cup \{j\}) = g(S) + 5 - 2 \times 1 = 6$ となる．次に，図 6.10(d) において $g(T) = 6$ である．また，図 6.10(e) で点 j を T に加えると，点 j に接続する辺のうち元のカット $(T, V-T)$ に含まれるものは 2 本あるので，$g(T \cup \{j\}) = g(T) + 5 - 2 \times 2 = 7$ となる．このように，$S \subset T$ のとき，点 j に接続する辺のうちカット $(T, V-T)$ に含まれるものの数はカット $(S, V-S)$ に含まれるものの数より小さいことはない．したがって，$(T, V-T)$ からのカット容量の増加分 $g(T \cup \{j\}) - g(T)$ は $(S, V-S)$ からのカット容量の増加分 $g(S \cup \{j\}) - g(S)$ より大きくなることはないため，カット容量は劣モジュラ関数である．重み付き無向グラフの場合も，同様である．なお，一般に劣モジュラ関数 $f : 2^V \to \mathbb{R}$ が任意の $S \subseteq V$ に対して条件 $f(S) = f(V-S)$ を満たすとき，f は**対称**であるという．カット容量は，対称な劣モジュラ関数である．

与えられた無向グラフに対してカット容量が最小のカットを求める問題は，グラフの**最小カット問題**とよばれ，よく知られた離散最適化問題である．この問題は，

[*13] ただし，$g(\emptyset) = 0$, $g(V) = 0$ と定義する．

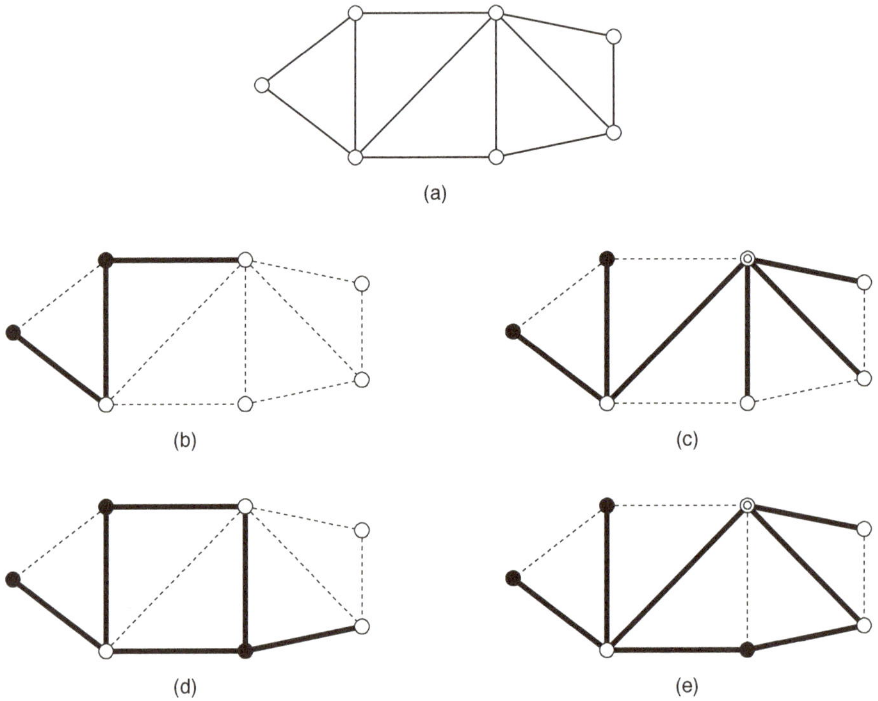

図 6.10 カット容量の劣モジュラ性. (a) 無向グラフ, (b) $g(S)=3$, (c) $g(S\cup\{j\})=6$, (d) $g(T)=6$, (e) $g(T\cup\{j\})=7$

形式的に次のように書くことができる：

$$\begin{aligned}&\text{Minimize} \quad g(S)\\ &\text{subject to} \quad S\subseteq V, \quad S\neq V, \quad S\neq\emptyset.\end{aligned}$$

このように，離散最適化問題の中には，劣モジュラ関数の最小化問題として定式化できるものがある．ここで，離散最適化における劣モジュラ性は，ある意味で，連続最適化における関数の凸性と同じような性質とみることができる．このため，一般の劣モジュラ関数最小化問題には多項式時間アルゴリズムが存在する．これについては，文献 5) を参照されたい．なお，最小カット問題は 5.5.1 節の最大流問題と密接な関係があり，一種の双対性が成り立つことが知られている [*14].

6.4.2　劣モジュラ最大化に対する貪欲算法

劣モジュラ関数を最大化するような問題にも，多くの応用がある．集合関数 $f : 2^V \to \mathbb{R}$ は単調な劣モジュラ関数であるとして，次のような最適化問題を考える：

$$
\begin{aligned}
&\text{Maximize} && f(S) && (6.11\text{a})\\
&\text{subject to} && |S| \leqq m, && (6.11\text{b})\\
& && S \subseteq V. && (6.11\text{c})
\end{aligned}
$$

ただし，$|S|$ は集合 S の元の数を表し，m は正の定数である．ここで，単調な劣モジュラ関数では S に含まれる元の数が多いほど $f(S)$ の値は大きい (より正確には，小さくはない) ので，元の数に関する制約 (6.11b) がなければ $S = V$ が最適解になる．制約 (6.11b) は，このような自明な状況を避けるために設けられている．問題 (6.11) は，丁寧にいえば基数制約付き単調劣モジュラ関数最大化問題 [*15] とでもよぶべき問題であるが，しばしば単に**劣モジュラ最大化問題**とよばれている．

劣モジュラ最大化問題 (6.11) は，NP 困難であることが知られている．したがって，効率の良いアルゴリズムは存在しそうにないと考えられている．しかし，次のような単純な貪欲算法が 0.63-近似解法 [*16] であることが知られている．つまり，S が空集合の状態から始めて，S の元の数が m になるまで V の元を一つずつ S に追加していく．この際に，まだ選択されていない元の中から，それを追加することで目的関数値が最も大きくなるものを一つ選んで追加する，という方法である．この貪欲算法をまとめると，アルゴリズム 6.3 のようになる．

[*14] 文献 5) の 4.1 節，文献 17) の 2.2 節，文献 2) の 2.2 節，文献 16) の 3.3 節，文献 4) の 4.4 節などを参照されたい．

[*15] 基数とは，集合の元の個数のことである．ここでの「基数制約」とは，式 (6.11b) のことを指している．

[*16] 後述するように，0.63 は $1 - \dfrac{1}{\mathrm{e}}$ の (それよりも大きくない) 概数である．

アルゴリズム 6.3 劣モジュラ最大化問題に対する貪欲算法

$S_0 \leftarrow \emptyset$.
for $k = 1, \ldots, m$ **do**
  $j^\star \leftarrow \arg\max\{f(S_{k-1} \cup \{j\}) \mid j \in V\}$.
  $S_k \leftarrow S_{k-1} \cup \{j^\star\}$.
  $V \leftarrow V - \{j^\star\}$.
end for
S_m を近似解として出力する.

以下では，問題 (6.11) の目的関数は $f(\emptyset) = 0$ を満たすとする[*17]．また，問題 (6.11) の最適解を $\bar{S}$ で表す．次の定理 6.2 は，アルゴリズム 6.3 の各反復で目的関数値が最適値 $f(\bar{S})$ にどのくらい近づくかを評価しているものである．

定理 6.2 アルゴリズム 6.3 が生成する $S_0, S_1, \ldots, S_m$ は，条件

$$f(\bar{S}) - f(S_k) \leqq \left(1 - \frac{1}{m}\right)(f(\bar{S}) - f(S_{k-1})), \quad k = 1, \ldots, m \qquad (6.12)$$

を満たす．

証明 式 (6.12) の右辺に関して，f が単調な劣モジュラ関数であることより，

$$\begin{aligned} & f(\bar{S}) - f(S_{k-1}) \\ & \quad \leqq f(\bar{S} \cup S_{k-1}) - f(S_{k-1}) \\ & \quad \leqq \sum_{j \in \bar{S} - S_{k-1}} (f(S_{k-1} \cup \{j\}) - f(S_{k-1})) \end{aligned} \qquad (6.13)$$

が成り立つ．というのも，$\bar{S} \cup S_{k-1} = \{j_1, j_2, \ldots, j_l\} \cup S_{k-1}$ (ただし，l は，$\bar{S}$ に属する元のうち S_{k-1} には属さないものの数) とおけば，劣モジュラ関数の定義 (6.10) より

[*17] そうでない場合は，各 $S \in V$ に対して $f(S) - f(\emptyset)$ の値を改めて $f(S)$ とおけば，劣モジュラ性と単調性は保存したまま $f(\emptyset) = 0$ とできる．

$$
\begin{aligned}
f(S_{k-1} \cup \{j_1\}) - f(S_{k-1}) &\leqq f(S_{k-1} \cup \{j_1\}) - f(S_{k-1}),\\
f(S_{k-1} \cup \{j_1, j_2\}) - f(S_{k-1} \cup \{j_1\}) &\leqq f(S_{k-1} \cup \{j_2\}) - f(S_{k-1}),\\
f(S_{k-1} \cup \{j_1, j_2, j_3\}) - f(S_{k-1} \cup \{j_1, j_2\}) &\leqq f(S_{k-1} \cup \{j_3\}) - f(S_{k-1}),\\
&\vdots\\
f(S_{k-1} \cup \{j_1, \ldots, j_l\}) - f(S_{k-1} \cup \{j_1, \ldots, j_{l-1}\}) &\leqq f(S_{k-1} \cup \{j_l\}) - f(S_{k-1})
\end{aligned}
$$

が成り立つが，これらを辺々加えることで式 (6.13) の二つ目の不等式が得られる．次に，式 (6.13) の総和の第 1 項について

$$
\begin{aligned}
&\sum_{j \in \bar{S} - S_{k-1}} f(S_{k-1} \cup \{j\})\\
&\qquad \leqq |\bar{S} - S_{k-1}| \max\{f(S_{k-1} \cup \{j\}) \mid j \in \bar{S} - S_{k-1}\}\\
&\qquad \leqq |\bar{S} - S_{k-1}| f(S_k)
\end{aligned}
\tag{6.14}
$$

が成り立つ．ただし，二つ目の不等式は，アルゴリズム 6.3 での S_k の決め方から得られる．さらに，$|\bar{S} - S_{k-1}| \leqq m$ であることを用いると，式 (6.13) および式 (6.14) より

$$
f(\bar{S}) - f(S_{k-1}) \leqq m(f(S_k) - f(S_{k-1})),
$$

つまり，

$$
-f(S_k) \leqq -\frac{1}{m} f(\bar{S}) - \left(1 - \frac{1}{m}\right) f(S_{k-1})
$$

が得られ，さらに両辺に $f(\bar{S})$ を加えると式 (6.12) になる． ■

定理 6.2 と $f(\emptyset) = 0$ から，不等式

$$
\begin{aligned}
f(\bar{S}) - f(S_m) &\leqq \left(1 - \frac{1}{m}\right)(f(\bar{S}) - f(S_{m-1}))\\
&\leqq \left(1 - \frac{1}{m}\right)^2 (f(\bar{S}) - f(S_{m-2}))\\
&\leqq \cdots \leqq \left(1 - \frac{1}{m}\right)^m f(\bar{S})
\end{aligned}
$$

が得られる．したがって，不等式

$$\frac{f(S_m)}{f(\bar{S})} \geqq 1 - \left(1 - \frac{1}{m}\right)^m = 1 - \frac{1}{\left(1 + \frac{1}{m-1}\right)^m} \geqq 1 - \frac{1}{\mathrm{e}} \geqq 0.63$$

が成り立つので，アルゴリズム 6.3 は 0.63-近似解法であると言える．

6.4.3 応用：文書要約

文書の自動要約技術は，大量の文書が与えられたときに，そのおおまかな内容を表す短い文書 (要約) を自動的に生成する技術である．この**文書要約**には，大別すると，一つの長い文書が与えられてその要約を作る場合 (**単文書要約**) と，一つのテーマに関する複数の文書が与えられてその要約を作る場合 (**複数文書要約**) とがある．後者の例としては，ある出来事を扱った新聞や雑誌の記事を要約したいという状況があげられる．以下で述べる手法は単文書要約と複数文書要約のいずれにも適用できるが，単文書要約に限って説明する．

文書要約の手法の一つに，**文選択法**がある．これは，文書を一つひとつの文に分解し，その中からいくつかの文を抽出することで要約を作るという方法である．言い換えると，文書を文の集合とみなし，その部分集合として要約を生成する．図 6.11(a) と図 6.11(b) は，17 個の文からなる文書とそのうちの 3 個の文からなる要約とを模式的に表している．

要約を作る際に，元の文書のもつ内容がなるべく多く伝わるように文を選択したいと考える．いま，文書に含まれる文の集合を V とおく (図 6.11(a))．また，図 6.11(b) で選ばれている文 (実線で表されている文) の集合を S で表し，図 6.11(c) で選ばれている文の集合を T で表す．ここで，$S \subset T$ が成り立っている．いま，S が表現する内容の充実度として具体的にはさまざまな評価尺度が考えられるが，それを $f(S)$ で表したとすると，$f(S) \leqq f(T)$ が成り立つと考えるのは自然であろう．次に，元の文書 V のうち T に含まれない文 j を選んで，これを S および T に付け加えることを考える (図 6.11(d) および図 6.11(e))．つまり，図 6.11(e) を図 6.11(c) と比べたときに新たに増えた実線が，文 j にあたる．このとき，j を付け加えることによる内容の充実度の増加量に対して条件 (6.10) が成り立つと考えるのも自然である．このようにして，要約の評価尺度 f として単調な劣モジュラ関数が自然に現れる．さらに，要約に用いる文の数を m 個以下に制限したとすると，評価尺度 f が最大になる要約を求める問題は劣モジュラ最大化問題 (6.11) となる．

要約の具体的な評価尺度としては，たとえば次のものが考えられている．各文 $i \in V$ に対して，あらかじめ，i の文書全体との類似度 r_i $(\geqq 0)$ を計算しておく (たとえば，文書に含まれる単語のうちで文 i にも含まれるものの個数などを用いて類

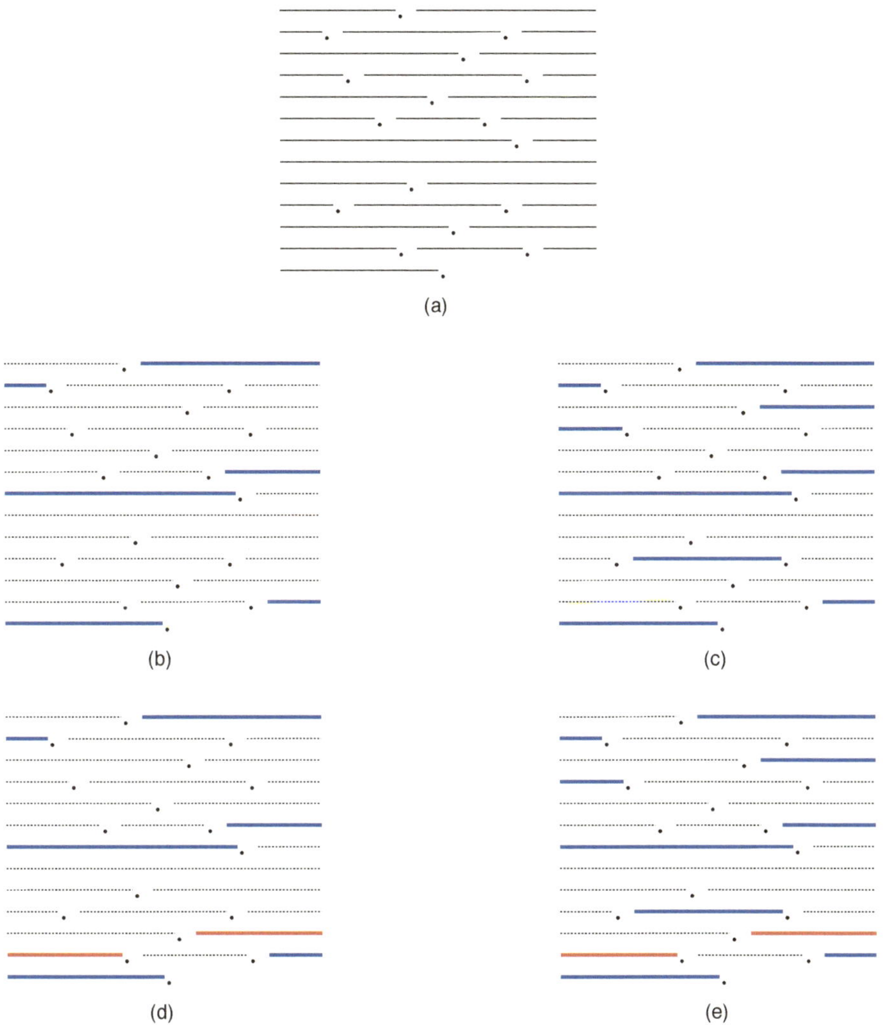

図 6.11　文書要約問題の劣モジュラ性．(a) 文書 V の模式図，(b) 要約 S の例，(c) 要約 T $(\supset S)$ の例，(d) $S \cup \{j\}$ の例と (e) $T \cup \{j\}$

似度を定める)．そして，要約に含まれる文の類似度の和

$$f(S) = \sum_{i \in S} r_i \tag{6.15}$$

を評価尺度とすることが考えられる．また，文書に含まれている単語の中から，なるべく多様な単語を要約に取り入れるという考え方もある．この場合には，まず，各単語 j についてその重要度 t_j (> 0) を定めておく (たとえば，要約に含まれる単語の種類数を最大化したいときには，すべての単語に対して $t_j = 1$ とする)．次に，各文 $i \in V$ に含まれる単語の集合を W_i で表す．そして，要約 S に含まれる単語の重要度の和

$$f(S) = \sum_{j \in \bigcup_{i \in S} W_i} t_j \tag{6.16}$$

を最大化する．あるいは，文の類似度と単語の多様性の両方を考慮するために，重み β (> 0) を定めて

$$f(S) = \sum_{i \in S} r_i + \beta \sum_{j \in \bigcup_{i \in S} W_i} t_j$$

の最大化を考えることもある．

文 i と文 j の類似度を u_{ij} $(u_{ij} = u_{ji} > 0)$ とおくと，文 i と文書 V の類似度は

$$r_i = \sum_{j \in V} u_{ij}$$

と書ける．また，文 i と要約 S の類似度を

$$w_i(S) = \sum_{j \in S} u_{ij}$$

で表すと，式 (6.15) で定めた要約 S と文書 V の類似度は

$$\sum_{i \in S} r_i = \sum_{i \in V} w_i(S)$$

とも書ける．ここで，なるべく多様な文を要約の中に取り込みたいと考えると，す

でに要約 S に対する類似度 $w_i(S)$ が十分に大きい文 i ($\notin S$) は S に追加しないという方針が考えられる．このためには，たとえばある閾値 $\hat{w}_i$ (> 0) を設定して

$$f(S) = \sum_{i \in V} \min\{w_i(S), \hat{w}_i\}$$

という目的関数を考えればよい．というのも，この関数を最大化しようとすると，$\min\{w_i(S), \hat{w}_i\} = \hat{w}_i$ が成り立つ文 i についてはそれを S に追加しても目的関数値は大きくならないので，それ以外の文が選択されるからである．

以上で取り上げた文書要約のための目的関数は，すべて単調な劣モジュラ関数である．また，文書要約以外のデータ解析手法への劣モジュラ関数の応用については，文献 5) を参照されたい．

6.5 メタ戦略

メタ戦略は，多くの計算機パワーを使って質の良い解を見つけ出す汎用的な解法を設計するためのアイディアの集合体である．本節では，メタ戦略の基本的な考え方を説明した後に，メタ戦略に基づくいくつかの解法の概略を述べる．

6.5.1 メタ戦略の基本的な考え方

6.1 節でも簡単に説明したように，最適化問題に発見的解法を 1 回適用しただけでは質 (目的関数値) の良い実行可能解が得られない場合も多い．そのような場合に，さまざまな初期解から発見的解法を適用したり，一度得られた解とは異なる解を積極的に探しにいく工夫などがあれば，より質の良い解が得られる可能性が高まる．このような発想に基づく方策で，個別の最適化問題の性質に依存しない一般的な枠組みを与えるものが，メタ戦略である．このように，メタ戦略という言葉は具体的な解法を指すわけではなく，解法を設計するためのさまざまなアイディアの集合体を指している．メタ戦略に基づく解法では，通常，単純な発見的解法よりも大きな計算コストを費やすことでより質の良い解を得ようとする．得られる解の精度 (最適性や近似比) が保証されないという意味で，メタ戦略に基づく解法も発見的解法に分類されるといえる．

メタ戦略の多くは，**集中化**と**多様化**という二つの方策をバランスを取りながら組み合わせているとみることができる．

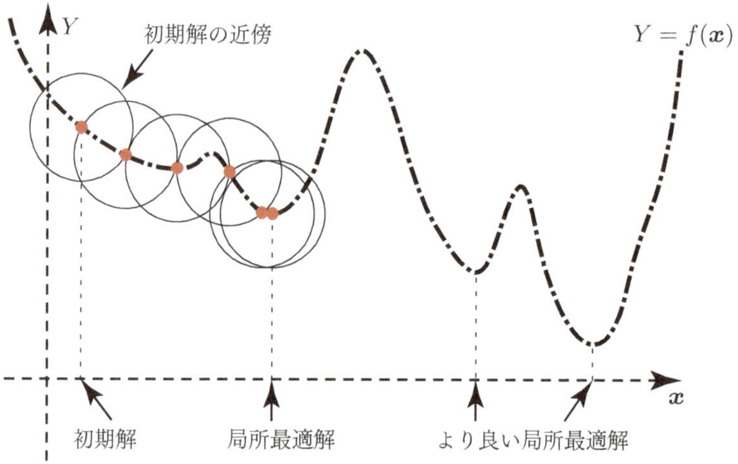

図 6.12　局所探索法による解の探索の様子と，多様化の必要性

集中化とは，優れた解の近くにはやはり優れた解がある可能性が高いであろうと考えて，これまでに得られた解のうちで良い解の近くを集中的に探索する方策である．局所探索法は，集中化を実行する典型的な手法であり，多くのメタ戦略で採用されている．

集中化の考え方のみで解法を設計すると，ごく一部の領域にある解のみを探索することになり，より優れた解がそこから離れた領域にあったとしてもそれをみつけることはできない．図 6.12 は，局所探索法による解の探索の様子と，その性能の限界を示す例である．局所探索法は，初期解から出発し，“●” で示した点を左から右へとたどり，局所最適解が得られたところで終了する．

多様化とは，これまでに探索されていない領域にはより優れた解が存在し得ると考えて，これまでに得られた優れた解とは異なる性質をもつ解の探索を試みる方策である．多様化を実現する方法には，複数の初期解を用いる方法や，目的関数値が悪くなる解へも移動してみる方法，これまでに得られた複数の解を組み合わせることで新しい解を得る方法などがある．

これまでに，実にさまざまなメタ戦略が提案されている．本節では，そのうち，多スタート局所探索法，模擬焼きなまし法，タブー探索法を取り上げてその概略を述べる．このほかに，遺伝的アルゴリズム，差分進化法，粒子群最適化法なども，メタ戦略としてよく知られている．詳しくは，文献 8) や文献 20) などのメタ戦略の専門書を参照されたい．

6.5.2　多スタート局所探索法

前述のように，局所探索法で得られる解は初期解に依存する (図 6.12)．局所探索法に多様化の方策を組み合わせる一番簡単な方法は，さまざまな初期解を用いてみるというものである．そして，それぞれの初期解から得られた局所最適解のうちで最良のものを，最終的に解として出力する．この解法は，**多スタート局所探索法**とよばれる．

多スタート局所探索法は，局所探索法の実装があれば簡単に実現できる．このため，単純な局所探索法では良い解が得られない場合にまず試してみるべきメタ戦略であるといえる．複数の初期解を生成するには，たとえば乱数を用いる方法がある．あるいは，貪欲算法などの構築法に何らかのランダム性を組み込むことで，比較的質の良い複数個の解を生成することも考えられる．たとえば，6.1 節では巡回セールスマン問題に対する貪欲算法を説明した．この方法では，まだ訪れていない点のうち最も近い点を選ぶことを繰り返して，実行可能解を構築する．この「最も近い」というところにランダム性を組み込んで，たとえば「近い点から順に高い確率を割り当てておいて，その確率に応じて」次の点を選ぶことにすると，多様な解を生成することができる．

6.5.3　模擬焼きなまし法

局所探索法に多様化の方策を組み合わせるもう一つの代表的な方策は，いま得られている解よりも目的関数値の悪い解 (改悪解) に移動することも許すというものである．この考え方に基づくメタ戦略の一つに，**模擬焼きなまし法** (**シミュレーテッドアニーリング法**) がある．

模擬焼きなまし法は，金属の焼きなまし過程という物理現象にアイディアを得て，**温度**とよばれるパラメータ $t > 0$ を用いて改悪解への移動を制御する仕組みを作るという手法である．具体的には，まず，いま得られている解 $\boldsymbol{x}$ の近傍 $N(\boldsymbol{x})$ の中から他の解 $\boldsymbol{y}$ を一つ選ぶ．この $\boldsymbol{y}$ が改善解 ($\boldsymbol{x}$ よりも目的関数値が良い解) であれば，ただちに $\boldsymbol{y}$ へ移動する．一方，$\boldsymbol{y}$ が改悪解であれば，その改悪量を $\Delta\ (>0)$ としたときに確率 $e^{-\Delta/t}$ で $\boldsymbol{y}$ に移動する．ここで，温度 t は，初期段階では大きい値に設定しておき，探索が進むにつれて徐々に 0 に近づけていく．以上をまとめ

アルゴリズム 6.4 **模擬焼きなまし法**

Require: 初期解 $\boldsymbol{x}$, 初期温度 $t > 0$, 温度調整のパラメータ γ $(0 < \gamma < 1)$.

```
1: for k = 1, 2, ... do
2:     ランダムに y ∈ N(x) を選ぶ.
3:     Δ ← f(y) − f(x).
4:     if Δ ≦ 0 then
5:         x ← y.
6:     else
7:         確率 e^{−Δ/t} で x ← y とする.
8:     end if
9:     t ← γt.
10: end for
```

ると，目的関数 f を最小化する問題に対する模擬焼きなまし法はアルゴリズム 6.4 のように記述できる．

改悪解へ移動する確率 $\mathrm{e}^{-\Delta/t}$ は，改悪量 Δ が小さいほど 1 に近く，大きいほど 0 に近い．つまり，いま得られている解と目的関数値が近いほど，高い確率で改悪解へと移動する．また，温度 t の値が大きいほど，この確率は大きくなる．つまり，温度 t の値が大きい初期段階では改悪解への移動をより多く許しており，このことにより解の探索範囲が広げられている．一方，温度 t の値が 0 に近いときは，模擬焼きなまし法は単純な局所探索法と同様の振る舞いをする．つまり，探索の終盤では，集中化が図られている．このように温度 t が解法の振る舞いを制御しているので，模擬焼きなまし法で得られる解の質は初期温度の値や温度の減らし方に大きく影響される．アルゴリズム 6.4 の 9 行目では例として簡単な規則で温度を減らしているが，実際には，温度の制御の仕方や初期温度の決め方にはさまざまな工夫が提案されている．

6.5.4 タブー探索法

タブー探索法の基本的な考え方は，いま得られている解の近傍に含まれる解で，その解自身を除く最良のものに移動するというものである．このとき，最良のものが改悪解であったとしても，その解へ移動する．このことにより，いま得られている解が局所最適解であっても，別の解へと移動することができる．

しかし，このような単純な規則だけだと，局所最適解から移動した直後に，また同じ局所最適解へ戻ってしまうことが多い．そこで，近い過去に訪れた解は記憶しておき，それらへの移動は禁止することにする．この，近い過去に訪れた解の記憶は，**タブーリスト**とよばれる．タブーリストとして保持する解の個数 (リストの長さ) を定数とした場合，タブー探索法はアルゴリズム 6.5 のように記述できる ($N(\boldsymbol{x})$ は $\boldsymbol{x}$ の近傍を表している)．実際には，タブーリストの長さを探索状況に応じて適応的に変化させる方法や，過去の解そのものではなく解の更新方法をタブーリストに記憶する方法など，さまざまな工夫が提案されている．

アルゴリズム 6.5　**タブー探索法**

Require: 初期解 $\boldsymbol{x}$, タブーリスト $T = \emptyset$ とその長さの上限値 l.
1: **for** $k = 1, 2, \ldots$ **do**
2: 　$|T| = l$ ならば，T から最も古い解を除く．
3: 　$T \leftarrow T \cup \{\boldsymbol{x}\}$.
4: 　集合 $N(\boldsymbol{x}) - T$ に含まれる解のうち，最良のものを $\boldsymbol{x}$ とする．
5: **end for**

第 6 章　練習問題

6.1 最小木問題の最適解を利用した，巡回セールスマン問題の近似解法を考える．重み付き無向グラフ $G = (V, E, c)$ が与えられている．ただし，任意の 2 点間には辺が存在し，辺の重みはすべて正で三角不等式を満たすものとする．図 6.13(a) は 6 つの点からなるグラフ G の例であり，各辺の重みはその端点間のユークリッド距離 (つまり，その辺を表す線分の長さ) で定められているとする．近似解法としては，まず，G の最小木を求める (図 6.13(b))．次に，最小木の各辺を 2 本ずつにし，それぞれに異なる向きを付ける (図 6.13(c))．そして，この向きの付いた辺をすべてたどる経路を考える．図 6.13(c) の例では，点 v_1 を始点にすると，たとえば $v_1 \to v_3 \to v_6 \to v_5 \to v_6 \to v_3 \to v_2 \to v_4 \to v_2 \to v_3 \to v_1$ という経路

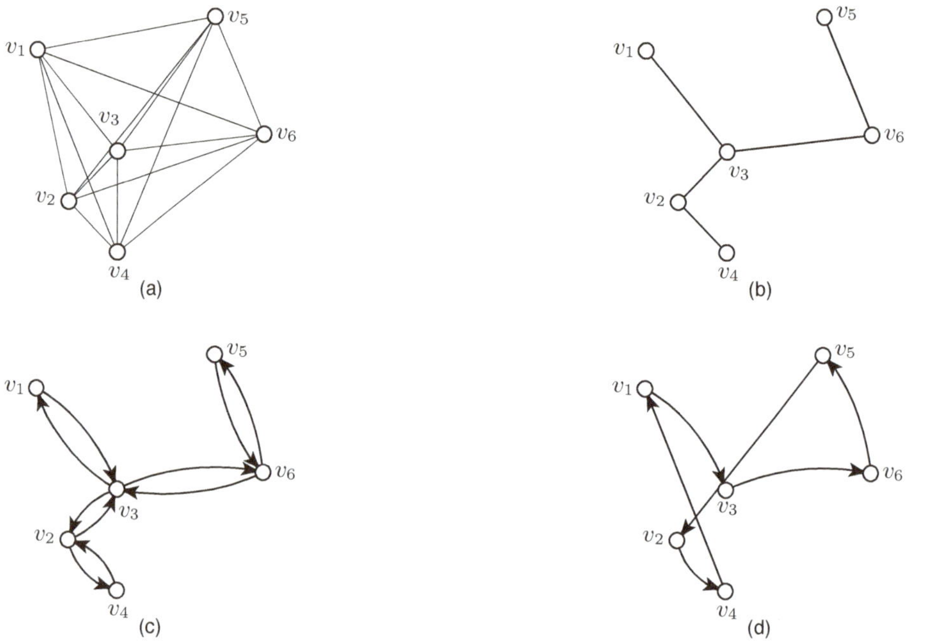

図 6.13　巡回セールスマン問題の 2-近似解法 (練習問題 6.1)

がこれにあたる．この経路で，すでに一度訪れた点はスキップすることにすると，巡回路が得られる (図 6.13(d))．この巡回路が，巡回セールスマン問題の近似解になっている．次の問いに答えよ．

(i) 図 6.13(a) のグラフにおいて，点 v_5 を始点にした場合はどのような近似解が得られるか．

(ii) この解法が 2-近似解法であることを示せ．

6.2 無向グラフ $G = (V, E)$ が与えられたとき，カット $(S, V - S)$ に含まれる辺の数が最大になるような V の部分集合 S を求める問題を，**最大カット問題**とよぶ．次の問いに答えよ．

(i) 最大カット問題に対して，次の局所探索法を考える．まず，V からランダムにいくつかの点を選んで S とする．次に，$V - S$ に属する点のうち，それを S に移すことでカットの本数が増える点を S に移す．また，

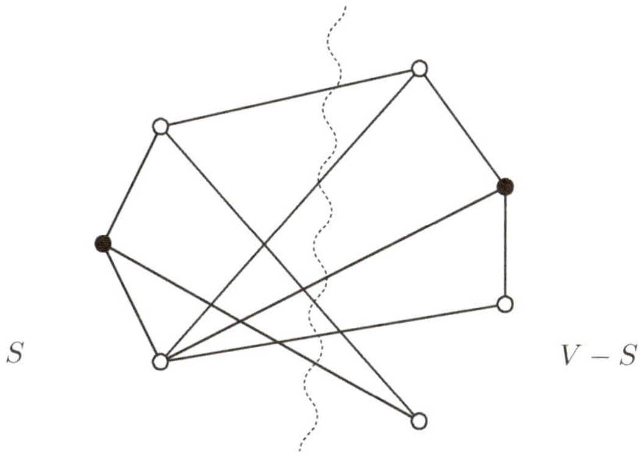

図 6.14　最大カット問題に対する局所探索法 (練習問題 6.2(i)) の更新操作の例

同様に，S に属する点のうち，それを $V-S$ に移すことでカットの本数が増える点を $V-S$ に移す．図 6.14 の例では，波線で S と $V-S$ とが分けられているが，“●” で示す 2 点はいずれも所属を入れ替えることでカットの本数が増える．このような操作を，S が更新されなくなるまで繰り返す．この局所探索法は，最大カット問題の 0.5-近似解法であることを示せ．

(ii) 最大カット問題に対して，劣モジュラ最大化に基づく貪欲算法を設計せよ [*18]．

6.3 6.3.1 節とは異なる評価尺度を用いたクラスタリングを考える．データ点の集合 $V=\{\boldsymbol{s}_1,\ldots,\boldsymbol{s}_m\}$ から k 点を選び，それらをクラスター中心とよぶ．そして，各データ点を最も近いクラスター中心に割り当てることで，クラスター $C_1,\ldots,C_k$ を構成する．各クラスターの大きさを，クラスター中心からそのクラスターに属する点までの距離の最大値で定義する (図 6.15)．このとき，クラスターのうちで大きさが最大のものに着目し，その大きさができるだけ小さくなるクラスタリングを求めたい．つまり，k 個のクラスター中心の集合 U $(\subset V)$ のうち

$$\max\{\rho(\boldsymbol{s}_l,U)\mid \boldsymbol{s}_l\in V\}$$

[*18] グラフのカット容量は劣モジュラ関数であるが，単調ではない．したがって，最大カット問題に対する貪欲算法は，6.4.2 節で示した近似比をもつ保証があるわけではない．

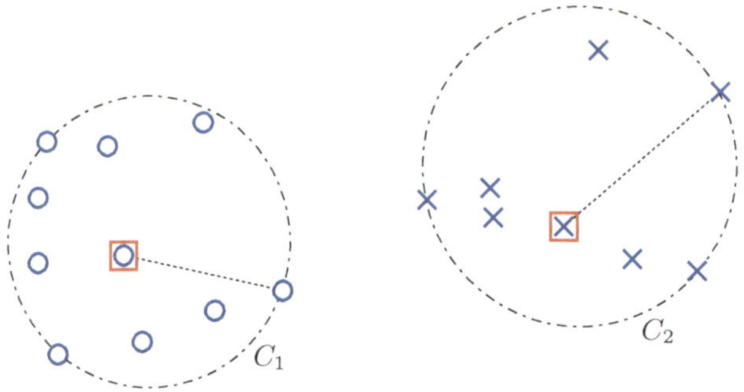

図 6.15 k-センター問題におけるクラスターの大きさの定義．"□" で囲ったデータ点がクラスター中心，線分の長さがクラスターの大きさ (練習問題 6.3)

の値を最小化するものを求める最適化問題を考える (点 $\boldsymbol{s}_l$ から集合 U への距離 $\rho(\boldsymbol{s}_l, U)$ は式 (6.6) で定義されている)．この問題は，k-**センター問題**とよばれている．次の問いに答えよ．

(i) 最遠点クラスタリング法 (6.3.1 節) により，k-センター問題の 2-近似解が得られることを示せ．

(ii) 最遠点クラスタリング法で得られる解の目的関数値が，k-センター問題の最適値のちょうど 2 倍になるようなデータの例をあげよ．

6.4 無向グラフ $G = (V, E)$ に関して，次の問いに答えよ．

(i) 点集合 $S \subseteq V$ に属する点を端点とする辺の数を $f(S)$ で表すとき，f が劣モジュラ関数であることを示せ．

(ii) 辺集合 $T \subseteq E$ に属する辺の端点である点の数を $g(T)$ で表すとき，g が劣モジュラ関数であることを示せ．

第 7 章 整数計画

線形計画問題や凸計画問題において，その決定変数が整数値のみをとるという制約を加えた問題を扱うのが，整数計画である．整数計画は，あるものを採用するかしないかなどの取捨選択の条件や，これを採用したときはこちらは採用できないなどの論理的制約を表現できる，非常に記述能力の高い最適化の枠組みである．また，近年，ソルバーが急速に発達し，かなり大きな規模の整数計画問題が解けるようになってきた．本章では，整数計画問題の定義を述べた後で，分枝限定法とよばれる代表的な解法を説明する．次に，整数計画の表現能力を活用するための要点を述べ，最後に応用例を解説する．

7.1 整数計画問題

線形計画問題において，各変数が取り得る値を整数のみに限定した問題のことを，**整数計画問題**とよぶ．つまり，整数計画問題とは $\boldsymbol{x} \in \mathbb{R}^n$ を変数とする次のような形式の問題のことである：

$$
\begin{aligned}
&\text{Minimize} && \boldsymbol{c}^\top \boldsymbol{x} && \text{(7.1a)}\\
&\text{subject to} && A\boldsymbol{x} = \boldsymbol{b}, && \text{(7.1b)}\\
& && \boldsymbol{x} \geqq \boldsymbol{0}, && \text{(7.1c)}\\
& && x_1, \ldots, x_n \text{ は整数.} && \text{(7.1d)}
\end{aligned}
$$

ここで，条件 (7.1d) を**整数制約**とよぶ．なお，整数制約を取り除くと線形計画問題になることを強調したい場合には，問題 (7.1) を**整数線形計画問題**とよぶこともある．

例 7.1 次の問題は，2 変数の整数計画問題の例である：

$$
\begin{array}{ll}
\text{Maximize} & 10x_1 + 30x_2 \\
\text{subject to} & 5x_1 - 3x_2 \leqq 10, \\
 & -x_1 + 5x_2 \leqq 15, \\
 & x_1, x_2 \text{ は整数}.
\end{array}
$$

この問題を図示すると，図 7.1 のようになる．ただし，薄く塗りつぶした領域が整数制約を除く不等式制約を満たす点の集合であり，小さい円 “•” は整数制約を満たす点であり，点線は目的関数の等高線である．この問題の実行可能解は塗りつぶした領域にある “•” の点ということになるから，最適解は “◎” で示す点である．なお，この問題から整数制約を除くと線形計画問題が得られるが，その線形計画問題の最適解は “○” で示す点である．

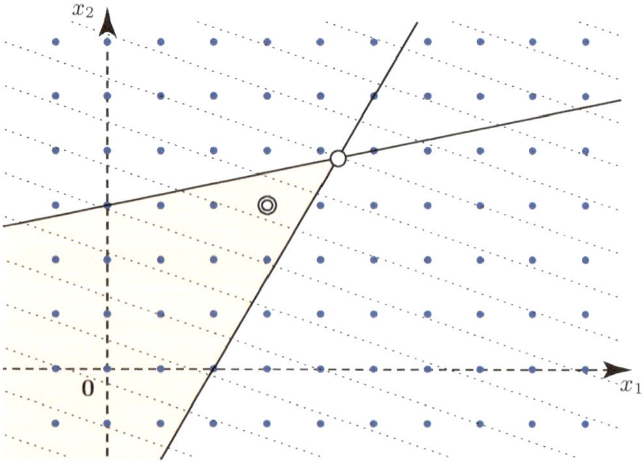

図 7.1　例 7.1 の整数計画問題

問題 (7.1) では，最適化されるすべての変数が整数であった．これに対して，一部の変数のみに整数制約が課される問題，つまり，

$$
\begin{aligned}
x_1, \ldots, x_r &\text{ は整数}, \\
x_{r+1}, \ldots, x_n &\text{ は実数}
\end{aligned}
$$

という場合は，**混合整数計画問題**とよばれる．ここで，$x_1, \ldots, x_r$ を**整数変数** (または**離散変数**) とよび，$x_{r+1}, \ldots, x_n$ を**連続変数**とよぶ．また，整数計画問題の特別な場合として，各変数が 0 か 1 のみをとり得る場合は **0-1 計画問題**とよばれる．ここで，「各変数が 0 か 1 のみをとり得る」という条件は，式では

$$x_j \in \{0, 1\}, \quad j = 1, \ldots, n$$

と書く．そして，この制約が課された変数を，**0-1 変数**とよぶ．混合整数計画問題の特別な場合として，各整数変数が 0 か 1 のみをとり得る場合は，**混合 0-1 計画問題**とよぶ．一方で，これらの用語をそこまで厳密に使い分けずに，すべてを単に整数計画問題とよぶこともしばしばある．

(混合) 整数計画問題において，整数変数がとり得る値に上限値と下限値が課されている場合は，その問題を混合 0-1 計画問題として表現することが可能である．例として，整数変数 x_j の上限値が 10 で下限値が 0 の場合，つまり，

$$x_j \in \{0, 1, 2, \ldots .10\}$$

という場合には，4 つの 0-1 変数 $s_1, \ldots, s_4$ を用いて

$$x_j = 2^3 s_1 + 2^2 s_2 + 2 s_3 + s_4, \tag{7.2}$$

$$x_j \leqq 10, \tag{7.3}$$

$$s_l \in \{0, 1\}, \quad l = 1, 2, 3, 4 \tag{7.4}$$

と書き直すことができる ($s_1, \ldots, s_4$ は，x_j の 2 進表記にあたる)．ここで，式 (7.2) も式 (7.3) も線形制約であるから，これらと式 (7.4) を制約として加えたうえで x_j を連続変数として扱えば，混合 0-1 計画問題が得られる．このように，(混合) 0-1 計画問題はかなり高い問題記述力をもっているため，0-1 計画問題に限定して整数計画の理論や解法が述べられることも多い．

例 7.2 6.2 節のナップサック問題 (問題 (6.1)) は，0-1 計画問題である．

例 7.3 整数計画のソルバーとしては，IBM ILOG CPLEX Optimizer (CPLEX), Gurobi Optimizer, MOSEK, Numerical Optimizer, SCIP などがよく知られている．これらのソルバーに最適化問題を入力するにはいくつかの方法があるが，その中でも手軽な方法として **LP ファイル**を用いるものをここで説明する．LP ファイルはテキストファイルであり，拡張子を `.lp` とする．たとえば，例 7.1 の問題

$$
\begin{aligned}
\text{Maximize} \quad & 10x_1 + 30x_2 && (7.5a)\\
\text{subject to} \quad & 5x_1 - 3x_2 \leqq 10, && (7.5b)\\
& -x_1 + 5x_2 \leqq 15, && (7.5c)\\
& x_1, x_2 \text{ は整数} && (7.5d)
\end{aligned}
$$

は次のように記述する．

```
\ ファイル名：‘ip_2var.lp’ (\ の後は行の終わりまでコメント)
Maximize                 \ 最大化問題であることを示す.
  obj: 10 x1 + 30 x2     \ 目的関数を記述する.
Subject to               \ ここから制約を記述する.
  5 x1 - 3 x2 <= 10
  - x1                   \ 係数 1 は省略してもよい.
  + 5 x2 <= 15           \ 一つの制約を複数行で書いてもよい.
Bounds                   \ ここからは変数の上下限値の記述.
  x1 free                \ こう書かないと非負変数になってしまう.
  -inf <= x2 <= inf      \ free の代わりに，こうも書ける.
General                  \ ここから変数の型を記述する.
  x1 x2
End                      \ ファイルの終わりを表す.
```

変数の型には，`General` と `Binary` があり，前者は整数変数であることを，後者は 0-1 変数であることを表す．連続変数は，変数型を記述しなくてよい [*1]．また，`Bounds` において各変数の上下限値を

記述するか free と書くかしない限り，その変数が 0 以上という制約が自動的に課されるので注意が必要である．

たとえば CPLEX を用いる場合は，コマンドプロンプトで CPLEX を起動してから次のようにタイプすればよい：

```
CPLEX> read ip_2var.lp
CPLEX> optimize
CPLEX> display solution variable -
```

すると，画面に最適解が表示される：

```
CPLEX> Incumbent solution
Variable Name            Solution Value
x1                             3.000000
x2                             3.000000
```

SCIP の使い方も，ほぼ同様である：

```
SCIP> read ip_2var.lp
SCIP> optimize
SCIP> display solution
```

解を画面ではなくファイルに出力する方法もあるし，LP ファイル以外の問題の入力方法もある．これらについては，各ソルバーのマニュアルを参照されたい．

以上で述べた最適化問題よりもさらに一般に，目的関数と (整数制約以外の) 制約関数も非線形であるような最適化問題も応用に現れることがある：

$$\text{Minimize} \quad f(\boldsymbol{x}) \tag{7.6a}$$
$$\text{subject to} \quad g_i(\boldsymbol{x}) \leqq 0, \quad i = 1, \ldots, m, \tag{7.6b}$$
$$x_1, \ldots, x_r \text{ は整数}, \tag{7.6c}$$
$$x_{r+1}, \ldots, x_n \text{ は実数}. \tag{7.6d}$$

この問題は，**混合整数非線形計画問題**とよばれるが，これまでに述べてきた (混合) 整数線形計画問題と比べて格段に取り扱いが難しい問題である．例外として，整数

[*1] したがって，たとえばこの LP ファイルの 12 行目を消せば，例 7.1 の問題から整数制約を除いた線形計画問題を記述したことになる．

制約 (7.6c) を取り除くと凸計画問題になるような場合には，次の 7.2 節で述べる分枝限定法によって大域的最適解を求めることができる．特に，目的関数が凸 2 次関数である場合や，制約が**凸 2 次制約** (つまり，g_i が凸 2 次関数である場合) や 2 次錐制約である場合 [*2] には，比較的高速なソルバーも開発されてきている．しかし，f や g_i が一般の場合には，取り扱いが非常に難しいのが現状である．

➤ 7.2 分枝限定法

本節では，**分枝限定法**とよばれる，離散最適化問題の厳密解法の一つを取り上げる．分枝限定法は，整数計画に限らずさまざまな離散最適化問題に対して用いることができる汎用的な計算原理であるが，ここでは 0-1 計画問題を用いてその考え方を説明する．

具体例として，6.2 節のナップサック問題 (例 6.3) を用いる：

$$
\begin{aligned}
\mathrm{P}_0: \quad & \text{Maximize} \quad && 28x_1 + 33x_2 + 10x_3 + 45x_4 + 32x_5 && \text{(7.7a)} \\
& \text{subject to} \quad && 2x_1 + 3x_2 + x_3 + 5x_4 + 4x_5 \leqq 7, && \text{(7.7b)} \\
& && x_j \in \{0, 1\}, \quad j = 1, \ldots, 5. && \text{(7.7c)}
\end{aligned}
$$

この問題の最適解は，変数 $x_1, \ldots, x_5$ のそれぞれを 0 または 1 とした $2^5 = 32$ 個の組合せのうちにある．これらを数え上げるには，図 7.2 のような**列挙木**を用いるのが便利である．図 7.2 は，変数を一つずつ順に 0 または 1 に固定していく様子を表していて，一番上の点はどの変数も固定されていない状態 (つまり，問題 (7.7) そのもの) に対応する．また，一番下の段の点はすべての変数が固定されている状態に対応しており，この段の点の数が組合せの数 (つまり，$2^5 = 32$ 個) に等しい．さらに，途中の段の点は，一部の変数が 0 か 1 に固定されているがその他の変数は固定されていない問題に対応している．このように，元の問題の一部の変数を固定した問題のことを**部分問題**とよぶ．

分枝限定法は，図 7.2 の点を上から順にたどるが，その各点において，その下に属する点の中に最適解が存在する可能性を判定する．その可能性がないと判断された場合には，その下の点はどれも探索する必要がないことになる．このようにして最適解が存在する可能性が残った点だけを調べることで列挙を要領よく行うのが，分

[*2] 7.4 節では，そのような問題の例をみる．

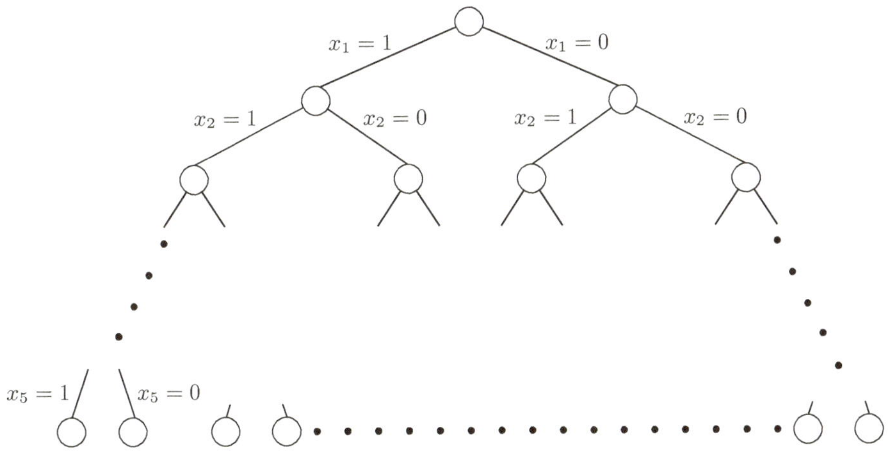

図 7.2　問題 (7.7) の解の列挙木

枝限定法の考え方である．このとき，最適解の存在の可能性の判定のために，各点に対応する部分問題の緩和問題を解く．

緩和問題とは，与えられた最適化問題の制約を緩めて得られる最適化問題のことである．通常は，緩和問題が効率良く解ける問題になるように制約を緩める．問題 (7.7) の緩和問題として，次の問題が考えられる：

$$
\begin{array}{lll}
\overline{\mathrm{P}}_0: & \text{Maximize} & 28x_1 + 33x_2 + 10x_3 + 45x_4 + 32x_5 \\
 & \text{subject to} & 2x_1 + 3x_2 + x_3 + 5x_4 + 4x_5 \leqq 7, \\
 & & 0 \leqq x_j \leqq 1, \quad j = 1, \ldots, 5.
\end{array}
$$

これは，問題 (7.7) の整数制約を緩めて変数をすべて連続変数とした問題である (変数の下限値が 0 で上限値が 1 であるという情報は，不等式制約として残してある)．そして，問題 (7.7) は線形計画問題であるから，効率良く解くことができる．このように整数変数を連続変数に変更して得られる緩和問題のことを，**連続緩和問題**とよぶ．また，問題 $\overline{\mathrm{P}}_0$ が線形計画問題であることに焦点を当てる場合には，**線形計画緩和問題**とよぶ．なお，元の問題がナップサック問題であるという特殊性から，問題 $\overline{\mathrm{P}}_0$ の最適解は 6.2 節の定理 6.1 を用いてただちに得られる．一般には，線形計画緩和問題は線形計画の解法 (つまり，単体法や内点法) を用いて解く．

一般に，緩和問題の実行可能領域は，元の問題の実行可能領域を含んでいる．このことから，次の関係性が成り立つことがわかる．

- 緩和問題の最適値は，元の問題の最適値より悪くなることはない．つまり，元の問題が最大化問題であれば，緩和問題の最適値は元の問題の最適値の上界 (それよりも大きくなることはないという値) を与える．
- 緩和問題の最適解が元の問題の実行可能解であるならば，それは元の問題の最適解でもある．
- 緩和問題が実行可能解をもたないならば，元の問題も実行可能解をもたない．

この関係性が，分枝限定法において重要な役割を果たす．

それではここで，ナップサック問題 (7.7) に対する分枝限定法の具体的な動作をみてみることにする．この際に，**分枝木**とよばれる図 7.3 を参照しながら動作を追うと，理解の助けになる．

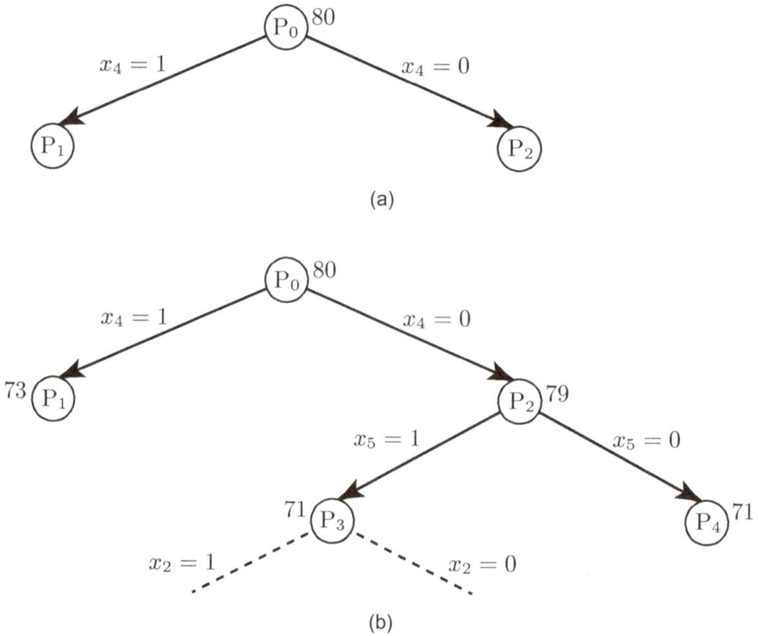

図 7.3　問題 (7.7) に対する分枝木

(i) 整数計画問題 (7.7) の連続緩和問題 $\overline{\mathrm{P}}_0$ を解く．すると，最適解は

$$\boldsymbol{x} = (1, 1, 1, 1/5, 0)^\top$$

であり，最適値は 80 である (この値を，図 7.3(a) の P_0 のそばに記している)．

(ii) 問題 $\overline{\mathrm{P}}_0$ の最適解で小数値をとった変数 x_4 について，$x_4 = 1$ の場合と $x_4 = 0$ の場合とに場合わけする (これを，**分枝操作**という)．その様子を，図 7.3(a) に示す．それぞれの場合の部分問題を P_1 および P_2 とすると，それらは次のように定式化される：

$$\begin{array}{lll}
\mathrm{P}_1: & \text{Maximize} & 28x_1 + 33x_2 + 10x_3 + 45 + 32x_5 \\
& \text{subject to} & 2x_1 + 3x_2 + x_3 + 5 + 4x_5 \leqq 7, \\
& & x_j \in \{0, 1\}, \quad j = 1, 2, 3, 5; \\
\mathrm{P}_2: & \text{Maximize} & 28x_1 + 33x_2 + 10x_3 + 32x_5 \\
& \text{subject to} & 2x_1 + 3x_2 + x_3 + 4x_5 \leqq 7, \\
& & x_j \in \{0, 1\}, \quad j = 1, 2, 3, 5.
\end{array}$$

なお，これらの部分問題もナップサック問題と同じ形式をしているので，その連続緩和問題の最適解は定理 6.1 により容易に得られる．

(iii) 部分問題 P_1 の連続緩和問題 $\overline{\mathrm{P}}_1$ を解く．すると，最適解は

$$\boldsymbol{x} = (1, 0, 0, 1, 0)^\top$$

であり最適値は 73 である．これは整数解であるので，部分問題 P_1 の最適解であり，解きたい問題 (7.7) の実行可能解でもある．そこで，これを解の候補として記憶しておく (このように，いままでに得られた最良の実行可能解を**暫定解**とよび，その目的関数値を**暫定値**とよぶ)．また，部分問題 P_1 の最適解が得られたので，さらに分枝操作を施す必要はない (このように，分枝操作を施す必要がなくなったとき，その部分問題は**終端**されるという．また，部分問題が終端されたと判定してそれ以上の分枝操作をやめることを，**限定操作**という)．

(iv) 部分問題 P_2 の連続緩和問題 $\overline{\mathrm{P}}_2$ を解く．すると，最適解は

$$\boldsymbol{x} = (1, 1, 1, 0, 1/4)^\top$$

であり最適値は 79 である．

(iv)-(a) 問題 $\overline{\mathrm{P}}_2$ の最適解では，変数 x_5 が小数値をとった．そこで，x_5 について分枝操作を行い，次の部分問題 P_3 および P_4 を得る (図 7.3(b))：

$$\begin{array}{lll}
\mathrm{P}_3: & \text{Maximize} & 28x_1 + 33x_2 + 10x_3 + 32 \\
& \text{subject to} & 2x_1 + 3x_2 + x_3 + 4 \leqq 7, \\
& & x_j \in \{0, 1\}, \quad j = 1, 2, 3; \\
\mathrm{P}_4: & \text{Maximize} & 28x_1 + 33x_2 + 10x_3 \\
& \text{subject to} & 2x_1 + 3x_2 + x_3 \leqq 7, \\
& & x_j \in \{0, 1\}, \quad j = 1, 2, 3.
\end{array}$$

(iv)-(b) 部分問題 P_3 の連続緩和問題 $\overline{\mathrm{P}}_3$ を解く．すると，最適解は

$$\boldsymbol{x} = (1, 1/3, 0, 0, 1)^\top$$

であり最適値は 71 である．変数 x_2 が小数値をとっているが，ここからさらに分枝操作をして得られる目的関数値は 71 より大きくはならない．というのも，一般に，分枝操作を行った後の問題の実行可能領域は行う前の問題の実行可能領域に含まれるからである．一方，現在の暫定値は (iii) で得られた 73 であるから，P_3 以降の部分問題を調べたところで問題 (7.7) の最適解が得られる可能性はない．このため，P_3 は終端できる．

(iv)-(c) 部分問題 P_4 の連続緩和問題 $\overline{\mathrm{P}}_4$ を解く．すると，最適解は

$$\boldsymbol{x} = (1, 1, 1, 0, 0)^\top$$

であり最適値は 71 である．これは整数解であるから，部分問題 P_4 の最適解であり，解きたい問題 (7.7) の実行可能解でもある．一方で現

在の暫定値は (iii) で得られた 73 である．ここで得られた解はこれより劣るので，暫定値および暫定解は変更しない．また，P_4 の最適解が得られたので，P_4 は終端される．

(v) 図 7.3(b) の分枝木でこれ以上の分枝操作を行う必要がないことがわかったので，計算を終了する．この時点での暫定解 $\boldsymbol{x} = (1,0,0,1,0)^\top$ が，問題 (7.7) の最適解である．

上の例では，最適解は P_1 の緩和問題 $\overline{\mathrm{P}}_1$ を解いた時点で見つかっているが，その時点ではそれが最適解である証拠はないので，他の部分問題を調べていることに注意する．一般に，分枝限定法が終了すると，その時点での暫定解が最適解である保証が得られる．また，上の例では，図 7.2 の列挙木には 63 個の点があるが，分枝限定法は結果的に図 7.3(b) の 5 つの部分問題の緩和問題を解くだけで終了している．このように，分枝限定法は緩和問題から得られる情報を利用することで，調べる部分問題の数を減らしている．ただし，この調べるべき部分問題の数は，問題のデータ (ナップサック問題の場合には，品物のサイズや価値，ナップサックの容量の値) や部分問題を解く順番，分枝操作を施す変数の決め方 [*3] などに依存する．たとえば，上の例において，P_1 よりも先に $\mathrm{P}_2, \mathrm{P}_3$ の順に調べたとすると，まだ暫定解は得られていないので P_3 で限定操作を行うことはできない．したがって，P_3 からさらに分枝操作を行う必要があるので，結果的により多くの部分問題を調べることになる．

分枝限定法において限定操作が行えるのは，次の三つの場合である．

(a) 部分問題の最適解が得られたとき．特に，部分問題の連続緩和問題の最適解が整数制約を満たしていれば，それはその部分問題の最適解である．部分問題の最適解の目的関数値が暫定値より優れているならば，それを新しい暫定値とする (同時に暫定解も更新する)．

(b) 部分問題の最適値が，暫定値より優れていないことがわかったとき．最大化問題では，部分問題の連続緩和問題を解くことにより最適値の上界が得られるの

[*3] ナップサック問題では，連続緩和問題の最適解においてたかだか一つの変数が小数値をとるが，一般の整数計画問題では複数の変数が小数値を取り得る．また，たとえば，小数値をとるか否かにかかわらず $x_1, x_2, \ldots$ の順に分枝操作を行ったとしても正しい結果が得られる (練習問題として試みられたい)．

で，その上界が暫定値より大きくなければ部分問題を終端する [*4].

(c) 部分問題が実行可能解をもたないとき．この場合，さらに分枝操作を施して得られる部分問題はすべて実行可能解をもたないので，その部分問題を終端する．

本節では 0-1 変数のみをもつ整数計画問題を例にして分枝限定法の原理を説明したが，以上の原理は混合整数計画問題にもそのままの形で当てはまる．また，連続緩和問題が (線形計画問題に限らない) 凸計画問題になるような**混合整数凸計画問題**に対しても同じことがいえる．

整数計画問題の厳密解法として，分枝限定法と並ぶ代表的なものに，**切除平面法**とよばれる方法もある．これは緩和問題に不等式制約を追加していく形の解法であるが，その際に，整数計画問題の実行可能解を排除しない限りで緩和問題の実行可能領域がより小さくなるような制約を追加する [*5].

現在用いられている整数計画のソルバーのほとんどは，分枝限定法と切除平面法とを組合せた分枝カット法とよばれる手法を採用している．また，凸 2 次制約や 2 次錐制約などの，凸な非線形制約も扱うことができる．これらのソルバーには，長年にわたって蓄積された整数計画問題に対するノウハウが実装されている．たとえば，前述のように全体の計算コストは一般に分枝順序に依存するが，これらのソルバーは状況をみながらより高速に解けるように分枝順序をチューニングする機能をもっている．このため，整数計画問題を解く際には既存のソルバーを利用するのがよく，余程の特別な事情がない限り自分で分枝限定法や切除平面法を実装する必要はない．

➤ 7.3 定式化の要点

本節では，解きたい問題を整数計画問題として定式化する際に有用な，さまざまな条件の表現方法を説明する．まず，1.1 節で取り上げた輸送問題に似た次の例から解説を始める．

[*4] 最小化問題では，連続緩和問題は部分問題の最適値の下界を与える．その下界が暫定値より小さくなければ，部分問題を終端する．

[*5] 詳しくは，文献 1), 4), 7) などを参照されたい．

例 7.4　倉庫 S_1 と S_2 から顧客 C_1, C_2, C_3 の注文を満たすように商品を届ける必要がある (図 7.4)．注文量 (需要量) は，図の "□" の横にあるように，それぞれ 8.5, 12.5, 14 である．また，それぞれの倉庫からそれぞれの顧客へ輸送する際に，商品の単位量あたり "△" に示すだけの輸送費用がかかる．各倉庫には十分な在庫があるため，必ずしも両方の倉庫を使う必要はない．ただし，倉庫を使う際には，輸送量とは無関係に "( )" に示す固定費がさらに必要になる．このとき，総費用が最小化になる輸送計画を求めたい．

倉庫 S_i から顧客 C_j への輸送量を連続変数 y_{ij} で表す．また，0-1 変数 x_i を用いて，倉庫 S_i を使うときに $x_i = 1$ とし，使わないときに $x_i = 0$ とする．すると，たとえば倉庫 S_1 からの輸送費用と固定費の総和は

$$350x_1 + y_{11} + 2y_{12} + 3y_{13}$$

と書ける．また，倉庫 S_1 を使わないと決めたときにはそこから商品を輸送できないが，この条件は

$$y_{11} + y_{12} + y_{13} \leqq 35x_1$$

と書ける (右辺の係数 35 は，需要量の総和である)．さらに，たとえば顧客 C_1 の需要を満たさなければならないという条件は

$$y_{11} + y_{21} = 8.5$$

と書ける．まとめると，ここで考えている問題は次のように定式化

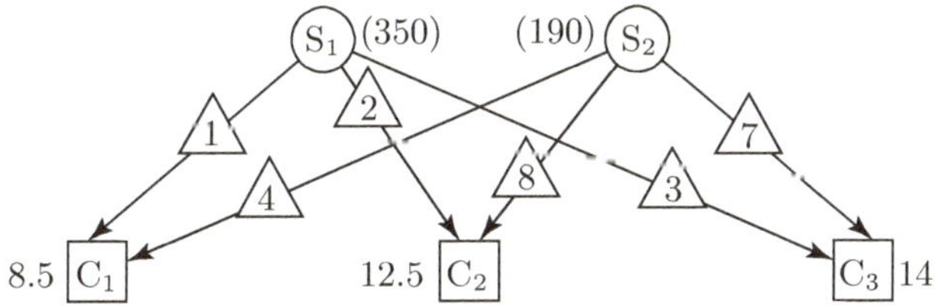

図 7.4　固定費付き輸送問題 (例 7.4)

できる：

$$
\begin{aligned}
\text{Minimize} \quad & \sum_{i=1}^{m} v_i x_i + \sum_{i=1}^{m} \sum_{j=1}^{n} w_{ij} y_{ij} & \text{(7.8a)} \\
\text{subject to} \quad & \sum_{j=1}^{n} y_{ij} \leqq d x_i, \quad i = 1, \ldots, m, & \text{(7.8b)} \\
& \sum_{i=1}^{m} y_{ij} = r_j, \quad j = 1, \ldots, n, & \text{(7.8c)} \\
& x_i \in \{0, 1\}, \quad i = 1, \ldots, m, & \text{(7.8d)} \\
& y_{ij} \geqq 0, \quad i = 1, \ldots, m;\ j = 1, \ldots, n. & \text{(7.8e)}
\end{aligned}
$$

ただし，倉庫 S_i の固定費用を v_i で表し，倉庫 S_i から顧客 C_j までの単位量あたりの輸送費用を w_{ij} で表し，顧客 C_j の需要量を r_j で表した．また，需要量の総和を $d = 35$ とおき，倉庫の数を $m = 2$ とおき，顧客の数を $n = 3$ とおいた．

問題 (7.8) では，各倉庫 S_i を採用するか採用しないかという二者択一の判断を，0-1 変数 x_i で表現している．このような 0-1 変数の使い方は，整数計画によるモデリングでは典型的である．以下では，倉庫が二つだけではない (m は十分に大きい) として，0-1 変数 $x_1, \ldots, x_m$ を活用すると，さらにさまざまな条件を考慮できることをみる．

(a) 使用する倉庫の数を $\bar{m}$ ($< m$) 以下に限定するという制約は，

$$x_1 + \cdots + x_m \leqq \bar{m}$$

と書ける．

(b) 少なくとも $\bar{m}$ 個の倉庫は使用するという制約は，

$$x_1 + \cdots + x_m \geqq \bar{m}$$

と書ける．

(c) 倉庫 S_i と倉庫 S_k を同時に使用することはできないという制約は,

$$x_i + x_k \leqq 1$$

と書ける.

(d) 倉庫 S_i と倉庫 S_k の少なくとも一方は使用しなければならないという制約は

$$x_i + x_k \geqq 1$$

と書ける.

(e) 倉庫 S_i を使用するときは倉庫 S_k も使用しなければならないという制約は,

$$x_k \geqq x_i$$

と書ける.

(f) 倉庫 $\mathrm{S}_1, \ldots, \mathrm{S}_p$ のいずれか一つでも使用するときは倉庫 S_k $(k > p)$ は使用できないという制約は, (c) より $x_k + x_i \leqq 1$ $(i = 1, \ldots, p)$ と書けるが,

$$px_k \leqq p - \sum_{i=1}^{p} x_i$$

とも書ける.

(g) 倉庫 $\mathrm{S}_1, \ldots, \mathrm{S}_p$ のいずれか一つでも使用するときは倉庫 S_k $(k > p)$ も使用しなければならないという制約は, (e) より $x_k \geqq x_i$ $(i = 1, \ldots, p)$ と書けるが,

$$px_k \geqq \sum_{i=1}^{p} x_i$$

とも書ける.

(h) 倉庫 S_k を使用するときは倉庫 $\mathrm{S}_1, \ldots, \mathrm{S}_p$ $(k > p)$ のうち少なくとも一つを使用しなければならないという制約は,

$$x_k \leqq \sum_{i=1}^{p} x_i$$

と書ける．

(i) 倉庫 $S_1, \ldots, S_p$ のいずれか一つでも使用するときは倉庫 $S_k, \ldots, S_{k+q}$ $(k > p)$ のいずれも使用できないし，倉庫 $S_k, \ldots, S_{k+q}$ のいずれか一つでも使用するときは倉庫 $S_1, \ldots, S_p$ のいずれも使用できないという制約を考える．これは (f) を用いて表現することもできるが，新たな 0-1 変数 z を導入して

$$\frac{1}{p}\sum_{i=1}^{p} x_i \leqq z, \quad \frac{1}{q}\sum_{i=1}^{q} x_{k+i} \leqq 1 - z$$

と書くこともできる．

(j) 倉庫 $S_1, \ldots, S_p$ のいずれか一つでも使用するときは倉庫 $S_k, \ldots, S_{k+q}$ $(k > p)$ のうち少なくとも一つは使用しなければならないという制約は，

$$\frac{1}{p}\sum_{i=1}^{p} x_i \leqq \sum_{i=1}^{q} x_{k+i}$$

と書ける．

これらの条件は**論理的制約**とよばれ，さまざまな応用に現れる．整数計画のモデリングとして重要なことは，以上の条件のいずれもが (整数制約を除けば) 線形制約のみで表されていることである．これらの条件は非線形の制約を用いて表現することも可能であるが，そのような表現は整数計画としては不適切であるといってよい．

ある変数 z の値を，与えられたいくつかの候補の中から選択するという状況も，応用ではよく現れる．例として，5 つの候補が与えられていて z を

$$z \in \{1.2, 1.6, 2.5, 3.2, 4.2\}$$

と選ぶ場合を考える．たとえば，椅子を作るときに脚の太さはカタログの中から選ばなければならないという状況を想像すればよい．この条件は，0-1 変数 $x_1, \ldots, x_5$ を用いると

$$z = 1.2x_1 + 1.6x_2 + 2.5x_3 + 3.2x_4 + 4.2x_5, \tag{7.9}$$

$$x_1 + \cdots + x_5 = 1 \tag{7.10}$$

と表現することができる．また，たとえばすでに脚は 3 本ついていて，4 本目をつけるかどうかも含めて決めたいという場合には

$$z \in \{0, 1.2, 1.6, 2.5, 3.2, 4.2\}$$

という選択をすることになる．この場合は，式 (7.10) の代わりに

$$x_1 + \cdots + x_5 \leqq 1$$

とすればよい．次に，脚の太さは 1.2 から 4.2 までの任意の値を選べるが，脚をつけるかどうかも含めて決めたいという場合，

$$z = 0 \quad \text{または} \quad 1.2 \leqq z \leqq 4.2$$

という条件を考えることになる．より一般に，

$$a \leqq z \leqq b \quad \text{または} \quad c \leqq z \leqq d$$

という制約 (ただし，$a < b < c < d$) は，0-1 変数 x を用いて

$$ax + c(1 - x) \leqq z \leqq bx + d(1 - x)$$

と表現できる．さらに，変数 $\boldsymbol{z} \in \mathbb{R}^n$ に対する制約

$$\boldsymbol{a}_1^\top \boldsymbol{z} \leqq b_1 \quad \text{または} \quad \boldsymbol{a}_2^\top \boldsymbol{z} \leqq b_2$$

を考える (ただし，$\boldsymbol{a}_1, \boldsymbol{a}_2 \in \mathbb{R}^n$ は定ベクトルで，b_1, b_2 は定数である)．この制約は，十分大きな定数 $M > 0$ と 0-1 変数 x とを用いて

$$\begin{aligned} \boldsymbol{a}_1^\top \boldsymbol{z} &\leqq b_1 + Mx, \\ \boldsymbol{a}_2^\top \boldsymbol{z} &\leqq b_2 + M(1 - x) \end{aligned}$$

と表現できる [*6]．

[*6] この例のように，整数計画の定式化で用いる十分大きな定数は **big-M** とよばれる (「ビッグ・エム」と発音されることが多い)．この big-M を用いるとさまざまな制約を表現できるが，一方で，big-M を多く用いると最適解が得られるまでの計算時間が大きくなるのが普通である．これは，big-M を多用すると分枝限定法で用いられる緩和問題の質が悪くなるからである．したがって，big-M を使わないで定式化できるのであれば，そのほうが望ましい．

例 7.5 2.5.2 節や 3.1 節 (例 3.2) で扱った 2 クラス分類を考える．つまり，データ点 $\boldsymbol{s}_l \in \mathbb{R}^d$ $(l = 1, \ldots, r)$ があり，そのそれぞれにはラベル $t_l = 1$ または -1 が与えられている．2 種類のデータを分離するために，条件

$$\begin{aligned} &\boldsymbol{s}_l^\top \boldsymbol{w} + v \geqq 0 \quad (t_l = 1 \text{ のとき}), \\ &\boldsymbol{s}_l^\top \boldsymbol{w} + v \leqq 0 \quad (t_l = -1 \text{ のとき}) \end{aligned}$$

ができるだけ成り立つように $\boldsymbol{w} \in \mathbb{R}^d$ と $v \in \mathbb{R}$ を決めたい．この条件の不等号の向きと t_l の正負が一致していることに注意すると，この条件は簡潔に

$$t_l(\boldsymbol{s}_l^\top \boldsymbol{w} + v) \geqq 0$$

と書ける．そこで，この条件を満たさないデータ点の個数が最小になるような $\boldsymbol{w}$ と v を求めることを考える．この個数は，変数 x_l を

$$x_l = \begin{cases} 1 & (t_l(\boldsymbol{s}_l^\top \boldsymbol{w} + v) < 0 \text{ のとき}), \\ 0 & (\text{それ以外のとき}) \end{cases}$$

を満たすように定めれば，$x_1 + \cdots + x_r$ と表せる．このことから，誤分類されるデータ点の個数を最小化する問題は次のように定式化できる：

$$\begin{aligned} &\text{Minimize} && \sum_{l=1}^{r} x_l \\ &\text{subject to} && t_l(\boldsymbol{s}_l^\top \boldsymbol{w} + v) \geqq -M x_l, && l = 1, \ldots, r, \\ & && x_l \in \{0, 1\}, && l = 1, \ldots, r. \end{aligned}$$

ただし，$M > 0$ は十分大きな定数である．この問題は，0-1 変数 $x_1, \ldots, x_r$ と連続変数 $\boldsymbol{w}$ および v とをもつ混合 0-1 計画問題である．

7.4　応用

本節では，データ解析における整数計画の応用例をあげる．

7.4.1　情報量規準最小化

2.5.1 節でも扱った，最小 2 乗法による重回帰分析を考える．データ点は $\boldsymbol{s}_l \in \mathbb{R}^d$ と $t_l \in \mathbb{R}$ $(l = 1, \ldots, r)$ の組として与えられており，目的変数 t を説明変数 $\boldsymbol{s}$ の 1 次式

$$t = \boldsymbol{s}^\top \boldsymbol{w} + v$$

で近似することを考える (図 7.5)．このとき，$\boldsymbol{s}_l$ に対する予測値 $\boldsymbol{s}_l^\top \boldsymbol{w} + v$ の観測値 t_l からのずれは

$$\varepsilon_l(\boldsymbol{w}, v) = (\boldsymbol{s}_l^\top \boldsymbol{w} + v) - t_l$$

である．最小 2 乗法では，このずれの 2 乗和が最小になるように $\boldsymbol{w} \in \mathbb{R}^d$ と $v \in \mathbb{R}$ を決める：

$$\text{Minimize} \quad \sum_{l=1}^{r} \varepsilon_l(\boldsymbol{w}, v)^2.$$

多くの場合，データを予測するモデルとしては，複雑すぎないものを用いるのが望ましいとされる．ここで，予測モデルの複雑さは，説明変数 $s_1, \ldots, s_d$ のうちで実際に予測に用いられるものの個数で測られる．いま，$\boldsymbol{w}$ のある成分 w_j が 0 であ

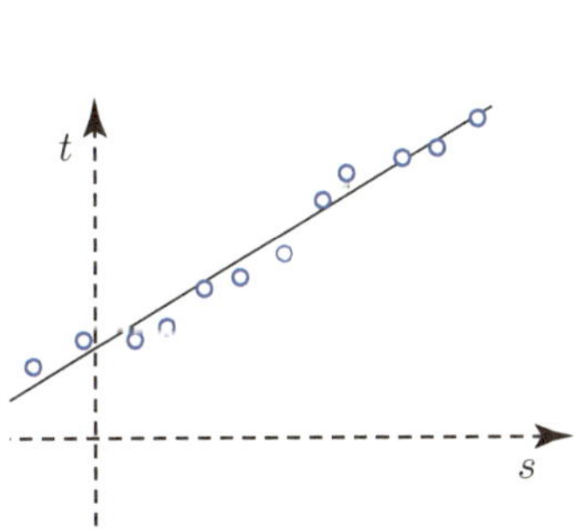

図 7.5　最小 2 乗法による線形回帰

るとすると，対応する説明変数 s_j は予測には用いられていない．つまり，実際に予測に用いられるのは $w_j \neq 0$ に対応する説明変数のみである．そのような説明変数の数が少ない予測モデルでは，目的変数 t の振る舞いに本質的な影響を与える要因の分析が容易になる．また，複雑すぎる予測モデルは，それを決めるために用いられたデータ (つまり，$(\boldsymbol{s}_1, t_1), \ldots, (\boldsymbol{s}_r, t_r)$) への当てはまりはよいかもしれないが，将来与えられるデータに対する予測の精度は低いことが知られている．したがって，$\boldsymbol{w}$ の非ゼロ成分の数 (これを $\mathrm{card}(\boldsymbol{w})$ で表す) は小さいほうが望ましい [*7]．一方で，$\sum_{l=1}^{r} \varepsilon_l(\boldsymbol{w}, v)^2$ ももちろん小さいほうが望ましい．この二つの目標をバランスよく達成するために，**情報量規準**とよばれる尺度が提案されている．そのうちの一つである**赤池情報量規準** (**AIC**)[*8] は，ある自然な仮定のもとで，

$$f(\boldsymbol{w}, v) = r \log\left(\frac{1}{r} \sum_{l=1}^{r} \varepsilon_l(\boldsymbol{w}, v)^2\right) + 2\,\mathrm{card}(\boldsymbol{w})$$

と表せる [*9]．以下では，AIC を最小化する問題

$$\text{Minimize} \quad f(\boldsymbol{w}, v) \tag{7.12}$$

を考える．この問題は，2.5.1 節で扱った正則化付き最小 2 乗法の一つとみることもできる．

問題 (7.12) を解く一つの方法は，n を自然数 (定数) として，問題

$$\begin{aligned} \text{Minimize} \quad & \sum_{l=1}^{r} \varepsilon_l(\boldsymbol{w}, v)^2 && (7.13\text{a}) \\ \text{subject to} \quad & \mathrm{card}(\boldsymbol{w}) \leqq n && (7.13\text{b}) \end{aligned}$$

を考えるというものである．ただし，対数関数が単調増加関数であることから，$\mathrm{card}(\boldsymbol{w})$ を固定したときの f の最小化は式 (7.13a) の最小化と等価であること

*7 ベクトル $\boldsymbol{w}$ の非ゼロ成分の数は，$\boldsymbol{w}$ の ℓ_0 **ノルム**とよばれて記号 $\|\boldsymbol{w}\|_0$ で表されることも多い．しかし，$\|\boldsymbol{w}\|_0$ はノルムの公理を満たさないという意味で，実際にはノルムではない．このため，本書では記号 $\mathrm{card}(\boldsymbol{w})$ を用いている．

*8 AIC は，Akaike's information criterion の略である．

*9 詳細については，下記の文献を参照されたい．

- Miyashiro, R., Takano, Y. (2015), Mixed integer second-order cone programming formulations for variable selection in linear regression, *European Journal of Operational Research*, **247**, pp. 721–731.

に注意する．いま，各 $n=1,2,\ldots,d$ に対して問題 (7.13) を解き，得られた d 個の最適解のうち f の値を最小にするものを選べば，それが問題 (7.12) の最適解である．そこで，次に，問題 (7.13) をどのように解くかを考える．制約 (7.13b) を扱いやすい形に直すために，0-1 変数 x_j $(j=1,\ldots,d)$ を導入して，$w_j=0$ ならば $x_j=0$ とし，$w_j\neq 0$ ならば $x_j=1$ とすることを考える．すると，$\mathrm{card}(\boldsymbol{w})$ は $x_1+\cdots+x_d$ で表せる．したがって，問題 (7.13) は次のように書き直せる：

$$\begin{aligned}
\text{Minimize} \quad & \sum_{l=1}^{r} \varepsilon_l(\boldsymbol{w},v)^2 && \text{(7.14a)}\\
\text{subject to} \quad & \sum_{j=1}^{d} x_j \leqq n, && \text{(7.14b)}\\
& |w_j| \leqq Mx_j, \quad j=1,\ldots,d, && \text{(7.14c)}\\
& x_j \in \{0,1\}, \quad j=1,\ldots,d. && \text{(7.14d)}
\end{aligned}$$

ただし，M は十分大きい定数である．ここで，式 (7.14b) は線形不等式制約であり，式 (7.14c) も $w_j \leqq Mx_j$ および $w_j \geqq -Mx_j$ という線形不等式制約に直せる．目的関数 (7.14a) は 1 次関数ではないが，凸 2 次関数である．したがって，問題 (7.14) の連続緩和問題は凸 2 次計画問題 (2.4 節) になり，その大域的最適解は容易に得ることができる [*10]．このことから，分枝限定法を用いて問題 (7.14) を解くことができる．実際，整数計画のソルバーの多くは，問題 (7.14) の形の問題を解くことができる．

実は，問題 (7.12) を直接解くことも可能である．まず，f を最小化することは，

$$\exp\left[\log\left(\frac{1}{r}\sum_{l=1}^{r}{\varepsilon_l}^2\right)+\frac{2}{r}\,\mathrm{card}(\boldsymbol{w})\right]$$

を最小化することと等価である (f を r で割ったあと，指数関数が単調増加関数であることを用いた．また，記号の簡単のため，以降では $\varepsilon_l(\boldsymbol{w},v)$ の代わりに ε_l と

[*10] 問題 (7.14) のような最適化問題は，**混合整数凸 2 次計画問題**とよばれたり，**整数制約付き凸 2 次計画問題**とよばれたりする．

書く). この関数は，さらに

$$\exp\Big[\log\Big(\frac{1}{r}\sum_{l=1}^{r}{\varepsilon_l}^2\Big)+\frac{2}{r}\,\mathrm{card}(\boldsymbol{w})\Big]=\exp\Big[\log\Big(\frac{1}{r}\sum_{l=1}^{r}{\varepsilon_l}^2\Big)\Big]\exp\Big(\frac{2}{r}\,\mathrm{card}(\boldsymbol{w})\Big)$$
$$=\Big(\frac{1}{r}\sum_{l=1}^{r}{\varepsilon_l}^2\Big)\exp\Big(\frac{2}{r}\,\mathrm{card}(\boldsymbol{w})\Big)$$

と変形できる．これに r を乗じたものを最小化しても最適解は変わらないので，結局，$y \in \mathbb{R}$ を補助的な決定変数として

$$\begin{aligned}&\text{Minimize} && y\\ &\text{subject to} && y \geqq \Big(\sum_{l=1}^{r}{\varepsilon_l}^2\Big)\exp\Big(\frac{2}{r}\,\mathrm{card}(\boldsymbol{w})\Big)\end{aligned}$$

という問題に変形できる．この問題は，さらに補助的な決定変数 $z \in \mathbb{R}$ を用いて次のように書き換えることができる：

$$\text{Minimize} \quad y \tag{7.16a}$$
$$\text{subject to} \quad yz \geqq \sum_{l=1}^{r}{\varepsilon_l}^2, \tag{7.16b}$$
$$z = \exp\Big(-\frac{2}{r}\,\mathrm{card}(\boldsymbol{w})\Big). \tag{7.16c}$$

ここで，式 (7.16b) は，2 次錐制約

$$y+z \geqq \left\| \begin{bmatrix} y-z \\ 2\varepsilon_1 \\ \vdots \\ 2\varepsilon_r \end{bmatrix} \right\|_2$$

に直せる．次に，式 (7.16c) であるが，先の考察から，式 (7.14b), (7.14c), (7.14d) を満たす $x_1, \ldots, x_d$ と n を用いれば

$$z = \exp\Big(-\frac{2}{r}n\Big) \tag{7.17}$$

と書ける．ただし，ここでは n は定数ではなく決定変数として扱っている．さらに，

0-1 変数 $v_1, \ldots, v_d$ を

$$v_j = \begin{cases} 1 & (j = n \text{ のとき}), \\ 0 & (\text{それ以外のとき}) \end{cases} \tag{7.18}$$

で定めると，式 (7.17) は

$$z = \sum_{j=1}^{d} v_j \exp\left(-\frac{2}{r}j\right)$$

と書き直せる．これは, $z, v_1, \ldots, v_d$ に関する線形制約である．最後に, 条件 (7.18) は

$$\sum_{j=1}^{d} j v_j = n, \quad \sum_{j=1}^{d} v_j = 1,$$

で表現できるが，これらは $v_1, \ldots, v_d$ に関する線形制約である．以上で，$x_1, \ldots, x_d$ および $v_1, \ldots, v_d$ が 0 または 1 であるという制約以外は，すべて凸な制約で記述できた．特に，連続緩和問題は 2 次錐計画問題になる．したがって，この問題も分枝限定法を用いて解くことができる．また，実際に，整数計画のソルバーの多くはこの形の問題を扱える．

7.4.2　区分的線形回帰

7.4.1 節では，1 本の直線をデータに当てはめる問題を考えた．これに対して，たとえば図 7.6 のようなデータが与えられた場合，これに 1 本の直線を当てはめると誤差が非常に大きくなる．しかし，2 本の直線 (つまり，折れ点が 1 個の折れ線) を図 7.6(a) のデータに当てはめれば，誤差は小さくできそうである．同様に，図 7.6(b) の場合は 3 本の直線 (つまり，折れ点が 2 個の折れ線) を用いれば誤差を小さくできそうである．これらの例では図を眺めることで何本の直線を用いれば良い近似が得られそうかという推測ができるが，実際にはその本数を推測することは容易ではない．たとえば，任意の本数の直線を用いることを許して誤差を最小化するという問題は，意味をなさない．というのも，隣り合う二つのデータ点どうしを順番に線分で結んだものが最適解となるからである．そこで，できるだけ少ない本数の直線を用いることで誤差がそれなりに小さくなる解が有用であると思われる．本節では，このような**区分的線形回帰** (または，**折れ線回帰**) に対する最小 2 乗法を

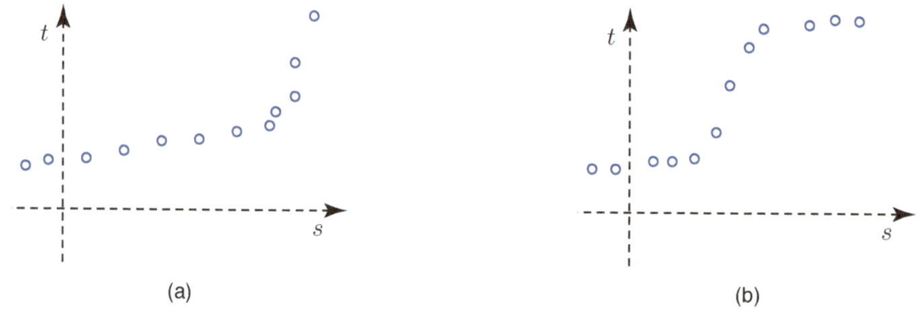

図 7.6　区分的線形回帰の例．(a) 2 本の直線によく当てはまりそうな例と (b) 3 本の直線によく当てはまりそうな例

考える．この問題は，データ解析における**変化点検出**とも関連がある (当てはめた折れ線の折れ点が，変化点にあたる)．

解きたい問題をより正確に記述すると，次のようになる．データとして平面上の点の集合 $P = \{(s_1, t_1), \ldots, (s_r, t_r)\}$ が与えられており，$s_1 < s_2 < \cdots < s_r$ を満たすとする．そして，P をいくつかの区間に分割する．このときに，それぞれの区間に属する点の添字は連続するように分ける．つまり，一つの区間に属する点は，ある i と j $(1 \leqq i \leqq j \leqq r)$ を用いて $(s_i, t_i), (s_{i+1}, t_{i+1}), \ldots, (s_{j-1}, t_{j-1}), (s_j, t_j)$ と書けるように分ける．そして，それぞれの区間に対して，誤差 $(s_l w + v) - t_l$ の 2 乗和が最小になるように直線 $t = sw + v$ を定める．このとき，P の分割として，

- 区間の個数にペナルティ係数 $\beta > 0$ を乗じたものと，
- それぞれの区間での誤差の 2 乗和を足し合わせたもの

の和を最小にするものを求めたい．この問題を，区分的最小 2 乗問題とよぶことにする．なお，この問題で β を十分に大きくすれば，すべてのデータ点が一つの区間に属するときが最適解となるので，通常の最小 2 乗法による線形回帰と一致する．また，β を小さくすれば区間の数は増える．このように，β は，区間の個数 (つまり，当てはめに使う直線の本数) と当てはめの誤差の二つの量のバランスをとるためのパラメータである．

一般的な定式化の前に，簡単な場合として，たかだか 2 本の直線を使うことが許されている場合を考える．いま，直線を 2 本使うとして，点集合 P が分割された区間を (s の値が小さい順に) P_1, P_2 とおく．図 7.7 の例では，$P_1 = \{(s_1, t_1), \ldots, (s_4, t_4)\}$,

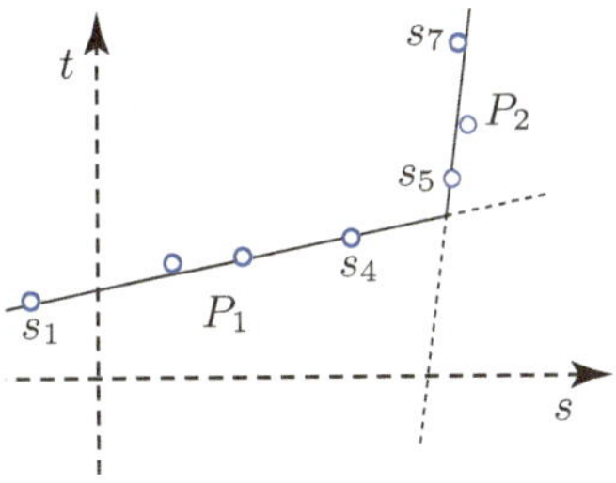

図 7.7　2 本の直線による回帰

$P_2=\{(s_5,t_5),(s_6,t_6),(s_7,t_7)\}$ である．各点 s_l に対して，0-1 変数 x_l を

$$x_l=\begin{cases}0 & (\text{点 } s_l \text{ が区間 } P_1 \text{ に属するとき}),\\ 1 & (\text{点 } s_l \text{ が区間 } P_2 \text{ に属するとき})\end{cases}$$

で定める．図 7.7 の例では，

$$x_1=x_2=x_3=x_4=0,$$
$$x_5=x_6=x_7=1$$

である．一つの区間に属する点は連続的に選ばなければならないので，条件

$$x_1 \leqq x_2 \leqq \ldots \leqq x_r$$

が満たされなければならないことがわかる．また，区間の個数は x_r+1 である ($x_r=0$ であれば，すべての点は区間 P_1 に属するので区間の個数は 1 である)．次に，区間 P_1 における直線とデータ点との誤差を表すために，変数 y_{l1} を

$$y_{l1}=\begin{cases}\left[(s_l w_1+v_1)-t_l\right]^2 & (x_l=0 \text{ のとき}),\\ 0 & (x_l=1 \text{ のとき})\end{cases} \tag{7.19}$$

で定める．すると，区間 P_1 で生じる誤差は $\sum_{l=1}^{r} y_{l1}$ と書ける．ただし，区間 P_1 における直線を $t=sw_1+v_1$ で表している．同様に，変数 y_{l2} を

$$y_{l2}=\begin{cases}0 & (x_l=0 \text{ のとき}),\\ \left[(s_l w_2+v_2)-t_l\right]^2 & (x_l=1 \text{ のとき})\end{cases} \tag{7.20}$$

で定めると，区間 P_2 で生じる誤差は $\sum_{l=1}^{r} y_{l2}$ と書ける (区間 P_2 における直線を $t = sw_2 + v_2$ で表している)．条件 (7.19) については，制約

$$\begin{aligned} y_{l1} + Mx_l &\geqq \bigl[(s_l w_1 + v_1) - t_l\bigr]^2, \\ y_{l1} &\geqq 0 \end{aligned}$$

のもとで y_{l1} を最小化すると，この条件が満たされる (M は十分大きな定数である)．条件 (7.20) についても同様に考えると，たかだか 2 本の直線が使える場合の区分的最小 2 乗問題は，次のように定式化できる：

$$\begin{aligned}
\text{Minimize} \quad & \sum_{l=1}^{r}\sum_{i=1}^{2} y_{li} + \beta(x_r + 1) && (7.21\text{a}) \\
\text{subject to} \quad & x_1 \leqq \ldots \leqq x_r, && (7.21\text{b}) \\
& y_{l1} + Mx_l \geqq \bigl[(s_l w_1 + v_1) - t_l\bigr]^2, \quad l = 1, \ldots, r, && (7.21\text{c}) \\
& y_{l2} + M(1 - x_l) \geqq \bigl[(s_l w_2 + v_2) - t_l\bigr]^2, \\
& \qquad\qquad\qquad\qquad l = 1, \ldots, r, && (7.21\text{d}) \\
& y_{l1}, y_{l2} \geqq 0, \quad l = 1, \ldots, r, && (7.21\text{e}) \\
& x_l \in \{0, 1\}, \quad l = 1, \ldots, r. && (7.21\text{f})
\end{aligned}$$

ただし，最適解の決定変数は x_l, y_{li}, w_i, v_i $(l = 1, \ldots, r;\ i = 1, 2)$ である．

それでは，一般の場合の区分的最小 2 乗問題を考える．区間は最大で r 個あり，これを P_1, $P_2, \ldots, P_r$ で表す (空である区間があってもよい)．各点 s_l に対して，0-1 変数 x_{li} を次のように定める：

$$\text{点 } s_l \text{ が区間 } P_i \text{ に属する} \quad \Rightarrow \quad \begin{aligned} & x_{l1} = \cdots = x_{li} = 1, \\ & x_{l,i+1} = \cdots = x_{lr} = 0. \end{aligned}$$

図 7.7 の例では，$r=7$ であり，

$$
\begin{aligned}
&x_{11}=\cdots=x_{41}=1, \quad x_{51}=\cdots=x_{71}=1,\\
&x_{12}=\cdots=x_{42}=0, \quad x_{52}=\cdots=x_{72}=1,\\
&x_{13}=\cdots=x_{43}=0, \quad x_{53}=\cdots=x_{73}=0,\\
&\qquad\vdots \qquad\qquad\qquad\qquad \vdots\\
&x_{17}=\cdots=x_{47}=0, \quad x_{57}=\cdots=x_{77}=0
\end{aligned}
$$

である[*11]．一つの区間に属する点は連続的に選ばなければならないので，条件

$$x_{1i} \leqq x_{2i} \leqq \ldots \leqq x_{ri}, \tag{7.22}$$

$$x_{l1} \geqq x_{l2} \geqq \ldots \geqq x_{lr} \tag{7.23}$$

が満たされなければならないことがわかる．また，区間の個数は $x_{r1}+\cdots+x_{rr}$ で表される．さらに，点 s_l が区間 P_i に属するとき $x_{li}=1$ かつ $x_{l,i+1}=0$ が成り立つことに注意すると，点と直線の誤差を

$$y_{li}=\begin{cases}\left[(s_l w_i+v_i)-t_l\right]^2 & ((x_{li},x_{l,i+1})=(1,0) \text{ のとき}),\\ 0 & (\text{それ以外のとき})\end{cases} \tag{7.24}$$

で定めれば，誤差の総和が y_{li} の総和 $\sum_{l=1}^{r}\sum_{i=1}^{r} y_{li}$ で表現できることがわかる．ここで，制約 (7.23) より $(x_{li},x_{l,i+1})=(0,1)$ となることはない（$(x_{li},x_{l,i+1})=(0,0)$, $(1,0)$, $(1,1)$ の 3 通りしかない）ことに注意すると，制約

$$
\begin{aligned}
&y_{li}+M(1-x_{li}+x_{l,i+1}) \geqq \left[(s_l w_i+v_i)-t_l\right]^2,\\
&y_{li} \geqq 0
\end{aligned}
$$

のもとで y_{li} を最小化すれば，条件 (7.24) が満たされることがわかる．以上をまと

[*11] ここでの変数 x_{l2} が，問題 (7.21) での x_l に対応している．また，ここでの変数のうち x_{l1} はすべて常に 1 をとることになるが，わかりやすさのためあえてそのような変数を用いて定式化を進めている．

めると，区分的最小 2 乗問題は次のように定式化できる：

$$
\begin{aligned}
\text{Minimize} \quad & \sum_{l=1}^{r}\sum_{i=1}^{r} y_{li} + \beta \sum_{i=1}^{r} x_{ri} && \text{(7.25a)}\\
\text{subject to} \quad & x_{1i} \leqq \ldots \leqq x_{ri}, && \text{(7.25b)}\\
& x_{l1} \geqq \ldots \geqq x_{lr}, && \text{(7.25c)}\\
& x_{11} = 1, && \text{(7.25d)}\\
& y_{li} + M(1 - x_{li} + x_{l,i+1}) \geqq \bigl[(s_l w_i + v_i) - t_l\bigr]^2, &&\\
& \qquad\qquad l = 1, \ldots, r, && \text{(7.25e)}\\
& y_{l1}, \ldots, y_{lr} \geqq 0, \quad l = 1, \ldots, r && \text{(7.25f)}\\
& x_{l1}, \ldots, x_{lr} \in \{0, 1\}, \quad l = 1, \ldots, r. && \text{(7.25g)}
\end{aligned}
$$

問題 (7.25) の目的関数は線形関数であり，式 (7.25e) と式 (7.25g) 以外の制約はすべて線形制約である．また，式 (7.25e) は凸 2 次制約であり，式 (7.25g) は整数制約である．したがって，問題 (7.25) は，その連続緩和問題が凸計画問題となるため，分枝限定法を用いて解くことができる．また，制約 (7.25e) は 2 次錐制約

$$
y_{li} + M(1 - x_{li} + x_{l,i+1}) + 1 \geqq \left\| \begin{bmatrix} y_{li} + M(1 - x_{li} + x_{l,i+1}) - 1 \\ 2\bigl[(s_l w_i + v_i) - t_l\bigr] \end{bmatrix} \right\|_2
$$

と等価である．したがって，このように変形すれば問題 (7.25g) は整数制約付き 2 次錐計画問題ということになる．

なお，本節で扱った区分的最小 2 乗問題には，整数計画による解法のほかに，**動的計画法**とよばれる解法も知られている．これについては，文献 10) の 6.3 節を参照されたい．

7.4.3 非階層的クラスタリングの厳密解法

6.3 節では非階層的クラスタリングを近似解法の観点から扱ったが，本節ではこれを厳密解法の観点から取り上げる．

6.3 節と同様に，m 個のデータ点 $\boldsymbol{s}_1, \ldots, \boldsymbol{s}_m \in \mathbb{R}^d$ を k 個のクラスター $C_1, \ldots, C_k$ に分ける．任意の 2 点 $\boldsymbol{s}_l$, $\boldsymbol{s}_h$ の間には，距離 $\rho(\boldsymbol{s}_l, \boldsymbol{s}_h)$ が与えられている [*12]．

[*12] 各 $\boldsymbol{s}_l$ に対して，$\rho(\boldsymbol{s}_l, \boldsymbol{s}_l) = 0$ とする．

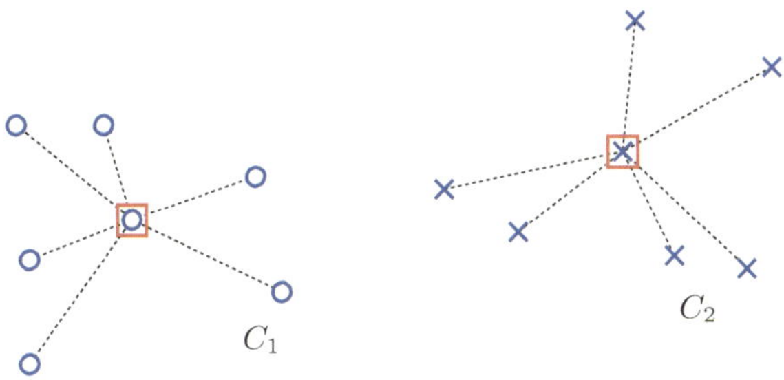

図 7.8　7.4.3 節のクラスタリングにおける目的関数の定義．"□" で囲ったデータ点がクラスターのメドイド，線分の長さの総和が目的関数値

データ点の集合 $V = \{\boldsymbol{s}_1, \ldots, \boldsymbol{s}_m\}$ から k 個の点 $\boldsymbol{s}_{h_1}, \ldots, \boldsymbol{s}_{h_k}$ を選ぶ．これらの点をクラスター中心とよぶことにし，クラスター中心 $\boldsymbol{s}_{h_i}$ にクラスター C_i を対応させる．そして，各データ点を最も近いクラスター中心に割り当てることで，クラスター $C_1, \ldots, C_k$ を構成する．このときに，クラスターに属する点からクラスター中心までの距離の総和が最小になるように，クラスター中心の集合 $U = \{\boldsymbol{s}_{h_1}, \ldots, \boldsymbol{s}_{h_k}\}$ を決めたい (図 7.8)．

クラスター C_i に属する点のうち，C_i に属する他の点からの距離の総和が最小になる点は，C_i の**メドイド**とよばれる．前述の距離の総和が最小になる U を求めると，各クラスター中心 $\boldsymbol{s}_{h_i}$ は C_i のメドイドになっているはずである：

$$\boldsymbol{s}_{h_i} = \mathop{\arg\min}_{\boldsymbol{s} \in C_i} \sum_{\boldsymbol{s}' \in C_i} \rho(\boldsymbol{s}', \boldsymbol{s}).$$

そこで，前述の最適化問題は，各クラスターのメドイドとクラスターに属する点との距離の総和を最小化する問題と言い換えることができる．この問題は，次のようにして整数計画問題として定式化することができる．

各点 $\boldsymbol{s}_l$ に対して，その点をクラスター中心として選ぶか選ばないかを表す 0-1 変数を x_l とする：

$$x_l = \begin{cases} 1 & (\text{点 } \boldsymbol{s}_l \text{ をクラスター中心とするとき}), \\ 0 & (\text{点 } \boldsymbol{s}_l \text{ をクラスター中心としないとき}). \end{cases}$$

クラスター中心はちょうど k 個だけ選ぶので，$x_1, \ldots, x_m$ のうちちょうど k 個が

1 になるべきである．この条件は，

$$\sum_{l=1}^{m} x_l = k$$

と書ける．次に，点 $\boldsymbol{s}_h$ がどのクラスターに属するかを，0-1 変数 y_{hl} を用いて次のように表す：

$$y_{hl} = \begin{cases} 1 & (\text{点 } \boldsymbol{s}_h \text{ が点 } \boldsymbol{s}_l \text{ を中心とするクラスターに属するとき}), \\ 0 & (\text{それ以外のとき}). \end{cases} \tag{7.26}$$

点 $\boldsymbol{s}_h$ はどこか一つのクラスターに属さなければならないので，y_{hl} は条件

$$\sum_{l=1}^{m} y_{hl} = 1$$

を満たさなければならない．また，点 $\boldsymbol{s}_l$ がクラスター中心であるのは $x_l = 1$ のときだけであるから，$y_{hl} = 1$ となれるのは $x_l = 1$ のときだけである．この条件は，制約

$$y_{hl} \leqq x_l$$

で表現できる．さらに，y_{hl} は式 (7.26) で定められているので，クラスター l に属する点からクラスター中心までの距離の総和は

$$\sum_{h=1}^{m} \rho(\boldsymbol{s}_l, \boldsymbol{s}_h)\, y_{hl}$$

と書け，最小化したい目的関数はこれを l について総和をとったものになる．以上より，メドイドまでの距離の総和が最小になるクラスタリングを求める問題は，次

の 0-1 計画問題として定式化できる：

$$
\begin{array}{lll}
\text{Minimize} & \displaystyle\sum_{h=1}^{m}\sum_{l=1}^{m}\rho(\boldsymbol{s}_l,\boldsymbol{s}_h)\,y_{hl} & \\
\text{subject to} & \displaystyle\sum_{l=1}^{m} x_l = k, & \\
& \displaystyle\sum_{l=1}^{m} y_{hl} = 1, & h=1,\ldots,m, \\
& y_{hl} \leqq x_l & h=1,\ldots,m,\ l=1,\ldots,m, \\
& x_l \in \{0,1\}, & l=1,\ldots,m, \\
& y_{hl} \in \{0,1\}, & h=1,\ldots,m,\ l=1,\ldots,m.
\end{array}
$$

➤ 第 7 章　練習問題

7.1 ナップサック問題 (7.7) を，整数計画のソルバーで解いてみよ．

7.2 水曜 3 限の n 個の講義科目を m 個の教室 $(m > n)$ に割り当てる問題を考える．講義の受講者数を $d_1,\ldots,d_n$ とおき，教室の収容人数を $r_1,\ldots,r_m$ とおく．受講者数が収容人数を超える教室の数を最小にする問題を，整数計画問題として定式化せよ．ただし，n 個すべての講義をいずれかの教室で開講しなければならない．また，一つの教室で複数の講義を開講することはできない．

7.3 非階層的クラスタリングの一つとして，クラスターの半径のうち最大のものを最小化する問題を考える．ただし，クラスターの半径とは，そのクラスターに属するすべての点を含む最小の円の半径であると定義する．図 7.9 の例では，点線で表した線分の長さがクラスターの半径である．この問題を，整数制約付き 2 次錐計画問題として定式化せよ．

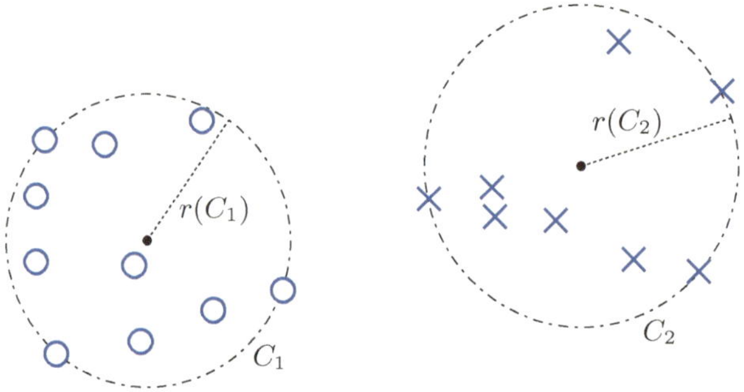

図 7.9　クラスターの半径の定義 (練習問題 7.3)

7.4 k-means クラスタリング法 (6.3.2 節) では，クラスターの重心からデータ点の距離の 2 乗和を最小化する問題

$$\text{Minimize} \quad \sum_{i=1}^{k} \sum_{\boldsymbol{s}_l \in C_i} \rho(\boldsymbol{s}_l, \boldsymbol{\mu}_i)^2 \tag{7.27}$$

を考えた．ただし，クラスター C_i の重心 $\boldsymbol{\mu}_i$ は，C_i に属する点からの距離の 2 乗和が最小の点である：

$$\boldsymbol{\mu}_i = \mathop{\arg\min}_{\boldsymbol{\mu}' \in \mathbb{R}^n} \sum_{\boldsymbol{s}_l \in C_i} \rho(\boldsymbol{s}_l, \boldsymbol{\mu}')^2.$$

問題 (7.27) と等価な問題として，目的関数が線形関数であり，制約が線形制約，2 次錐制約，整数制約の 3 種類のみであるような問題を定式化せよ．

7.5 6.4.3 節で取り上げた文書要約に関する最適化問題を，整数計画問題として定式化せよ．

付録A ソフトウェアの利用

本書では，適宜，さまざまなクラスの最適化問題に対する代表的なソルバーやライブラリについて言及してきた．また，PythonのモデリングツールCVXPYによるコード例も紹介してきた．ここでは，改めてそのような最適化ソルバーやツールの情報をまとめる．

A.1 最適化ソルバーの概要

まず，どのような最適化問題を解きたいのかに応じて，使用すべきソルバーは変わってくる．したがって，解きたい問題がどのクラスに分類されるのかを認識することが大切である．

最適化ソルバーには，大別して，

- 線形計画や凸計画に基づくもの
- 非線形計画に基づくもの
- 整数計画に基づくもの
- メタ戦略に基づくもの
- 個別の問題を解くもの

がある．このうち，整数計画問題を解くソルバーの多くは，線形計画問題や凸計画問題を部分問題として用いているので，線形計画問題や凸計画問題に対するソルバーとしても有用である．上述のほかにも，多目的最適化問題に対するソルバーや，最適化から派生した問題 (たとえば相補性問題) に対するソルバーなどもある．

非線形計画に基づくものには，無制約最適化問題に限定されたソルバーと，制約付き最適化問題を扱うソルバーとがある．これらのソルバーは，通常，非線形計画問題の局所最適解を求めるように設計されている．したがって，同じ問題を異なるソルバーで解いた場合に，同じ解が得られるとは限らない．このため，計算コストとともに，得られる局所最適解の質も，ソルバーの選択規準になり得る．

非線形計画のソルバーで線形計画問題を解くこともできるが，通常は線形計画のソルバーを用いたほうがよい．また，メタ戦略はある意味で汎用的な最適化手法であるが，たとえばメタ戦略のソルバーを線形計画問題や凸計画問題に適用するようなことはすべきではないし，特別な場合を除いては非線形計画問題に対しても用いるべきではない．たとえば変数の数が数十個程度で，かつ質の悪い局所最適解を非常に多く含むような非線形計画問題の場合には，メタ戦略が有用な場合もあり得る．整数計画問題については，個別の問題の性質によってはメタ戦略が有用になり得る．しかし，整数制約を連続緩和すると線形計画問題や凸計画問題になるような問題については，まずは整数計画に基づくソルバーを試してみるのが順当である．一方で，混合整数非線形計画問題 (つまり，連続緩和問題が非凸な問題になる場合) に対しては，メタ戦略のほうが有用なことも多い．

個別の問題を解くソルバーとしては，たとえば最小 2 乗問題のみを高速に解くものや，最小木問題や巡回セールスマン問題などのネットワーク計画問題に特化したものなどがある．

次に，代表的なソルバーの名前をいくつかあげる．線形計画のソルバーとしては，IBM ILOG CPLEX Optimizer (CPLEX)[*1], Gurobi Optimizer (Gurobi)[*2], GLPK[*3], COIN Cbc[*4] などがある．これらは，整数制約をもつ問題も扱える．また，CPLEX と Gurobi は，凸 2 次計画や 2 次錐計画などの凸計画も解くことができ，さらにそれらに整数制約が加わった問題も扱うことができる．このように，凸計画に整数制約が加わった問題を扱うソルバーとしては，このほかに，SCIP[*5], MOSEK[*6], Numerical Optimizer[*7] などがある．半正定値計画が扱えるソルバー

[*1] http://www.ibm.com/support/knowledgecenter/
[*2] http://www.gurobi.com/
[*3] http://www.gnu.org/software/glpk/
[*4] https://projects.coin-or.org/Cbc
[*5] http://scip.zib.de/
[*6] https://www.mosek.com/
[*7] https://www.msi.co.jp/nuopt/

には，SDPA[*8], CVXOPT[*9], SDPT3[*10], SeDuMi[*11], MOSEK, Numerical Optimizer などがある．このうち，CVXOPT は Python 上で動作するソフトウェアであり，SDPT3 と SeDuMi は MATLAB のツールボックスである．以上のソルバーには商用のものの含まれるが，中にはアカデミックライセンスが無償で使用できるものもある．また，Python や MATLAB を通じて利用するためのインターフェースを備えたものも多い．

非線形計画に基づくソルバーとして，無制約最適化問題を解くものでは，Python のライブラリ SciPy や MATLAB の Optimization Toolbox が使いやすい．また，非線形共役勾配法では CG_DESCENT[*12] がよく知られている．次に，制約付き最適化問題を解くものとしては，SNOPT[*13], MINOS[*14], IPOPT[*15], KNITRO[*16], PENNON[*17], Numerical Optimizer などが代表的といえる．

メタ戦略に基づくソルバーとして使いやすいものには，Python の pyOpt, PyGMO や MATLAB の Global Optimization Toolbox がある．

このほか，統計解析向けのプログラミング言語である R にも，その基本パッケージにいくつかの最適化の関数が用意されている．また，ompr という最適化のモデリングツールもある．

以上であげたソルバーを含む多くの最適化ソルバーの情報は，ウェブサイト

> Mittelmann, H. D. (2018), *Decision Tree for Optimization Software*,
> `http://plato.asu.edu/guide.html`

にも整理されていて，参考になる．また，このウェブサイトには，さまざまなソルバーのベンチマーク実験の結果もあげられている．

---

*8 http://sdpa.sourceforge.net/
*9 http://cvxopt.org/
*10 https://blog.nus.edu.sg/mattohkc/softwares/sdpt3/
*11 http://sedumi.ie.lehigh.edu/
*12 http://users.clas.ufl.edu/hager/
*13 http://www.sbsi-sol-optimize.com/
*14 http://www.sbsi-sol-optimize.com/
*15 https://projects.coin-or.org/Ipopt
*16 https://www.artelys.com/knitro/
*17 http://web.mat.bham.ac.uk/kocvara/pennon/

➢ A.2 Python 環境での最適化

Python における最適化パッケージには，pyOpt がある．科学技術計算一般のライブラリである SciPy にも，いくつかの最適化手法が実装されている．また，CVXOPT は半正定値計画まで扱える凸計画のソフトウェアである．PyGMO は，多くのメタ戦略を含むライブラリである．NetworkX には，さまざまなネットワーク計画問題の解法が実装されている．

本書で用いた CVXPY は，直感的な表現で最適化問題を記述すると，それをソルバーの入力形式に変換したうえでソルバーを呼び出し，最適化の結果を返す，というモデリングツール [*18] である．同様のツールとして，ほかに，PICOS や PuLP がある．これらを利用すると，個々のソルバーに固有の入力形式を理解したり解きたい問題をその形式に変換したりする手間が不要となるので，便利である．また，同じ問題に対して複数のソルバーで得られる結果を比較することも，容易になる．ただし，解きたい問題の性質によっては，モデリングツールによる問題の変換に大きな計算コストが費やされることもあるので，注意が必要である．

Python を用いて最適化問題を解く方法を解説した参考書には，たとえば次のものがある．

- 久保幹雄，J. P. ペドロソ，村松正和，A. レイス (2012),『あたらしい数理最適化—Python 言語と Gurobi で解く』，近代科学社．
- 並木誠 (2018),『Python による数理最適化入門』，朝倉書店．

➢ A.3 MATLAB 環境での最適化

MATLAB における最適化の組み込み関数は，Optimization Toolbox と Global Optimization Toolbox に収められている．前者は線形計画，凸 2 次計画，非線形計画のライブラリであり，後者はメタ戦略のライブラリである．また，Statistics and Machine Learning Toolbox の中には，回帰分析など，データ解析の分野の問題を扱う組み込み関数がいくつか収められている．凸計画 (半正定値計画) を解くツールボックスには，SDPT3, SeDuMi などがある．さらに，A.1 節で紹介したソルバーには，MATLAB 上で利用するためのインターフェースを備えたものも多い．デー

[*18] このようなツールは，algebraic modeling language とよばれる．

タ解析の分野では大規模な凸計画問題を解く必要があることも多いが，このときにしばしば用いられる種々の勾配法を集めたツールボックスとして TFOCS[*19] が知られている．劣モジュラ関数を目的関数とする最適化問題のアルゴリズムのいくつかは，Submodular Function Optimization[*20] というツールボックスにある．

Python における CVXPY と同様のモデリングツールとしては，CVX[*21] や YALMIP[*22] が MATLAB 上で利用できる．

[*19] http://cvxr.com/tfocs/
[*20] https://las.inf.ethz.ch/submodularity/
[*21] http://cvxr.com/cvx/
[*22] https://yalmip.github.io/

練習問題の略解

2.1 倉庫 S_i $(i=1,2)$ から顧客 C_j $(j=1,2,3)$ への輸送量を決定変数 x_{ij} で表すと，次のように定式化できる：

$$
\begin{array}{ll}
\text{Minimize} & x_{11}+2x_{12}+3x_{13}+4x_{21}+8x_{23}+7x_{23} \\
\text{subject to} & x_{11}+x_{12}+x_{13} \leqq 20, \\
& x_{21}+x_{22}+x_{23} \leqq 15, \\
& x_{11}+x_{21}=8.5, \\
& x_{12}+x_{22}=12.5, \\
& x_{13}+x_{23}=14, \\
& x_{11},x_{12},x_{13},x_{21},x_{22},x_{23} \geqq 0.
\end{array}
$$

2.2 (i)

$$
\begin{array}{ll}
\text{Minimize} & x_1-4x_2 \\
\text{subject to} & x_1+3x_2-s_1=3, \\
& -2x_1+x_2+s_2=2, \\
& x_1,x_2,s_1,s_2 \geqq 0.
\end{array}
$$

(ii)

$$
\begin{array}{ll}
\text{Minimize} & x_1^+-x_1^-+2x_2+x_3^+-x_3^- \\
\text{subject to} & x_1^+-x_1^-+2x_2+4x_3^+-4x_3^-=6, \\
& 5x_1^+-5x_1^-+4x_2-s_1=20, \\
& x_1^+,x_1^-,x_2,x_3^+,x_3^-,s_1 \geqq 0.
\end{array}
$$

2.3 (i)

$$
\begin{array}{ll}
\text{Minimize} & \begin{bmatrix} -3 \\ -2 \end{bmatrix}^\top \begin{bmatrix} y_1 \\ y_2 \end{bmatrix} \\
\text{subject to} & \begin{bmatrix} 1 & -2 \\ 3 & 1 \\ -1 & 0 \\ 0 & 1 \end{bmatrix} \begin{bmatrix} y_1 \\ y_2 \end{bmatrix} \leqq \begin{bmatrix} 1 \\ -4 \\ 0 \\ 0 \end{bmatrix}.
\end{array}
$$

(ii)

$$
\begin{array}{ll}
\text{Maximize} & \begin{bmatrix} 6 \\ 20 \end{bmatrix}^\top \begin{bmatrix} y_1 \\ y_2 \end{bmatrix} \\
\text{subject to} & \begin{bmatrix} 1 & 5 \\ 4 & 0 \end{bmatrix} \begin{bmatrix} y_1 \\ y_2 \end{bmatrix} = \begin{bmatrix} 1 \\ 1 \end{bmatrix}, \\
& \begin{bmatrix} 2 & 4 \\ 0 & -1 \end{bmatrix} \begin{bmatrix} y_1 \\ y_2 \end{bmatrix} \leqq \begin{bmatrix} 2 \\ 0 \end{bmatrix}.
\end{array}
$$

2.4 $\boldsymbol{z}$ を基底変数とする実行可能基底解は，$\boldsymbol{x}=\boldsymbol{0}$, $\boldsymbol{z}=\boldsymbol{b}$ である．この問題の最適値が 0 であれば，その最適解における $\boldsymbol{x}$ の値は問題 (2.15) の実行可能基底解である．また，この問題の最適値が正であれば，問題 (2.15) は実行可能解をもたない．

2.5 (i)

$$\begin{array}{ll}\underset{\boldsymbol{x},\,y}{\text{Minimize}} & y \\ \text{subject to} & A\boldsymbol{x}-\boldsymbol{b} \leqq y\boldsymbol{1}, \\ & -A\boldsymbol{x}+\boldsymbol{b} \leqq y\boldsymbol{1}.\end{array}$$

(ii)

$$\begin{array}{ll}\underset{\boldsymbol{x},\,y,\,\boldsymbol{z}}{\text{Minimize}} & y+\gamma\boldsymbol{1}^\top\boldsymbol{z} \\ \text{subject to} & A\boldsymbol{x}-\boldsymbol{b} \leqq y\boldsymbol{1}, \\ & -A\boldsymbol{x}+\boldsymbol{b} \leqq y\boldsymbol{1}, \\ & \boldsymbol{x} \leqq \boldsymbol{z}, \\ & -\boldsymbol{x} \leqq \boldsymbol{z}.\end{array}$$

(iii)

$$\begin{array}{ll}\underset{\boldsymbol{x},\,y}{\text{Minimize}} & \dfrac{1}{2}\boldsymbol{x}^\top(2\gamma I)\boldsymbol{x}+y \\ \text{subject to} & A\boldsymbol{x}-\boldsymbol{b} \leqq y\boldsymbol{1}, \\ & -A\boldsymbol{x}+\boldsymbol{b} \leqq y\boldsymbol{1}.\end{array}$$

(iv)

$$\begin{array}{ll}\underset{\boldsymbol{x},\,\boldsymbol{z}}{\text{Minimize}} & \dfrac{1}{2}\boldsymbol{x}^\top(2A^\top A+2\gamma I)\boldsymbol{x}-2\boldsymbol{b}^\top A\boldsymbol{x}+\rho\boldsymbol{1}^\top\boldsymbol{z} \\ \text{subject to} & \boldsymbol{x} \leqq \boldsymbol{z}, \\ & -\boldsymbol{x} \leqq \boldsymbol{z}.\end{array}$$

2.6 (i) 記号の簡単のために

$$\boldsymbol{t}=\begin{bmatrix}t_1\\ \vdots \\ t_r\end{bmatrix}, \quad U=\begin{bmatrix}t_1\boldsymbol{s}_1^\top \\ \vdots \\ t_r\boldsymbol{s}_r^\top\end{bmatrix}$$

とおくと，

$$\text{Minimize}\quad \frac{1}{2}\begin{bmatrix}\boldsymbol{w}^+\\\boldsymbol{w}^-\\v^+\\v^-\\\boldsymbol{e}\\\boldsymbol{s}\end{bmatrix}^\top \begin{bmatrix}2I & -2I & O & O & O & O\\-2I & 2I & O & O & O & O\\O & O & O & O & O & O\\O & O & O & O & O & O\\O & O & O & O & O & O\\O & O & O & O & O & O\end{bmatrix}\begin{bmatrix}\boldsymbol{w}^+\\\boldsymbol{w}^-\\v^+\\v^-\\\boldsymbol{e}\\\boldsymbol{s}\end{bmatrix} + \begin{bmatrix}\boldsymbol{0}\\\boldsymbol{0}\\0\\0\\\gamma\boldsymbol{1}\\\boldsymbol{0}\end{bmatrix}^\top\begin{bmatrix}\boldsymbol{w}^+\\\boldsymbol{w}^-\\v^+\\v^-\\\boldsymbol{e}\\\boldsymbol{s}\end{bmatrix}$$

$$\text{subject to}\quad \begin{bmatrix}U & -U & \boldsymbol{t} & -\boldsymbol{t} & I & -I\end{bmatrix}\begin{bmatrix}\boldsymbol{w}^+\\\boldsymbol{w}^-\\v^+\\v^-\\\boldsymbol{e}\\\boldsymbol{s}\end{bmatrix} = \boldsymbol{1},$$

$$\boldsymbol{w}^+, \boldsymbol{w}^-, \boldsymbol{e}, \boldsymbol{s} \geqq \boldsymbol{0}, \quad v^+, v^- \geqq 0.$$

(ii)

$$\text{Minimize}\quad \frac{1}{2}\begin{bmatrix}\boldsymbol{w}^+\\\boldsymbol{w}^-\\v^+\\v^-\\\boldsymbol{e}\\\boldsymbol{s}\end{bmatrix}^\top \begin{bmatrix}2I & -2I & O & O & O & O\\-2I & 2I & O & O & O & O\\O & O & O & O & O & O\\O & O & O & O & O & O\\O & O & O & O & 2\gamma I & O\\O & O & O & O & O & O\end{bmatrix}\begin{bmatrix}\boldsymbol{w}^+\\\boldsymbol{w}^-\\v^+\\v^-\\\boldsymbol{e}\\\boldsymbol{s}\end{bmatrix}$$

$$\text{subject to}\quad \begin{bmatrix}U & -U & \boldsymbol{t} & -\boldsymbol{t} & I & -I\end{bmatrix}\begin{bmatrix}\boldsymbol{w}^+\\\boldsymbol{w}^-\\v^+\\v^-\\\boldsymbol{e}\\\boldsymbol{s}\end{bmatrix} = \boldsymbol{1},$$

$$\boldsymbol{w}^+, \boldsymbol{w}^-, \boldsymbol{e}, \boldsymbol{s} \geqq \boldsymbol{0}, \quad v^+, v^- \geqq 0.$$

3.1 (i)

$$\nabla f(\boldsymbol{x}) = \begin{bmatrix}6{x_1}^2 - 2x_1x_2\\-{x_1}^2 + 4x_2\end{bmatrix}, \quad \nabla^2 f(\boldsymbol{x}) = \begin{bmatrix}12x_1 - 2x_2 & -2x_1\\-2x_1 & 4\end{bmatrix}.$$

(ii)

$$\nabla f(\boldsymbol{x}) = \begin{bmatrix}2x_1 + x_2 - 6\\x_1 + \frac{1}{4}{x_2}^3 + 2x_2 - 2\end{bmatrix}, \quad \nabla^2 f(\boldsymbol{x}) = \begin{bmatrix}2 & 1\\1 & \frac{3}{4}{x_2}^2 + 2\end{bmatrix}.$$

(iii)

$$\nabla f(\boldsymbol{x}) = 2(A^\top A + \gamma I)\boldsymbol{x} - 2A^\top \boldsymbol{b}, \quad \nabla^2 f(\boldsymbol{x}) = 2(A^\top A + \gamma I).$$

(iv) 表記の簡単のため

$$\alpha(x_j) = -\frac{\exp(-x_j)}{1 + \exp(-x_j)}, \quad \beta(x_j) = \frac{\exp(-x_j)}{(1 + \exp(-x_j))^2}$$

とおくと,

$$\nabla f(\boldsymbol{x}) = \begin{bmatrix} \alpha(x_1) \\ \alpha(x_2) \\ \vdots \\ \alpha(x_n) \end{bmatrix}, \quad \nabla^2 f(\boldsymbol{x}) = \begin{bmatrix} \beta(x_1) & 0 & \cdots & 0 \\ 0 & \beta(x_2) & \cdots & 0 \\ \vdots & \vdots & \ddots & \vdots \\ 0 & 0 & \cdots & \beta(x_n) \end{bmatrix}.$$

(v) 表記の簡単のため

$$\boldsymbol{z}(\boldsymbol{x}) = \frac{1}{\sum_{j=1}^n \exp(x_j)} \begin{bmatrix} \exp(x_1) \\ \vdots \\ \exp(x_n) \end{bmatrix}$$

とおくと,

$$\nabla f(\boldsymbol{x}) = \boldsymbol{z}(\boldsymbol{x}), \quad \nabla^2 f(\boldsymbol{x}) = \mathrm{diag}(\boldsymbol{z}(\boldsymbol{x})) - \boldsymbol{z}(\boldsymbol{x})\boldsymbol{z}(\boldsymbol{x})^\top.$$

ただし，$\mathrm{diag}(\boldsymbol{z}(\boldsymbol{x}))$ は $\boldsymbol{z}(\boldsymbol{x})$ の各成分を対角項とする対角行列を表す.

3.2 一致することを示すには，実は，凸関数 (4.1 節) の最小化問題の最適性条件 (4.2.1 節) を用いる. f の勾配とヘッセ行列は,

$$\begin{aligned}
\frac{\partial}{\partial x_l} f(\boldsymbol{x}) &= \frac{\partial}{\partial x_l}\Big(\frac{1}{2}\sum_{i=1}^n\sum_{j=1}^n A_{ij}x_ix_j\Big) - \frac{\partial}{\partial x_l}\Big(\sum_{j=1}^n b_jx_j\Big) \\
&= \frac{1}{2}\frac{\partial}{\partial x_l}\Big(A_{ll}x_l^2 + \sum_{i\neq l} A_{il}x_ix_l + \sum_{j\neq l} A_{lj}x_lx_j\Big) - b_l \\
&= \frac{1}{2}\Big(2A_{ll}x_l + \sum_{i\neq l} A_{il}x_i + \sum_{j\neq l} A_{lj}x_j\Big) - b_l \\
&= \sum_{j=1}^n A_{lj}x_j - b_l, \\
\frac{\partial^2}{\partial x_k \partial x_l} f(\boldsymbol{x}) &= \frac{\partial}{\partial x_k}\Big(\sum_{j=1}^n A_{lj}x_j - b_l\Big) \\
&= A_{lk} = A_{kl}
\end{aligned}$$

より，$\nabla f(\boldsymbol{x}) = A\boldsymbol{x} - \boldsymbol{b}$ および $\nabla^2 f(\boldsymbol{x}) = A$ である. $\nabla^2 f(\boldsymbol{x})$ が正定値であることより f は凸関数であり (4.1 節)，式 (3.32) は問題 (3.33) の大域的最適性条件である (4.2.1 節).

3.3 (i) たとえば，初期点を $\boldsymbol{x}_0 = (1,1)^\top$，ステップ幅を $\alpha_k = 0.2$ として最急降下法を実行すると,

$$\boldsymbol{x}_1 = \begin{bmatrix} 0.2000 \\ 0.4000 \end{bmatrix}, \quad \boldsymbol{x}_2 = \begin{bmatrix} 0.1840 \\ 0.0880 \end{bmatrix}$$

が得られる．また (ステップ幅を $\alpha_k = 1$ として) ニュートン法を実行すると，

$$\boldsymbol{x}_1 = \begin{bmatrix} 0.3889 \\ -0.0556 \end{bmatrix}, \quad \boldsymbol{x}_2 = \begin{bmatrix} 0.1991 \\ 0.0009 \end{bmatrix}$$

が得られる．

(ii) たとえば，初期点を $\boldsymbol{x}_0 = (1,1)^\top$，ステップ幅を $\alpha_k = 0.2$ として最急降下法を実行すると，

$$\boldsymbol{x}_1 = \begin{bmatrix} 1.6000 \\ 0.7500 \end{bmatrix}, \quad \boldsymbol{x}_2 = \begin{bmatrix} 2.0100 \\ 0.5089 \end{bmatrix}$$

が得られる．また (ステップ幅を $\alpha_k = 1$ として) ニュートン法を実行すると，

$$\boldsymbol{x}_1 = \begin{bmatrix} 3.1111 \\ -0.2222 \end{bmatrix}, \quad \boldsymbol{x}_2 = \begin{bmatrix} 3.3271 \\ -0.6542 \end{bmatrix}$$

が得られる．

3.4 (i)

$$\begin{aligned} &A^\top A\boldsymbol{x} - A^\top \boldsymbol{b} - \boldsymbol{\lambda} = \boldsymbol{0}, \\ &x_j \geqq 0, \quad \lambda_j \geqq 0, \quad \lambda_j x_j = 0, \qquad j = 1, \ldots, n. \end{aligned}$$

(ii)

$$\begin{aligned} &\log x_j + 1 - \lambda_j + \mu = 0, && j = 1, \ldots, n, \\ &x_j \geqq 0, \quad \lambda_j \geqq 0, \quad \lambda_j x_j = 0, && j = 1, \ldots, n, \\ &\boldsymbol{1}^\top \boldsymbol{x} - 1 = 0. \end{aligned}$$

3.5 たとえば，次の最適化問題を考える：

$$\begin{aligned} \text{Minimize} \quad & (x_1 + 2)^2 + (x_2 + 2)^2 \\ \text{subject to} \quad & x_2 \leqq {x_1}^3, \\ & x_2 \geqq 0. \end{aligned}$$

つまり，問題 (3.14) の形式に対応させると

$$f(\boldsymbol{x}) = (x_1 + 2)^2 + (x_2 + 2)^2, \quad g_1(\boldsymbol{x}) = -{x_1}^3 + x_2, \quad g_2(\boldsymbol{x}) = -x_2$$

である．また，この問題の最適解は $(x_1, x_2) = (0, 0)$ である (図示すれば確かめられる)．一方，

$$\nabla f(\boldsymbol{x}) = \begin{bmatrix} 2x_1 + 4 \\ 2x_2 + 4 \end{bmatrix}, \quad \nabla g_1(\boldsymbol{x}) = \begin{bmatrix} -3{x_1}^2 \\ 1 \end{bmatrix}, \quad \nabla g_2(\boldsymbol{x}) = \begin{bmatrix} 0 \\ -1 \end{bmatrix}$$

であるので，条件

$$\nabla f(\mathbf{0}) + \lambda_1 \nabla g_1(\mathbf{0}) + \lambda_2 \nabla g_2(\mathbf{0}) = \mathbf{0}, \quad \lambda_1 \geqq 0, \quad \lambda_2 \geqq 0$$

を満たすラグランジュ乗数 λ_1, λ_2 は存在しない．

3.6 目的関数を $f(\boldsymbol{x})$ で表すと，

$$\begin{aligned} f(\boldsymbol{x}) =& \|\boldsymbol{a}_l\|_2^2 {x_l}^2 + 2\Big(\sum_{j \neq l} x_j \boldsymbol{a}_j - \boldsymbol{b}\Big)^\top \boldsymbol{a}_l x_l + \gamma |x_l| \\ &+ \Big\|\sum_{j \neq l} x_j \boldsymbol{a}_j - \boldsymbol{b}\Big\|_2^2 + \gamma \sum_{j \neq l} |x_j| \end{aligned}$$

と整理できる．したがって，座標降下法による x_l の更新は

$$x_l \leftarrow \operatorname*{arg\,min}_{x_l} \left\{ \|\boldsymbol{a}_l\|_2^2 {x_l}^2 + 2\Big(\sum_{j \neq l} x_j \boldsymbol{a}_j - \boldsymbol{b}\Big)^\top \boldsymbol{a}_l x_l + \gamma |x_l| \right\}$$

である．あとは，例 4.21 と同様に計算すればよい．

4.1 (i) 凸関数ではない (たとえば $(x_1, x_2) = (0, 1)$ において $\nabla^2 f(\boldsymbol{x})$ は負の固有値をもつ)．

(ii) 凸関数である (任意の $\boldsymbol{x}$ において $\nabla^2 f(\boldsymbol{x})$ は正定値である)．

(iii) 凸関数である (任意の $\boldsymbol{x}$ において $\nabla^2 f(\boldsymbol{x})$ は正定値である)．

(iv) 凸関数である (任意の $\boldsymbol{x}$ において $\nabla^2 f(\boldsymbol{x})$ は正定値である)．

(v) 凸関数である．実際，表記の簡単のため

$$\boldsymbol{y} = \begin{bmatrix} \exp(x_1) \\ \vdots \\ \exp(x_n) \end{bmatrix}$$

とおくと，任意の $\boldsymbol{u} \in \mathbb{R}^n$ に対して

$$\begin{aligned} &\boldsymbol{u}^\top \nabla^2 f(\boldsymbol{x}) \boldsymbol{u} \\ &\quad = \frac{1}{(\mathbf{1}^\top \boldsymbol{y})^2} \boldsymbol{u}^\top \Big((\mathbf{1}^\top \boldsymbol{y}) \operatorname{diag}(\boldsymbol{y}) - \boldsymbol{y}\boldsymbol{y}^\top \Big) \boldsymbol{u} \\ &\quad = \frac{1}{(\mathbf{1}^\top \boldsymbol{y})^2} \Big((\mathbf{1}^\top \boldsymbol{y}) \sum_{j=1}^n y_j {u_j}^2 - \sum_{j=1}^n (y_j u_j)^2 \Big) \\ &\quad = \frac{1}{(\mathbf{1}^\top \boldsymbol{y})^2} \Big(\sum_{j=1}^n (\sqrt{y_j})^2 \sum_{j=1}^n (\sqrt{y_j})^2 {u_j}^2 - \sum_{j=1}^n \big[\sqrt{y_j}(\sqrt{y_j} u_j)\big]^2 \Big) \geqq 0 \end{aligned}$$

が成り立つ (不等号はコーシー・シュワルツの不等式から成り立つ)．

4.2 (i) 一般に，$g,\ h : \mathbb{R}^n \to \mathbb{R}$ が凸関数のとき，$f(\boldsymbol{x}) = \max\{g(\boldsymbol{x}), h(\boldsymbol{x})\}$ で定義される関数 f は凸関数である．というのも，任意の $\boldsymbol{x}$，$\boldsymbol{y} \in \mathbb{R}^n$ と $0 \leqq \lambda \leqq 1$ に対して

$$\begin{aligned}&\max\{g(\lambda\boldsymbol{x} + (1-\lambda)\boldsymbol{y}), h(\lambda\boldsymbol{x} + (1-\lambda)\boldsymbol{y})\}\\ &\quad \leqq \max\{\lambda g(\boldsymbol{x}) + (1-\lambda)g(\boldsymbol{y}), \lambda h(\boldsymbol{x}) + (1-\lambda)h(\boldsymbol{y})\}\\ &\quad \leqq \lambda \max\{g(\boldsymbol{x}), h(\boldsymbol{x})\} + (1-\lambda)\max\{g(\boldsymbol{x}), h(\boldsymbol{x})\}\end{aligned}$$

が成り立つからである．

(ii) $f''(x) = c^2\mathrm{e}^{-cx} > 0$ であるから，凸関数である．

4.3 (i)

$$\begin{aligned}\underset{\boldsymbol{x},\,y,\,\boldsymbol{z}}{\text{Minimize}} \quad & y + \gamma \mathbf{1}^\top \boldsymbol{z}\\ \text{subject to} \quad & y + 1 \geqq \left\| \begin{bmatrix} y-1 \\ 2(A\boldsymbol{x} - \boldsymbol{b}) \end{bmatrix} \right\|_2,\\ & \boldsymbol{z} - \boldsymbol{x} \geqq \mathbf{0},\\ & \boldsymbol{z} + \boldsymbol{x} \geqq \mathbf{0}.\end{aligned}$$

(ii)

$$\begin{aligned}\underset{\boldsymbol{x},\,y,\,\boldsymbol{z}}{\text{Minimize}} \quad & \mathbf{1}^\top \boldsymbol{z} + \gamma y\\ \text{subject to} \quad & y \geqq \|\boldsymbol{x}\|_2,\\ & \boldsymbol{z} - A\boldsymbol{x} + \boldsymbol{b} \geqq \mathbf{0},\\ & \boldsymbol{z} + A\boldsymbol{x} - \boldsymbol{b} \geqq \mathbf{0}.\end{aligned}$$

(iii)

$$\begin{aligned}\underset{\boldsymbol{x}_1,\ldots,\boldsymbol{x}_r,\,y,\,\boldsymbol{z}}{\text{Minimize}} \quad & 2y + \gamma \sum_{l=1}^{r} z_l\\ \text{subject to} \quad & y + 1 \geqq \left\| \begin{bmatrix} y-1 \\ \sum_{l=1}^{r}(A_l\boldsymbol{x}_l - \boldsymbol{b}_l) \end{bmatrix} \right\|_2,\\ & z_l \geqq \|\boldsymbol{x}_l\|_2, \quad l = 1, \ldots, r.\end{aligned}$$

4.4 (i)

$$\mathbf{prox}_h(\boldsymbol{x}) = \begin{cases} \mathbf{0} & (\|\boldsymbol{x}\|_2 < 1 \text{ のとき}),\\ \left(1 - \dfrac{1}{\|\boldsymbol{x}\|_2}\right)\boldsymbol{x} & (\|\boldsymbol{x}\|_2 \geqq 1 \text{ のとき}). \end{cases}$$

(ii) ステップ幅を α とすると，近接勾配法の一反復は，各 $l = 1, \ldots, r$ に対して次の更新を行う：

$$\begin{aligned}&\boldsymbol{d}_l^{(k)} \leftarrow -A_l^\top A_l \boldsymbol{x}_l^{(k)} - A_l^\top\left(\sum_{j \neq l} A_j \boldsymbol{x}_j^{(k)} - \boldsymbol{b}\right),\\ &\boldsymbol{z}_l^{(k)} \leftarrow \boldsymbol{x}_l^{(k)} + \alpha \boldsymbol{d}_l^{(k)},\\ &\boldsymbol{x}_l^{(k+1)} \leftarrow \begin{cases} \mathbf{0} & (\|\boldsymbol{z}_l^{(k)}\|_2 < \alpha\gamma \text{ のとき}),\\ \left(1 - \dfrac{\alpha\gamma}{\|\boldsymbol{z}_l^{(k)}\|_2}\right)\boldsymbol{z}_l^{(k)} & (\|\boldsymbol{z}_l^{(k)}\|_2 \geqq \alpha\gamma \text{ のとき}). \end{cases}\end{aligned}$$

4.5 (i) 拡張ラグランジュ関数 (4.24) は

$$L_\rho(\boldsymbol{x}, \boldsymbol{z}; \boldsymbol{v}) = \|\boldsymbol{z}\|_1 + \frac{\rho}{2}\|A\boldsymbol{x} - \boldsymbol{b} - \boldsymbol{z} + \boldsymbol{v}\|_2^2 - \frac{\rho}{2}\|\boldsymbol{v}\|_2^2$$

である．交互方向乗数法の一反復は，

$$\begin{aligned}
\boldsymbol{x}_{k+1} &\leftarrow \arg\min_{\boldsymbol{x}}\left\{\frac{\rho}{2}\|A\boldsymbol{x} - \boldsymbol{b} - \boldsymbol{z}_k + \boldsymbol{v}_k\|_2^2\right\} \\
&\qquad\qquad = \arg\min_{\boldsymbol{x}}\left\{\boldsymbol{x}^\top(A^\top A)\boldsymbol{x} - 2(\boldsymbol{z}_k - \boldsymbol{v}_k + \boldsymbol{b})^\top\boldsymbol{x}\right\}, \\
\boldsymbol{z}_{k+1} &\leftarrow \arg\min_{\boldsymbol{z}}\left\{\|\boldsymbol{z}\|_1 + \frac{\rho}{2}\|\boldsymbol{z} - (A\boldsymbol{x}_{k+1} + \boldsymbol{v}_k - \boldsymbol{b})\|_2^2\right\}, \\
\boldsymbol{v}_{k+1} &\leftarrow \boldsymbol{v}_k + A\boldsymbol{x}_{k+1} - \boldsymbol{b}_{k+1} - \boldsymbol{z}_{k+1}
\end{aligned}$$

である．このうち，$\boldsymbol{z}_k$ の更新は成分ごとに

$$z_{k+1,j} \leftarrow \arg\min_{z_j}\left\{|z_j| + \frac{\rho}{2}[z_j - (A\boldsymbol{x}_{k+1} + \boldsymbol{v}_k - \boldsymbol{b})_j]^2\right\}$$

と書けるが，これは例 4.21 と同様にして計算できる．

(ii) 条件 $A\boldsymbol{x} = \boldsymbol{b}$ のもとで，拡張ラグランジュ関数 (4.24) は

$$L_\rho(\boldsymbol{x}, \boldsymbol{z}; \boldsymbol{v}) = \|\boldsymbol{z}\|_1 + \frac{\rho}{2}\|\boldsymbol{x} - \boldsymbol{z} + \boldsymbol{v}\|_2^2 - \frac{\rho}{2}\|\boldsymbol{v}\|_2^2$$

と書ける．したがって，交互方向乗数法の一反復は

$$\begin{aligned}
\boldsymbol{x}_{k+1} &\leftarrow \arg\min_{\boldsymbol{x}}\{\|\boldsymbol{x} - (\boldsymbol{z}_k - \boldsymbol{v}_k)\|_2^2 \mid A\boldsymbol{x} = \boldsymbol{b}\}, \\
\boldsymbol{z}_{k+1} &\leftarrow \arg\min_{\boldsymbol{z}}\left\{\|\boldsymbol{z}\|_1 + \frac{\rho}{2}\|\boldsymbol{z} - (\boldsymbol{x}_{k+1} + \boldsymbol{v}_k)\|_2^2\right\}, \\
\boldsymbol{v}_{k+1} &\leftarrow \boldsymbol{v}_k + \boldsymbol{x}_{k+1} - \boldsymbol{z}_{k+1}
\end{aligned}$$

である．このうち，$\boldsymbol{z}_k$ の更新は (i) と同様に整理できる．また，$\boldsymbol{x}_k$ の更新式の右辺の最適性条件は (式 (3.23), (3.24), (3.25) より)

$$\begin{aligned}
&2(\boldsymbol{x} - (\boldsymbol{z}_k - \boldsymbol{v}_k)) - A^\top\boldsymbol{\mu} = \boldsymbol{0}, \\
&A\boldsymbol{x} - \boldsymbol{b} = \boldsymbol{0}
\end{aligned}$$

である (この問題は凸計画問題であるので，これが最適性の十分条件でもある) が，これを解くと

$$\begin{aligned}
\boldsymbol{x} &= (\boldsymbol{z}_k - \boldsymbol{v}_k) - \frac{1}{2}A^\top\boldsymbol{\mu}, \\
\boldsymbol{\mu} &= 2(AA^\top)^{-1}(\boldsymbol{b} - A(\boldsymbol{z}_k - \boldsymbol{v}_k))
\end{aligned}$$

が得られる．

5.1 図 1 に示す．

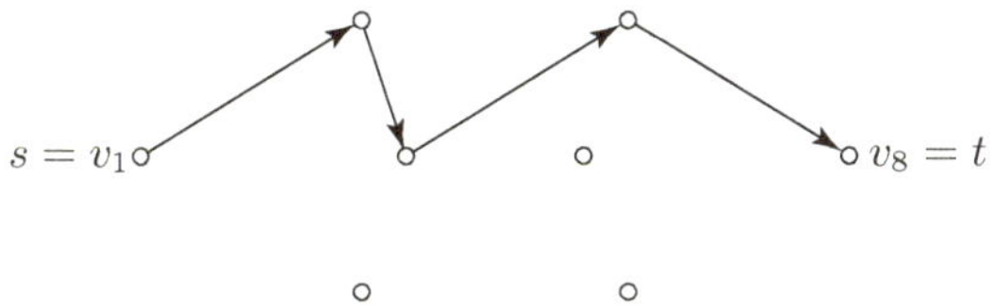

図 1 練習問題 5.1 の答え

5.2 定理 5.1 に基づいて説明できる．

5.3 最小木を T とおくと，T の辺のうちで第 2 最小全域木では使わないものが少なくとも 1 本ある．そこで，T の辺を 1 本選び，それを G から除いたうえで最小木を求める．これを T のすべての辺について実行し，得られた結果のうちで重みが最小のものを選べば，それが第 2 最小全域木である．

5.4 図 2 に示す．

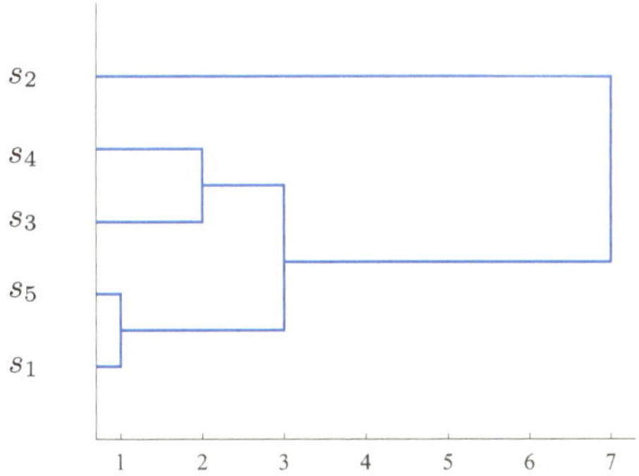

図 2 練習問題 5.4 の答え

5.5 図 3 に示すグラフの最小費用流問題を解けばよい．

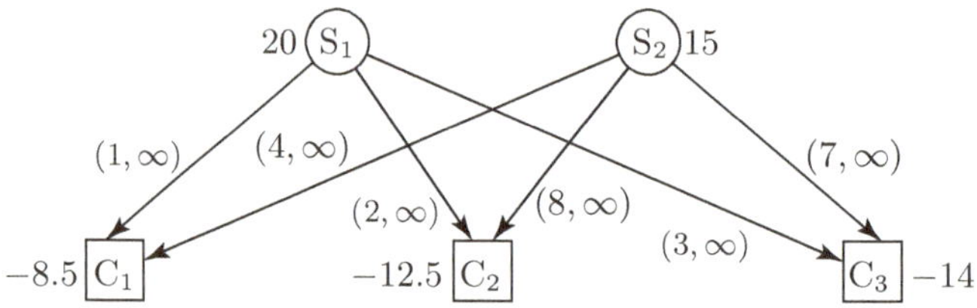

図 3 練習問題 5.5 の答え

5.6 例として図 4(a) に示す 2 部グラフが与えられた場合，図 4(b) に示す有向グラフを作り s から t への最大流問題を解けばよい．ただし，辺の脇の数字はその辺の容量を表す．

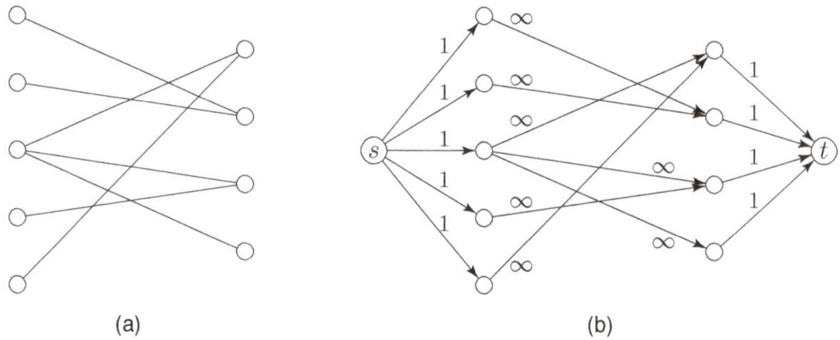

図 4 練習問題 5.6 の解法．(a) 2 部グラフの例と (b) その最大マッチング問題の最大流問題への帰着

6.1 (i) 図 5 に一例を示す．

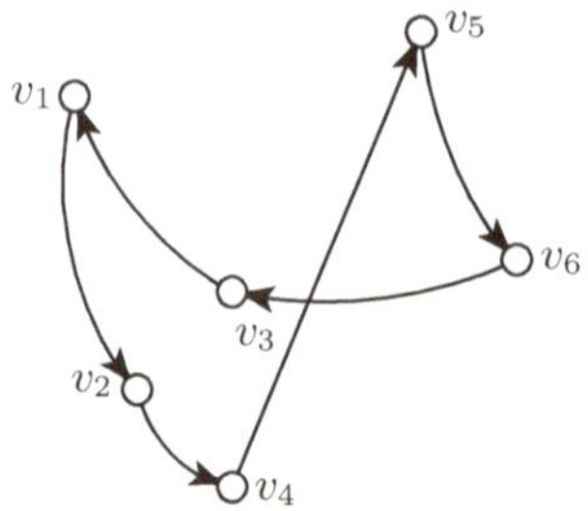

図 5 練習問題 6.1 の解の例

(ii) 最適解から辺を一つ除くと全域木が得られるので,

$$\begin{aligned}(\text{最適解の重み}) &\geqq (\text{図 6.13(b) の重み})\\ &= \frac{1}{2}(\text{図 6.13(c) の重み})\\ &\geqq \frac{1}{2}(\text{図 6.13(d) の重み})\end{aligned}$$

が成り立つ(最後の不等号は,辺の重みに関する三角不等式から成り立つ).

6.2 (i) 各 $v \in S$ について,v に接続する辺のうち S の点と結ぶものの数を s_v で表し,$V-S$ の点と結ぶものの数を c_v で表す.すると,$s_v \leqq c_v$ が成り立つ.というのも,もしそうでなければ,v を $V-S$ に移すことでカットの本数が増えるからである.同様に,各 $v \in V-s$ について,v に接続する辺のうち $V-S$ の点と結ぶものの数を s_v で表し,S の点と結ぶものの数を c_v で表すと,$s_v \leqq c_v$ が成り立つ.したがって,不等式

$$\sum_{v \in V} s_v \leqq \sum_{v \in S} c_v + \sum_{v \in V-S} c_v = 2\sum_{v \in S} c_v$$

が成り立つ.一方,G の辺の総数に関して

$$2|E| = \sum_{v \in V} s_v + 2\sum_{v \in S} c_v$$

が成り立つので,上の不等式を用いると

$$\sum_{v \in S} c_v \geqq \frac{1}{2}|E|$$

が得られる.最適値は $|E|$ 以下であるので,近似比 1/2 が示せた.

(ii) S を空集合とする.まず,点 $v \in V$ のうち,その点を S に移すことでカットの本数が最大になるものをみつける.その点を $v^\star$ とおくと,$S \leftarrow \{v^\star\}$ とする.次に,点 $v \in V-S$ のうち,その点を S に移すことでカットの本数が最大になるものをみつけ,それを $v^\star$ として $S \leftarrow S \cup \{v^\star\}$ とする.このことを繰り返し,$V-S$ に属するどの点を S に移してもカットの本数が増えることがないという状態でアルゴリズムを終了する.

6.3 (i) 6.3.1 節の,問題 (6.5) に対する最遠点クラスタリング法の近似比の証明と同様に考える.ここで,$\delta^\star$ は,最遠点クラスタリング法で得られる解の k-センター問題における目的関数値である.次に,$\boldsymbol{s}_1^\star, \ldots, \boldsymbol{s}_{k+1}^\star$ のいずれかの少なくとも二つは,最適解ではある同一のクラスター $\bar{C}_r$ に含まれる.$\boldsymbol{s}_1^\star, \ldots, \boldsymbol{s}_{k+1}^\star$ のどの 2 点間の距離も $\delta^\star$ 以上であるから,$\bar{C}_r$ の大きさは $\delta^\star/2$ 以上である.

(ii) 図 6 に一例を示す．

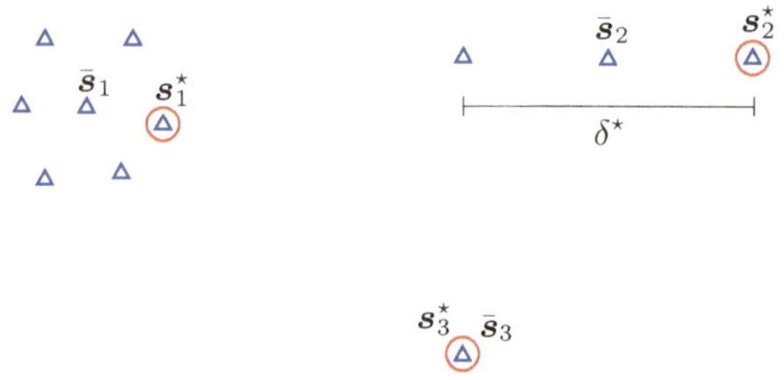

図 6　練習問題 6.3 の例

6.4 (i) 点集合 S, T を $S \subset T \subset V$ を満たすように選び，点 $j \in V - T$ を選ぶ．点 j に接続する辺のうち S には接続しないものの集合を E' で表すと，$f(S \cup \{j\}) - f(S)$ は E' に属する辺の本数である．また，$f(T \cup \{j\}) - f(T)$ は，E' に属する辺のうち T には接続しないものの本数であるから，f は条件 (6.10) を満たす．

(ii) 辺集合 S, T を $S \subset T \subset E$ を満たすように選び，辺 $j \in E - T$ を選ぶ．辺 j に接続する点のうち S には接続しないものの集合を V' で表すと，$g(S \cup \{j\}) - g(S)$ は V' に属する点の個数である．また，$g(T \cup \{j\}) - g(T)$ は，V' に属する点のうち T には接続しないものの個数であるから，$g(S \cup \{j\}) - g(S) \geqq g(T \cup \{j\}) - g(T)$ が成り立つ．

7.1 次のような LP ファイルを用意すればよい．

```
\ ファイル名：‘knapsack_ex.lp’
Maximize
 obj: 28 x1 + 33 x2 + 10 x3 + 45 x4 + 32 x5
Subject to
 2 x1 + 3 x2 + x3 + 5 x4 + 4 x5 <= 7
Binary
 x1 x2 x3 x4 x5
End
```

7.2 0-1 変数 x_{ij} を，講義 j を教室 i に割り当てるときに $x_{ij}=1$ とし，そうでないとき $x_{ij}=0$ とする．また，0-1 変数 y_i を，教室 i で受講者数が収容人数を超えるとき $y_i=1$ とし，超えないとき $y_i=0$ とする．すると，この問題は次のように定式化できる：

$$
\begin{array}{lll}
\text{Minimize} & \displaystyle\sum_{i=1}^{m} y_i & \\
\text{subject to} & \displaystyle\sum_{i=1}^{m} x_{ij} = 1, & j=1,\ldots,n, \\
& \displaystyle\sum_{j=1}^{n} x_{ij} \leqq 1, & i=1,\ldots,m, \\
& \displaystyle My_i + r_i \geqq \sum_{j=1}^{n} d_j x_{ij}, & i=1,\ldots,m, \\
& x_{ij} \in \{0,1\}, & i=1,\ldots,m;\ j=1,\ldots,n, \\
& y_i \in \{0,1\}, & i=1,\ldots,m.
\end{array}
$$

ただし，M は十分大きな定数である．

7.3 データ点を $\boldsymbol{s}_1,\ldots,\boldsymbol{s}_m \in \mathbb{R}^d$ で表す．0-1 変数 y_{li} を用いることで，点 $\boldsymbol{s}_l$ が属するクラスターを次のように表現する：

$$
y_{li} = \begin{cases} 1 & (\text{点 } \boldsymbol{s}_l \text{ がクラスター } C_i \text{ に属するとき}), \\ 0 & (\text{それ以外のとき}). \end{cases}
$$

このとき，$\boldsymbol{c}_i \in \mathbb{R}^d\ (i=1,\ldots,k)$, $y_{li} \in \mathbb{R}\ (l=1,\ldots,m;\ i=1,\ldots,k)$, $z \in \mathbb{R}$ を決定変数とする次の問題を解けばよい：

$$
\begin{array}{lll}
\text{Minimize} & z & \\
\text{subject to} & z + M(1-y_{li}) \geqq \|\boldsymbol{s}_l - \boldsymbol{c}_i\|_2, & l=1,\ldots,m;\ i=1,\ldots,k, \\
& \displaystyle\sum_{i=1}^{k} y_{li} = 1, & l=1,\ldots,m, \\
& y_{li} \in \{0,1\}, & l=1,\ldots,m;\ i=1,\ldots,k.
\end{array}
$$

ただし，M は十分大きな定数である．また，$\boldsymbol{c}_i$ はクラスター C_i の中心を表す．

7.4 変数 y_{li} を練習問題 7.3 と同様に定めれば，次のように定式化できる：

$$
\begin{array}{lll}
\text{Minimize} & \displaystyle\sum_{l=1}^{m} z_l & \\
\text{subject to} & z_l + M(1-y_{li}) \geqq \|\boldsymbol{s}_l - \boldsymbol{\mu}_i\|_2^2, & l=1,\ldots,m;\ i=1,\ldots,k, \\
& \displaystyle\sum_{i=1}^{k} y_{li} = 1, & l=1,\ldots,m, \\
& y_{li} \in \{0,1\}, & l=1,\ldots,m;\ i=1,\ldots,k.
\end{array}
$$

さらに，制約

$$
z_{li} + M(1-y_{li}) \geqq \|\boldsymbol{s}_l - \boldsymbol{\mu}_i\|_2^2
$$

は 2 次錐制約

$$
z_{li} + M(1-y_{li}) + 1 \geqq \left\| \begin{bmatrix} z_{li} + M(1-y_{li}) - 1 \\ 2(\boldsymbol{s}_l - \boldsymbol{\mu}_i) \end{bmatrix} \right\|_2
$$

に帰着できる．

7.5 たとえば，要約の評価尺度として式 (6.15) を用いる場合を考える．0-1 変数 x_i を

$$
x_i = \begin{cases} 0 & (\text{文 } i \text{ を要約に採用しないとき}), \\ 1 & (\text{文 } i \text{ を要約に採用するとき}) \end{cases}
$$

で定めると，次のように定式化できる：

$$
\begin{array}{ll}
\text{Maximize} & \displaystyle\sum_{i \in V} r_i x_i \\
\text{subject to} & \displaystyle\sum_{i \in V} x_i \leqq m, \\
& x_i \in \{0,1\}, \quad i \in V.
\end{array}
$$

また，式 (6.16) を評価尺度として用いる場合は，次のように定式化できる：

$$
\begin{array}{ll}
\text{Maximize} & \displaystyle\sum_{j \in W} t_j y_j \\
\text{subject to} & x_i \geqq y_j, \quad \forall j \in W_i;\ \forall i \in V, \\
& \displaystyle\sum_{i \in V} x_i \leqq m, \\
& x_i \in \{0,1\}, \quad i \in V.
\end{array}
$$

ただし，$W = \bigcup_{i \in V} W_i$ は文書 V に含まれる単語の集合である．

参考文献

1) 茨木俊秀 (2011),『最適化の数学』, 共立出版.

2) 茨木俊秀, 永持仁, 石井利昌 (2010),『グラフ理論』, 朝倉書店.

3) D. P. ウィリアムソン, D. B. シュモイシュ (著), 浅野孝夫 (訳) (2015),『近似アルゴリズムデザイン』, 共立出版 [Williamson, D. P., Shmoys, D. B. (2011), *The Design of Approximation Algorithms*, Cambridge University Press].

4) 加藤直樹 (2008),『数理計画法』, コロナ社.

5) 河原吉伸, 永野清仁 (2015),『劣モジュラ最適化と機械学習』, 講談社.

6) 寒野善博, 土谷隆 (2014),『東京大学工学教程 最適化と変分法』, 丸善出版.

7) 久保幹雄, 田村明久, 松井知己 (編) (2012),『応用数理計画ハンドブック (普及版)』, 朝倉書店.

8) 久保幹雄, J. P. ペドロソ (2009),『メタヒューリスティクスの数理』, 共立出版.

9) 久保幹雄, 松井知己 (1999),『組合せ最適化 [短編集]』, 朝倉書店.

10) J. クラインバーグ, É. タルドシュ (著), 浅野孝夫, 浅野泰仁, 小野孝男, 平田富夫 (訳) (2008),『アルゴリズムデザイン』, 共立出版 [Kleinberg, J., Tardos, É. (2006), *Algorithm Design*, Pearson Education].

11) 小島政和, 土谷隆, 水野眞治, 矢部博 (2001),『内点法』, 朝倉書店.

12) B. コルテ, J. フィーゲン (著), 浅野孝夫, 浅野泰仁, 小野孝男, 平田富夫 (訳) (2012),『組合せ最適化 (第 2 版)』, 丸善出版 [Korte, B., Vygen, J. (2002), *Combinatorial Optimization (2nd ed.)*, Springer-Verlag].

13) 今野浩, 山下浩 (1978),『非線形計画法』, 日科技連.

14) 田村明久, 村松正和 (2002),『最適化法』, 共立出版.

15) 福島雅夫 (2001),『非線形最適化の基礎』, 朝倉書店.

16) 福島雅夫 (2011),『新版 数理計画入門』, 朝倉書店.

17) 藤重悟 (2002),『グラフ・ネットワーク・組合せ論』, 共立出版.

18) P. フラッハ (著), 竹村彰通 (監訳) (2017),『機械学習』, 朝倉書店 [Flach, P. (2012), *Machine Learning: The Art and Science of Algorithms that Make Sense of Data*, Cambridge University Press].

19) T. ヘイスティ, R. ティブシラニ, J. フリードマン (著), 杉山将, 井手剛, 神嶌敏弘, 栗田多喜夫, 前田英作 (監訳) (2014),『統計的学習の基礎』, 共立出版 [Hastie, T., Tibshirani, R., Friedman, J. (2009), *The Elements of Statistical Learning: Data Mining, Inference, and*

Prediction (2nd ed.), Springer].

20) 柳浦睦憲，茨木俊秀 (2001)，『組合せ最適化—メタ戦略を中心として—』，朝倉書店.

21) 矢部博 (2006)，『工学基礎・最適化とその応用』，数理工学社.

22) 山下信雄 (2015)，『非線形計画法』，朝倉書店.

23) Anjos, M. F., Lasserre, J. B. (eds.) (2012), *Handbook on Semidefinite, Conic and Polynomial Optimization*, Springer.

24) Ben-Tal, A., Nemirovski, A. (2001), *Lectures on Modern Convex Optimization: Analysis, Algorithms, and Engineering Applications*, SIAM.

25) Bertsekas, D. P. (2015), *Convex Optimization Algorithms*, Athena Scientific.

26) Boyd, S., Parikh, N., Chu, E., Peleato, B., Eckstein, J. (2010), Distributed optimization and statistical learning via the alternating direction method of multipliers, *Foundations and Trends in Machine Learning*, **3**, pp. 1–122.

27) Boyd, S., Vandenberghe, L. (2004), *Convex Optimization*, Cambridge University Press.

28) Calafiore, G. C., El Ghaoui, L. (2014), *Optimization Models*, Cambridge University Press.

29) Nocedal, J., Wright, S. J. (2006), *Numerical Optimization (2nd ed.)*, Springer.

索　引

記号，数字

欧字

和字

あ行

か行

さ行

た行

な行

は行

ま行

や行

ら行

著者紹介

寒野善博　博士（工学）
2002 年　京都大学大学院工学研究科建築学専攻博士後期課程修了
現　在　東京大学 数理・情報教育研究センター 教授

編者紹介

駒木文保　博士（学術）
1992 年　総合研究大学院大学数物科学研究科統計科学専攻博士後期課程修了
現　在　東京大学 大学院情報理工学系研究科数理情報学専攻 教授

NDC007　250p　21cm

データサイエンス入門シリーズ
最適化手法入門

2019 年 8 月 29 日　第 1 刷発行
2023 年 6 月 15 日　第 7 刷発行

著　者　寒野善博
編　者　駒木文保
発行者　髙橋明男
発行所　株式会社　講談社
〒 112-8001　東京都文京区音羽 2-12-21
販売　(03)5395-4415
業務　(03)5395-3615
編　集　株式会社　講談社サイエンティフィク
代表　堀越俊一
〒 162-0825　東京都新宿区神楽坂 2-14　ノービィビル
編集　(03)3235-3701
本文データ制作　藤原印刷株式会社
印刷・製本　株式会社ＫＰＳプロダクツ

ISBN 978-4-06-517008-3